U0309386

航天科技图书出版基金资助出版

地球辐射带物理学
——理论与观测
Physics of Earth's Radiation Belts
Theory and Observations

［芬］ 汉诺·科斯基宁 (Hannu E. J. Koskinen)
［芬］ 艾米莉亚·基尔普 (Emilia K. J. Kilpua)　著

姜　宇　喻学明　龚轲杰　詹超瑾　译

中国宇航出版社
·北京·

Physics of Earth's Radiation Belts Theory and Observations
ISBN 978 - 3 - 030 - 82166 - 1
This book is an open access publication.

图书在版编目（ＣＩＰ）数据

地球辐射带物理学：理论与观测 ／（芬）汉诺·科斯基宁（Hannu E.J.Koskinen），（芬）艾米莉亚·基尔普（Emilia K.J.Kilpua）著；姜宇等译 . -- 北京 ：中国宇航出版社，2023.4

书名原文：Physics of Earth's Radiation Belts Theory and Observations

ISBN 978 - 7 - 5159 - 2208 - 9

Ⅰ.①地… Ⅱ.①汉… ②艾… ③姜… Ⅲ.①辐射带－物理学 Ⅳ.①P422②O4

中国国家版本馆 CIP 数据核字（2023）第 035722 号

责任编辑　赵宏颖　　封面设计　王晓武

出　版
发　行　中国宇航出版社

社　址　北京市阜成路 8 号　邮　编　100830
　　　　（010）68768548
网　址　www.caphbook.com
经　销　新华书店
发行部　（010）68767386　　（010）68371900
　　　　（010）68767382　　（010）88100613（传真）
零售店　读者服务部　　（010）68371105
承　印　北京中科印刷有限公司

版　次　2023 年 4 月第 1 版
　　　　2023 年 4 月第 1 次印刷
规　格　787×1092
开　本　1/16
印　张　14　　彩　插　12 面
字　数　347 千字
书　号　ISBN 978 - 7 - 5159 - 2208 - 9
定　价　98.00 元

本书如有印装质量问题，可与发行部联系调换

航天科技图书出版基金简介

航天科技图书出版基金是由中国航天科技集团公司于 2007 年设立的，旨在鼓励航天科技人员著书立说，不断积累和传承航天科技知识，为航天事业提供知识储备和技术支持，繁荣航天科技图书出版工作，促进航天事业又好又快地发展。基金资助项目由航天科技图书出版基金评审委员会审定，由中国宇航出版社出版。

申请出版基金资助的项目包括航天基础理论著作，航天工程技术著作，航天科技工具书，航天型号管理经验与管理思想集萃，世界航天各学科前沿技术发展译著以及有代表性的科研生产、经营管理译著，向社会公众普及航天知识、宣传航天文化的优秀读物等。出版基金每年评审 1～2 次，资助 20～30 项。

欢迎广大作者积极申请航天科技图书出版基金。可以登录中国航天科技国际交流中心网站，点击"通知公告"专栏查询详情并下载基金申请表；也可以通过电话、信函索取申报指南和基金申请表。

网址：http：//www.ccastic.spacechina.com

电话：(010) 68767205，68767805

天文学和天体物理学丛书

丛书编辑：

Martin A. Barstow，英国莱斯特大学物理与天文系。

Andreas Burkert，德国慕尼黑大学天文台。

Athena Coustenis，法国 Meudon 天文台天体物理学仪器实验室。

Roberto Gilmozzi，欧洲南方天文台（ESO）。

Georges Meynet，瑞士日内瓦天文台。

Shin Mineshige，日本京都大学天文系。

Ian Robson，英国天文学技术中心。

Peter Schneider，德国阿格兰德天文学研究所。

Steven N. Shore，意大利比萨大学物理系（恩里科·费米实验室）。

Virginia Trimble，美国加州大学物理与天文系。

Derek Ward–Thompson，英国中央兰开夏大学物理科学与计算学院。

该系列丛书更多信息可登录以下网址查看：http：//www. springer. com/ series/848

作者：

Hannu E. J. Koskinen，芬兰赫尔辛基大学物理系。

Emilia K. J. Kilpua，芬兰赫尔辛基大学物理系。

序

过去十年对研究辐射带物理学来说是个好机会。这样说的一个主要原因是美国国家航空航天局的范艾伦探测器任务,这对探测器配备了大量精心设计的传感器,以评估相对论电子和其他粒子的物理特性以及提供近地空间电子动力的电磁场。双星收集数据的时间刚刚超过 7 年,可以说为我们提供了人类有史以来最大和最好的数据集用以理顺辐射带的物理学问题。来自范艾伦探测器任务的数据得到了其他几个任务的补充,这些任务也调查了外层空间的同一区域,即"亚暴期间事件和宏观作用的时间史"(Time‐History of Events and Macroscale Interactions During Substorms,THEMIS)任务、"磁层多尺度任务"(Magnetospheric Multiscale Mission)、Arase 任务、地球同步轨道航天器和低地球轨道航天器,特别是几个立方体卫星任务。近年来还有一个大规模的长期高空气球计划聚焦于高能电子物理学,特别是辐射带相对电子损失气球阵列(Balloon Array for Radiation belt Relativistic Electron Losses,BARREL)活动,为此从南极洲的冰层上发射了 40 个这样的有效载荷。通过使用先进理论和改进的数值工具,包括复杂的耦合模型套件,使所有这些数据的分析能力得到了提高。最终的结果是在过去的十年里,在同行评议的学科期刊上几百甚至数千篇关于辐射带的新研究论文发表了,并对环绕我们星球的高能粒子环境产生了实质性的新理解。因此,对这一主题,最新且整体视角的需求是迫切的。

我曾在《地球物理学研究杂志 空间物理学》担任过六年的主编,从 2014 年年初到 2019 年,我熟悉我们对辐射带新思维的发展。我经常对辐射带物理学家产出的研究论文的数量感到惊讶。在我的主编任期内,我们为这个主题的几个特别章节征集稿件。每次征稿我都认为这将是最后一次,因为研究界几乎确实已经没有关于这个主题的新发现了。但事实并非如此,每一个专刊都取得了巨大的成功,并在接下来的几年里,几十篇高质量的研究论文被大量引用,将其作为衡量该研究领域方向影响的标准之一。在我的主编任期内,地球辐射带的物理学绝对是空间物理学的"热门"之一。

赫尔辛基大学的 Hannu Koskinen 和 Emilia Kilpua 博士撰写的这本《地球辐射带物理——理论与观测》,对这些众多的新研究进行了出色的提炼。他们将最新的发现与我们几十年来形成的长期理论巧妙地融合在一起,解释了支配近地空间相对论电荷粒子的主要物理过程。虽然总是会有在本书出版后就新发表的研究论文对我们的理解有进一步的贡献,但定期将研究界收集的知识汇集成册是很有用的。本书综合了过去十年中这一领域的所有原始研究,仅此一点,本书就值得我们阅读。

有人可能会问为什么现在还需要像这样的专题书?在互联网时代,我们似乎只需单击几下就能获得所有可能的信息,书的概念似乎已经过时了。我不仅强烈反对这种观点,而且认为现代技术——可以很容易地在我们的电子设备中被调用——导致我们有对长篇的知识汇编的需求。我喜欢把读书看作"深度学习",类似于"深度工作",卡尔-纽波特（Cal Newport）的同名书籍对此进行了巧妙的描述。深度学习是最大限度地减少干扰,让我们的大脑在较长的时间内专注于一个主题的过程。书籍不仅仅是许多细节的集合,而是对该主题的整合性综合,将不同的和看似不相干的方面汇集在一起,组成一个集体的概念性观点,比任何一个交错的组成部分都要伟大。而这些在互联网上关于某个问题的简短描述中是不可能实现的。时至今日,新书和以前一样重要。

本书巧妙地涵盖了它所选择主题的每一个核心内容,在把所有内容组合之前检查了辐射带难题的每一部分。通过提供几章介绍性的等离子体物理学,本书清楚地定义了支配这些带电粒子快速运动行为的运动方程。因为它们是以相对论速度飞行的,它们不会在任何一个地方花费太多时间,这些力量只是对它们的轨迹的轻推。要改变它们的飞行路线需要持续的推动,而这是通过它们与空间电磁波的相互作用来最有效地完成的。本书用了整整两章的篇幅论述波,这是全面描述其特性的必要内容。也就是说,该书系统而有力地涵盖了辐射带物理学的每一个主要课题,这也是本书成为该领域任何人都值得参考的内容的原因之一。然而,它并未止于此。最后两章的内容将之前章节进行全面汇集,用以说明这些过程对观测到的辐射带结构和动力学的相对重要性,这是阅读本书的另一个同样令人信服的理由。空间物理学,作为一个领域,正朝着成为地球空间科学的系统方法方向发展,而本书给出了地球辐射带需要系统方法的理由。

这不是唯一一本关于辐射带的新书。近年来有几本关于空间物理学的书,内容包括一些关于近地空间的高能粒子。然而,这些书的"章节"是独立撰写的综述。本书独特贡献是,它不是由许多不同作者写的集合,而是一个统一的故事,朝着一个协同的结论发展。

说到故事,我非常享受一部好的小说。一部数百页、耗时数小时阅读的叙事会带着我沿着作者精心设计的路线走下去,让我沉浸在一个不同的领域,与新的人物一起通过创造性的解决方案解决困难。小说需要很多页,因为需要充分构建一个环境,揭示人物的个性特征,探索他们之间故事情节中交织在一起的关系。一部好的小说所揭示的世界构建过程吸引着读者,使读者从一页延续到下一页,如读者期待地向最后的高潮场景发展。

辐射带的物理学也是如此。要充分了解地球辐射带,需要许多具体的科学概念。而本书通过这些主题将读者带入一个精心策划的旅程。到最后,读者会得到一个关于辐射带的视野,该视野下所有这些科学线索纳入一个全面的比较分析。到最后,读者会获得一种关于辐射带的认识,它将所有这些科学线索纳入一个全面的比较分析,其结果是关于辐射带的一种巧妙范式,这一范式专为深入学习"空间物理学"的这一热门话题而量身定做。

Michael W. Liemohn
密歇根大学气候及空间科学与工程系
美国密歇根州安阿伯市
2021 年 3 月

前　言

1958 年，詹姆斯·安·范艾伦和他的团队发现地球被强粒子辐射带包围，这些辐射带被困在类偶极地磁场中，这一发现标志着我们现在所理解的磁层物理学的诞生。Van Allen（1983）在专著《磁层物理学的起源》中给出了关于一切发生过程的权威性描述。

第一颗人造卫星诞生时，磁层物理学的进展非常迅速。1958 年 2 月和 3 月，在探索者 1 号和 3 号上使用盖革-米勒（Geiger–Müller）管发现了内辐射带，1958 年 12 月，失败的月球探测器先驱者 3 号证实了这两个辐射带的结构。虽然先驱者 3 号没有达到逃逸速度，从 10 万多公里的高度返回地球，但它两次穿过外辐射带，对空间辐射进行了有价值的观测。此后不久，托马斯·戈尔德（Gold，1959）引入了"磁层"一词来描述地球磁场决定带电粒子运动的（非球形）区域。后来，由于范艾伦在该领域的先锋作用，"范艾伦辐射带"被命名。

就在探索者 1 号发射之前三个月，苏联的第二颗卫星斯普特尼克 2 号（Sputnik 2）携带了谢尔盖·尼古拉耶维奇·埃尔诺夫（Sergei Nikolaevich Vernov）的两个盖革-米勒管发射成功。但探索者号和先驱者号发射之前，在有限的数据量和苏联太空计划的严格保密性等多种因素作用下，Vernov 及其合作者无法解释仪器计数率的波动（参见 Baker 和 Panasyuk，2017）。

从一开始就很清楚，理解、监测和预测辐射带瞬息万变的演化对民用和军事空间活动都至关重要。到 2020 年年底，已有超过 3 300 颗卫星进入轨道，并且每年有数百颗正在发射。因此，对辐射带的认识和理解比以往任何时候都更加重要。高能微粒辐射是地球轨道卫星故障的常见原因，对航天员的健康构成明显风险。事实上，卫星操作员时不时地"重新发现"辐射带，伴随着不受欢迎的后果。由于地球辐射环境的强度和频谱变化剧烈，特别是在地磁暴期间，监测和预测辐射环境是空间气象服务的一个关键要素。辐射带提供了一个独特的天然等离子体实验室，用于研究基本等离子体物理过程和现象，包括波粒相互作用和带电粒子加速到相对论能量的过程。

辐射带的研究已经进行了 60 多年，但其潜在的物理过程的许多细节仍然令人费解，随着越来越详细的观测，人们发现了新的惊喜。在撰写本卷时，由于 NASA 的 Van Allen 探测器［也称为辐射带风暴探测器（RBSP）］非常成功，该探测器于 2012 年发射，2019 年停用，取得了显著的科学进步。这项任务由两颗卫星组成，它们穿过外辐射带的中心，并为此目的配备了前所未有的仪器。本书的作者对新观测的复杂性以及随之而来的新建模和理论方法的发展感到惊讶和困惑，正契合了这一重要而有趣的近地空间领域不断扩大和深化的观点。我们相信，现在正是编写一本现代教科书式专著的时候，该专著将理论基础与新数据结合在一起，可供空间物理和工程专业的学生以及已经活跃于或正在进入这一令人兴奋的研究领域的年轻科学家使用。

我们强调，关于辐射带的科学出版物数量巨大，而且增长迅速。由于本书是一本教科书，而不是对过去和现在文献的全面回顾，我们试图有选择性地引用文献，主要包括我们认为在陈述之后有必要的参考文献。然而，为了致敬许多最近的贡献，参考文献的列表已经比常规教科书中更长。很明显，未来的研究将为辐射带现象带来新的曙光，并使我们这本书的部分内容过时，甚至是错误的。在早期文献中，我们想重点介绍经典专著《带电粒子的绝热运动》（Northrop 等，1964）、《地磁俘获辐射动力学》（Roederer，1970）及其彻底修订版《磁俘获粒子动力学》（Roederer 和 Zhang，2014）、《辐射带中的粒子扩散》（Michael Schulz，1974）和《磁层物理的定量方面》（Lyons 和 Williams，1984）。在最近的资料来源中，特别值得推荐的是 Balasis 等（2016）编辑的《地球空间中的波、粒子和风暴》汇编中的文章。Baker 等（2017）的综述文章对从空间天气角度理解辐射带的最新进展进行了全面总结。

本书类型与内容

我们的目标是撰写一本书，让那些不同物理基础的需要更多地了解辐射带现象的读者都能够读到，特别是研究生和年轻科学家以及磁层研究人员和空间工程师。虽然我们认为读者对基本等离子体物理和地球等离子体环境有一定的了解，但仍在 1～4 章中简要回顾了核心概念，同时介绍了本书后面使用的符号和惯例。无可厚非，我们沿袭专著《空间风暴物理学——从太阳表面到地球》（Koskinen，2011）中的陈述和注释。我们对该书中未包含的基本空间等离子体物理学进行了更深入的讨论。细心的读者可能会注意到，我们已经纠正了该书中的一些错误。

我们希望强调理论与观测之间的密切联系。因此，我们从现在和过去的观测及其当前的解释中列举了几个例子。我们提醒大家，新的和更全面的观测常常会使早期的结论失效，这当然是科学研究的目的。作为教科书的作者，我们试图避免站在当前科学辩论里相互对立观点中的某一边。

在第 1 章中，我们首先简要描述了辐射带的磁场和等离子体环境以及磁层动力学。第 2 章回顾了单粒子在磁场中运动的基本原理和绝热不变量，重点是内磁层的准偶极场，最后介绍了漂移壳层分裂和磁层顶阴影。第 3 章讨论了等离子体物理学的基本概念和内磁层中最重要的速度空间分布函数。由于相空间密度作为绝热不变量的函数已因观测值的改进而成为辐射带数据分析中一个重要但并不总是很好理解的工具，本章最后介绍了如何从粒子观测值获得相空间密度的过程及其局限性。

波粒相互作用是辐射带粒子传输、加速和损失中最重要的过程。在教科书中，没有一种唯一的最佳方法能够以最合乎逻辑的方式来处理这个复杂问题。我们选择了一种策略，在第 4 章中首先介绍了内磁层等离子体波的一般现象，但仍将重点放在与本书主题相关的波模式上。之后，我们将在第 5 章讨论波的驱动因素，并在第 6 章讨论波对粒子布居的影响。然而，我们想强调的是，通过粒子加速/散射，波的增长和衰减是紧密相连的。因此，这 3 章应该一起研究。

第 7 章致力于讨论电子带的结构和演化，这成为范艾伦探测器时代的研究焦点。在这里，我们还讨论了磁层动力学的不同太阳风驱动因素对辐射带的影响以及高能电子沉降对大气的影响。

在书的最后，附录 A 回顾了电磁场和波的一些基本概念。附录 B 包含了关于航天器的简要历史参考资料，我们在报告中使用了这些航天器的观测资料。我们还在附录中列出了卫星名称的首字母缩写，使其比在正文中更容易检索。

我们有意省略了一些同事提出的两个重要问题。我们没有明确地讨论微粒空间辐射的技术后果。关于高能粒子、从辐射带到宇宙射线所造成的技术和健康风险，以及这些粒子穿透磁层对部件和系统进行可行屏蔽的问题，有若干文章汇编。推荐阅读《空间天气——物理学与效应》（Volker 和 Ioannis，2007）。

另一个广泛的研究课题是其他磁化行星周围辐射带的物理学，特别是木星和土星。虽然基本物理学是一样的，但巨行星周围的高能辐射带的物理环境与地球磁层有很大差异。辐射带与卫星和环的结合是重中性粒子和离子的源和汇，使得粒子间碰撞和波粒相互作用比地球辐射带复杂得多。此外，快速旋转的大质量磁圈的大规模等离子体动力学是不同的。对这些问题的适当处理需要一本单独的教科书。

我们和我们的几个同事在 30 多年的课堂实践中测试了第 1～6 章中的基本空间等离子体物理材料。在我们看来，广泛解决问题是学习物理的一个重要部分。然而，我们决定不在本书中讨论运动问题。如果本书作为课程材料，我们希望老师可以要求学生们推导一些教材中被跳过的理论结果，阅读和总结开创性的论文，尝试解释数据展示中的一些特性，或绘制各种量作为变量的函数。今天，大多数观测数据都可以在各种网络服务器上获得，这使得更高级的学生可以使用现成的工具或编写自己的脚本来说明数据，从而训练他们的科学数据分析和解释技能。

Hannu E. J. Koskinen

Emilia K. J. Kilpua

2021 年 6 月

致　谢

　　一本教科书总是建立在长期的经验和与几个同事的无数次讨论的基础上，尽管这些人在书出版后都不承认这一点。Hannu Koskinen 感谢 20 世纪 80 年代瑞典第一个科学卫星项目维京号（Viking）的整个团队。这一阶段对他的职业生涯和对他理解波粒相互作用的影响超过了其他任何阶段。他特别感谢在瑞典期间与 Mats André 的讨论。另一位值得特别感谢的从 20 世纪 80 年代就保持联系的人是 Bob Lysak，他对 ULF 波的见解对本书的写作是无价的。对于 Emilia Kilpua 的职业生涯来说，最具启发性的是 2005 到 2008 年她在加州大学伯克利分校（University of California，Berkeley）的博士后生涯，这一阶段她在 Janet Luhmann 和 Stuart Bale 的指导下，利用多个航天器观测分析了行星际空间中的太阳爆发活动。Emilia 还对挪威科学院青年高等研究中心（CAS）举办的讨论和 Hilde Tyssøy 领导的科学与文学奖学金网表示感谢。

　　就本书的主题而言，1996—1997 年国际空间科学研究所（ISSI）在伯尔尼举办的关于磁层边界运输和磁层等离子体的来源与损失过程的两次早期研讨会具有重要意义。Hannu 对所有参加研讨会的人表示感谢。特别是，在这些会议上以及在编写随后的 ISSI 卷期间与 Larry Lyons 的讨论都是最有趣和最有启发性的。他还想对欧盟 FP7 空间天气预报项目 SPACECAST 2011—2014 的合作者表示衷心感谢。项目负责人 Richard Horne 对辐射带模型的真知灼见给人留下了极其深刻的印象。

　　在讨论范艾伦探测器观测结果的大量文章发表后，关于辐射带物理基础的教科书式专著的需求开始变得明显起来。2016 年，我们都参加了 ISSI 再次举办的一场主题为空间天气物理学基础的重要研讨会。多年来，ISSI 的几个研讨会和团队对我们理解日地物理影响最大。ISSI 工作人员的友好支持值得特别赞扬。

　　我们从 2018 年春天开始撰写本书。为了进一步提升自己的专业水平，我们成立了一个当地的辐射带杂志俱乐部。我们非常感谢俱乐部过去和现在的成员所做的贡献。Adnane，Harriet，Lucile，Maxime D.，Maxime G.，Mikko，Milla，Sanni，Stepan，Thiago 和 Yann，与你们的讨论不仅对我们的书极其重要，而且非常有趣！

　　对于学习物理，即使不是最好的，也是最好途径之一的方法就是把它教给学生。我们介绍空间等离子体物理的方法是在 30 多年的本科生和博士生的讲座和指导中发展起来的。感谢所有参加我们讲座的人，你们无法想象这对我们有多重要。

　　我们在辐射带文章中的合作作者和其他几个直接或间接为本书内容做出贡献的同事的名单很长：Timo Asikainen，Dan Baker，Bernie Blake，Daniel Boscher，Seth Claudepierre，Stepan Dubyagin，Jim Fennell，Rainer Friedel，Natalia Ganushkina，Harriet George，Sarah

Glauert，Daniel Heyndericks，Heli Hietala，Richard Horne，Allison Jaynes，Liisa Juusola，Milla Kalliokoski，Sri Kanekal，Antti Kero，Solène Lejosne，MikeLiemohn，Vincent Maget，Nigel Meredith，Paul O'Brien，Adnane Osmane，MinnaPalmroth，David Pitchford，Tuija Pulkkinen，Graig Rodger，Angelica Sicard，JimSlavin，Harlan Spence，Tero Raita，Geoff Reeves，Jean-Francois Ripoll，Juan Rodriguez，Kazuo Takahashi，Naoko Takahashi，Lucile Turc，Drew Turner 和 Rami Vainio。我们由衷地感激你们所有人。

我们要特别感谢 Maxime Grandin，Adnane Osmane，Noora Partamies，Yann Pfau-Kempf 和 Lucile Turc，他们在写作的各个阶段阅读并评论了手稿。

我们还要感谢赫尔辛基大学理学院和芬兰可持续空间卓越研究中心为我们在辐射带方面的工作提供了卓越的环境。我们非常感谢芬兰科学与文学学会和 Magnus Ehrnrooth 基金会为支付开放存取费用提供的财政支持。

最后但同样重要的，我们感谢 Ramon Khanna 和 Springer Nature 集团的编辑团队在本书出版过程中的大力支持。我们非常感谢 Springer Nature 集团对开放获取出版的态度。

作者简介

Hannu E. J. Koskinen 和 Emilia K. J. Kilpua 是赫尔辛基大学理学院的空间物理学教授。

1979年，Hannu 在赫尔辛基大学的一门宇宙电动力学课程中学习了磁场中的粒子动力学。1981年，他搬到瑞典东南部城市乌普萨拉，在瑞典空间物理研究所乌普萨拉分部工作了6年多，期间参与了1986年2月发射的瑞典第一颗磁层卫星维京号（Viking）低频波仪器的建造。1985年，在 Rolf Boström 指导下，获乌普萨拉大学博士学位。这一时期，他受到了 Hannes Alfvén 的思想影响，并对导向中心近似理论产生兴趣。1987年，在维京号任务取得巨大成功后，Hannu 返回芬兰，在芬兰气象研究所（FMI）从事初兴的太空研究工作。1997年，在芬兰气象研究所供职的同时担任赫尔辛基大学物理系空间物理学教授。2014—2017年期间，担任赫尔辛基大学物理系主任。2018年，以名誉教授身份退休。Hannu 已教授空间物理、经典力学、经典电动力学等课程超过三十年，并为所授课程都编写了芬兰语教材，此外还与 Emilia Kilpua 合作撰写了英文教材《等离子体物理导论》（*Introduction to Plasma Physics*）并由赫尔辛基大学学生组织 Limes r. y 出版。2011年，他的专著《空间风暴物理学——从太阳表面到地球》通过 Springer/Praxis 出版，是本书的主要参考著作之一。Hannu 参加了十几个航天器仪器项目，用于研究地球、火星、金星和丘留莫夫-格拉西门科彗星（comet Churyumov－Gerasimenko）的等离子体环境。他曾在欧洲空间局担任多个职位，包括太阳系工作组成员（1993—1996年）、科学计划委员会国家代表（2002—2016年）、空间态势感知计划委员会成员（2010—2016年），并于2011—2014年担任空间态势感知计划委员会主席。Hannu 是芬兰科学与文学学会、芬兰科学与人文院、欧洲科学院和国际宇航学会的成员。

20世纪90年代末，Emilia 在赫尔辛基大学物理系师从 Hannu Koskinen，并选择太阳活动及其对磁层的影响作为她的硕士和博士研究课题，从此涉足空间物理学。她于2005年获博士学位，之后在加州大学伯克利分校空间科学实验室开始了为期3年的博士后研究。在那里，她在 Janet Luhmann 和 Stuart Bale 的指导下，利用最新的多个航天器的观测成果，研究行星际空间中的太阳爆发活动。2009—2015年，担任芬兰科学院研究员。2015年被芬兰赫尔辛基大学物理系聘为空间物理学终身副教授，2020年晋升为教授。当范艾伦探测器在 2012 年获得首次有效观测结果后，Emilia 带领当地空间物理研究小组研究了磁层动力学领域不同太阳风驱动因素如何影响辐射带。Emilia 为本科生及博士生开设了不同层次的空间物理课程，并为大学一年级学生讲授电磁学导论，也是前文提到的教材《等离子体物理导论》（*Introduction to Plasma Physics*）的主要作者。Emilia 在辐射带和太阳活动领域指导了几名博士生和博士后。2017—2022 年，Emilia 获得著名的欧洲研究理事会联合资助来研究太阳磁通量绳及其磁鞘，并担任芬兰可持续空间卓越研究中心的小组负责人（2018—2023 年）。Emilia 还是芬兰科学与人文院的成员。

目　录

第1章　辐射带及其环境

高能电子和离子（主要是质子）组成的范艾伦辐射带嵌入了地球内磁层中，那里的地磁场类似于磁偶极。要理解这些辐射带，需要对内磁层及其动力学、太阳风与磁层的耦合以及不同时空尺度的波粒相互作用有全面的了解。在这一介绍性章节中，我们简要地介绍内磁层的基本结构及其不同等离子体区域和磁层活动的基础知识。

1.1　辐射带全貌

辐射带的发现可以追溯到太空时代初期，那时对磁层物理特性的认识还处于初始阶段。1958 年 2 月，美国第一颗卫星探索者 1 号[①]携带了一个测量宇宙辐射的仪器 Geiger - Müller。航天器到达 700 km 的高度时，Geiger - Müller 仪器神秘地陷入沉寂状态。一个月后，探索者 3 号证实了探索者 1 号的观测结果。詹姆斯·范艾伦和他的同事（VAN Allen 等，1958）在他们开创性的论文中提出，该现象是由于地磁场捕获的高强度粒子辐射使该仪器达到饱和状态而导致的。

1958 年 12 月，先驱者 3 号进一步深入太空，对内外辐射带基本结构的认识开始逐步加深。很快人们发现，在 $(1.1 \sim 3) R_E$（$R_E \approx 6\,370$ km，地球半径）[②] 的赤道地心距离处，一个高达兆电子伏（MeV）甚至最高可达 $1 \sim 2$ GeV 的质子群支配着离子辐射。此高能电子群表现为两个带状结构，中间有槽区（slot region）（图 1 - 1）。内层的电子带与质子带共存在于赤道距离 $(1.1 \sim 2) R_E$ 处，外层带存在于约 $3R_E$ 以外，并延伸至 $(7 \sim 10) R_E$ 处，电子能量从几十 keV 到数 MeV。有时外层带呈现出两个甚至三个空间上相分隔的部分。由于质子质量为 931 MeVc^{-2}，电子质量为 511 keVc^{-2}，能量最高的内层带质子与外层带电子以接近光速的速度相对运动。

太空时代开启以来，人们就利用众多卫星[③]对辐射带进行研究。目前观测已覆盖超过五个太阳周期，并揭示了辐射带极其复杂和高度变化的结构。基于这些观测结果和理论推理，人们建立了大量的辐射带数值模型，不仅用于科学研究，并且满足航天器工程师和航天任务规划人员的需求。由于本书重点在于物理过程，因此将不深入探讨这些模型的细节。有兴趣的读者可以通过相关网站查询这些模型及其描述，例如：社区协调建模中心（the Community Coordinated Modeling Center，CCMC[④]）和空间环境信息系统（the

---

[①]　文中提到的航天器的简介和它们的首字母缩略词解释见附录 B。

[②]　当用地球半径给出一个高度时，我们总是指地心距离。

[③]　附录 B 对书中引用的卫星进行了简要介绍。

[④]　https：//ccmc. gsfc. nasa. gov/models/。

图 1-1　本图显示了嵌入在地球偶极磁场中的内电子带和外电子带之间的缝隙区域。地球的中心

由 $2R_E$ 的内带构成，图中显示了范艾伦探测器观测到的外带分裂为两个空间上不同的区域的结构。

（图片来源：美国国家航空航天局戈达德航天飞行中心和约翰·霍普金斯大学应用物理实验室的格兰特·

史蒂文斯、罗布·巴尼斯和萨沙·乌科尔斯基）

Space Environment Information System，SPENVIS[①]）。可以确定，范艾伦探测器时代的观测结果——其中许多将在本书中讨论——以及随后的建模研究将导致模型的重要修正和改进。

　　虽然内磁层中最高能量粒子的通量和能量密度远低于背景等离子体，但由于它们会对空间天气造成影响，包括威胁到轨道上的航天器和人员，以及通过高能电子和质子沉淀影响高层大气，因此是一项重要研究课题。辐射带粒子激发是一个有趣的基本等离子体物理过程，其研究重点主要在相对论和超相对论动力学方面。

　　内层带，特别是质子群，是相对稳定的，而外层电子带则在不断变化。高能电子通量可在数分钟内改变几个数量级；外层带可能突然几乎完全耗尽或者突然充满相对论电子。多数活动发生在赤道距离（4～5）R_E 处，此处被称作"外层带的心脏地带"。而范艾伦辐射探测任务已经表明，在赤道距离 $2.8R_E$ 处，有一个超相对论电子（$\gtrsim 4$ MeV）几乎不可能通过的外层带内边缘，已有一些观测结果证实，当槽区已充满超相对论电子时，电子仍

① https：//www.spenvis.oma.be.

然被困在该区域长达几个月。

日冕物质抛射、流相互作用区域和携带阿尔文波动的快速太阳风流（fast solar wind flows）导致了太阳风的多变特性，进而驱动等离子体和地磁场条件的持续变化，由此造成了外层带高度变化的结构和复杂的动力学。局部情况下（Locally），来自夜侧磁层的粒子注入引起的动力学响应（kinetic response），将影响辐射带电子的热力学性质。

辐射带与内磁层包括环电流、等离子体层和等离子体片的不同等离子体区域重叠，等离子体区域的特性和位置随时间变化。特别是等离子体层的边界，在太阳风驱动下在赤道距离 $(3\sim5)R_E$ 之间移动，是外层辐射带动力学的临界区域（critical region）。

内磁层等离子体表现出复杂的波活动（复合波活动，complex wave activity），在不同的等离子体群之间传递能量和动量。已知这些波会根据粒子能量、波幅和波传播方向散射、激发电子。虽然许多基本空间等离子体理论是在线性扰动近似下发展起来的，但对于观测到的大振幅波需要考虑非线性效应。此外，磁层的等离子体和磁环境不是空间对称的，而是随地方时扇区（local time sector）及地磁纬度的变化而变化，且随时间变化。

1.2　地球磁环境

在一阶近似中，地球磁场是偶极磁场。偶极轴与地球旋转轴方向倾斜 11°。产生磁场的电流回路位于距地球中心 1 200～3 400 km 的液态磁芯中。由于电流系统（current system）不对称造成偶极矩偏离中心，且磁芯上方磁性物质分布不均匀，因此使表面偶极场偏离较大。表面纯偶极场在偶极赤道为 30 μT，在两极为 60 μT。然而，实际表面磁场在澳大利亚和南极洲之间的区域超过 66 μT，表面磁场最弱的区域称为南大西洋异常区（South Atlantic Anomaly，SAA），约为 22 μT。磁极缓慢迁移，SAA 在过去几十年里缓慢地从非洲向南美洲移动，目前最弱处位于巴拉圭。SAA 有一独特之处（a specific practical interest），就是内层辐射带向下延伸到异常区上方海拔 700～800 km 处的近地轨道（LEO）卫星区域。

1.2.1　偶极场

偶极场中的带电粒子运动是辐射带研究的基础。在距离地心 $(2\sim7)R_E$ 处的主辐射带域中，偶极场是磁场平静状态下较好的一阶近似。实际上，偶极场只是一种理想化模型，其中假定源电流限制在一个起源点。行星和恒星偶极的来源是天体内一个有限的、实际却很大的电流系统。这样的场（包括地磁场）通常用多极展开来表示：偶极、四极、八极等。当从电流源向外远离时，高阶的多极比偶极消失速度快，使偶极场成为考察辐射带中带电粒子运动的良好出发点。在偶极场中，当带电粒子的回旋半径小于场梯度的长度（见第 2 章），并且其轨道不受碰撞或时变电磁场的干扰时，带电粒子就表现出绝热特性。

对于地磁场，通常用一种特殊方式来定义球坐标。偶极矩（dipole moment，m_E）是从原点指向地理南方向倾斜 11°。与地理坐标类似，纬度（λ）在偶极赤道为零，并向北增大，在南半球的纬度为负。经度（ϕ）从指定参考经度向东增大。在磁层物理学中，经度通常用磁地方时（magnetic local time，MLT）表示。在偶极近似中，MLT 由两个平面之间的夹角决定：包含地球表面日下点的偶极子午面和包含表面给定点的偶极子午面，即地方偶极子午线（the local dipole meridian）。磁正午（MLT ＝ 12 h）指向太阳，磁午夜（MLT ＝ 24 h）背向太阳。磁黎明（MLT ＝ 6 h）大致与地球绕太阳运行的轨道方向[①]一致。缩写 h（小时）通常被省略，磁地方时分数部分用小数表示，而不用分和秒表示。

m_E 的国际单位制单位是 Am^2。在辐射带背景下，可以方便地用 $k_0 ＝ \mu_0 m_E/4\pi$（通常也称为偶极矩）代替 m_E。地球偶极矩的强度变化缓慢。在我们讨论范围内，给出一个足够准确的近似值即可

$$m_E ＝ 8 \times 10^{22} \, Am^2$$
$$k_0 ＝ 8 \times 10^{15} \, Wb m$$
$$＝ 8 \times 10^{25} \, Gcm^3$$
$$＝ 0.3 \, GR_E^3$$

其中，国际单位制 $1 \, Wb ＝ 1 Tm^2$，高斯单位 $1 \, G ＝ 10^{-4} \, T$，$R_E \approx 6 \, 370 \, km$。

由于地球表面偶极场（在 R_E 处）的变化范围在 （$0.3 \sim 0.6$） G，最后一种表达式在实际应用中比较方便。

源外偶极场为无旋势场 $\boldsymbol{B} ＝ -\nabla\psi$，其中标量势为

$$\psi ＝ -\boldsymbol{k}_0 \cdot \nabla \frac{1}{r} ＝ -k_0 \frac{\sin\lambda}{r^2} \tag{1-1}$$

进而有

$$\boldsymbol{B} ＝ \frac{1}{r^3} [3(\boldsymbol{k}_0 \cdot \boldsymbol{e}_r)\boldsymbol{e}_r - \boldsymbol{k}_0] \tag{1-2}$$

磁场的各项分量为

$$B_r ＝ -\frac{2 k_0}{r^3}\sin\lambda$$

$$B_\lambda ＝ \frac{k_0}{r^3}\cos\lambda$$

$$B_\phi ＝ 0 \tag{1-3}$$

磁场的数值为

$$B ＝ \frac{k_0}{r^3}(1 + 3\sin^2\lambda)^{1/2} \tag{1-4}$$

磁场线的方程为

$$r ＝ r_0 \cos^2\lambda \tag{1-5}$$

其中 r_0 是磁力线穿过赤道的距离。磁场线的长度元为

$$ds ＝ (dr^2 + r^2 d\lambda^2)^{1/2} ＝ r_0\cos\lambda (1 + 3\sin^2\lambda)^{1/2} d\lambda \tag{1-6}$$

①　在非偶极坐标系中，MLT 的定义更为复杂，但主要方向大致相同。

闭合积分得到偶极场线的长度 S_d 是关于 r_0 的函数

$$S_d \approx 2.760\ 3r_0 \tag{1-7}$$

磁场的曲率半径 $R_C = |\ \mathrm{d}^2\boldsymbol{r}/\mathrm{d}s^2\ |^{-1}$ 是带电粒子运动中的重要参数。对于偶极场，曲率半径（radius of curvature）为

$$R_C(\lambda) = \frac{r_0}{3}\cos\lambda\ \frac{(1+3\sin^2\lambda)^{3/2}}{2-\cos^2\lambda} \tag{1-8}$$

任何偶极磁场线是由经度 ϕ_0（常量）和磁场线穿过偶极赤道的距离决定的。这个距离通常用参数 L（L‐parameter）表示

$$L = r_0/R_E \tag{1-9}$$

在探索者号探测数据分析的早期，为了处理磁场相关坐标系中的观测数据，Carl E. McIlwain 引入了参数 L，因此，也被称为麦基尔韦恩 L 参数（McIlwain's L‐parameter）。

对于给定的 L，相应的磁场线到达地球表面的（偶极）纬度为

$$\lambda_e = \arccos\frac{1}{\sqrt{L}} \tag{1-10}$$

例如，当 $L=2$ 时（内磁层），磁场线到达地球表面的纬度为 $\lambda_e = 45°$；当 $L=4$ 时（外磁层的中央），磁场线到达地球表面的纬度为 $\lambda_e = 60°$；当 $L=6.6$ 时（地球同步轨道）[①]，磁场线到达地球表面的纬度为 $\lambda_e = 67.1°$。

式（1‐7）中偶极场线长度根据偶极自身特性计算。当 $L \gtrsim 2$，近似计算从半球表面一点到另一半球表面的偶极场线的长度为

$$S_e \approx (2.775\ 5L - 2.174\ 7)R_E \tag{1-11}$$

以纬度为自变量，沿给定磁场线的磁场幅值表示为

$$B(\lambda) = [B_r(\lambda)^2 + B_\lambda(\lambda)^2]^{1/2} = \frac{k_0}{r_0^3}\cdot\frac{(1+3\sin^2\lambda)^{1/2}}{\cos^6\lambda} \tag{1-12}$$

对于地球有

$$\frac{k_0}{r_0^3} = \frac{0.3}{L^3}\mathrm{G} = \frac{3\times10^{-5}}{L^3}\mathrm{T} \tag{1-13}$$

在地球表面的磁赤道上，偶极磁场为 $0.3\mathrm{G}$（$30\mu\mathrm{T}$），两极为 $0.6\mathrm{G}$（$60\ \mu\mathrm{T}$）。

真实地磁场与偶极磁场存在相当大的偏差，因为偶极并不完全在地球中心，磁场的源也不是一个点，并且地球的电导率不是均匀的。地磁场由国际地磁场参考场（International Geomagnetic Reference Field，IGRF）模型描述，该模型定期更新，以反映磁场长期的缓慢变化，变化的时间尺度以年（或更长）计（图 1‐2）。

1.2.2　磁层电流系统导致的偶极场偏离

地球磁层（magnetosphere）是近地磁场控制带电粒子运动的区域，它是由地磁偶极

---

① 地球静止距离指赤道平面上的卫星在 24 h 内围绕地球移动的高度，该轨道被称为地球静止轨道（GEO）或地球同步轨道。

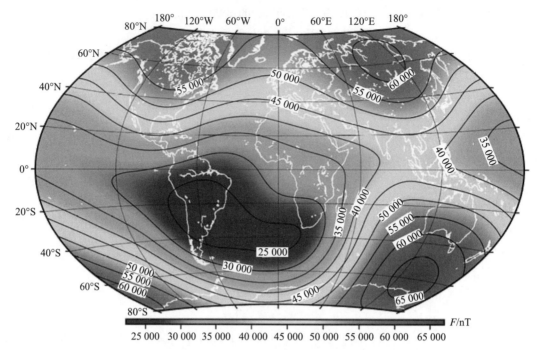

图 1-2　2019 年 12 月发布的第 13 代 IGRF 模型显示的地球表面磁场大小。南大西洋异常区是从
非洲南端延伸到南美洲的深蓝色区域。该模型可在美国国家环境信息中心
（NCEI，https：//www.ncei.noaa.gov）获得（见彩插）

（geodipole）和太阳风相互作用而形成的。由变化的太阳风压引起的磁场变形，建立起随时间变化的磁层电流系统，进而控制着外辐射层及更远的偶极场的偏差。

　　太阳风等离子体不能轻易穿透地球磁场，所以外磁层实质上是一个太阳风围绕流动的空腔。空腔被一个称为磁层顶（magnetopause）的不连续边界所限定。磁层顶的位置和形状是由太阳风等离子体动压和磁层磁场压力的平衡决定的。磁层顶的顶点，在一般太阳风条件下，距离地球中心约 $10R_E$，但在周期性的强太阳风压力作用下，可以被推到地球同步轨道（$6.6R_E$）附近并对外层辐射带产生重要影响。在昼侧，磁偶极场朝地球方向被压缩，而在夜侧，磁偶极场被拉伸形成一个长的磁尾（magnetotail）。根据安培环路定理 $\boldsymbol{J} = \nabla \times \boldsymbol{B}/\mu_0$，无旋偶极场（curl - free dipole field）的偏离与电流系统（electric current systems）对应。

　　在地球参照系中，太阳风是超声速的，实际上是超磁声速（super - magnetosonic）的，超过了本地磁声速（the local magnetosonic speed）$v_{ms} = \sqrt{v_s + v_A}$，其中 v_s 为声速，$v_A = B/\sqrt{\mu_0 \rho_m}$ 为阿尔文速度，ρ_m 为太阳风质量密度。因为流体尺度的扰动不会比 v_{ms} 传播得更快，这导致磁层上游形成一个无碰撞激波锋面（a collisionless shock front），称为弓形激波（the bow shock）。在典型太阳风条件下，在太阳方向上的激波顶点大约在磁层顶上游约 $3R_E$ 处。激波将相当一部分太阳风动能转化为热能和电磁能。位于弓形激波和磁层顶之间的不规则激波流动区域称为磁鞘（magnetosheath）。

屏蔽地球磁场不受太阳风影响的昼侧磁层顶电流系统被称为 Chapman – Ferraro 电流（Chapman – Ferraro current），以纪念 Chapman 和 Ferraro（1931）早期尝试解释太阳微粒辐射如何引发磁暴。采用一阶近似 Chapman – Ferraro 电流密度 $\boldsymbol{J}_{CF}$ 可以表示为

$$\boldsymbol{J}_{CF} = \frac{\boldsymbol{B}_{MS}}{B_{MS}^2} \times \nabla P_{dyn} \qquad (1-14)$$

式中　$\boldsymbol{B}_{MS}$ ——磁层磁场；

　　　P_{dyn} ——太阳风动压。

由于地球轨道上的行星际磁场（the interplanetary magnetic field，IMF）仅有几纳特（nanoteslas），磁层顶电流能将电流层外的磁层磁场屏蔽到几乎为零。因此，磁层顶内侧的磁场来自于两方面，即约一半来自地球偶极场，另一半来自磁层顶电流。

Chapman – Ferraro 模型描述了一个泪滴状封闭磁层，昼侧压缩，夜侧伸展但并不很远。但 20 世纪 60 年代以来的航天器观测结果表明，夜侧磁层（即磁尾）非常长，远远超出了月球轨道。这就需要一种机制将太阳风的能量转移到磁层，以维持这种尾状结构。

图 1 – 3 是磁层示意图，包括主要的大尺度磁层电流系统。磁层的绝大部分由尾瓣（tail lobes）组成，尾瓣通过磁力与高层大气（即电离层）中的极冠连接。极冠环绕着极光椭圆区。因此，磁场方向在北半球指向地球，在南半球的指向背离地球。为了维持尾瓣结构，尾瓣之间必须存在电流片（current sheet），电流片中电流从黎明到黄昏处于流动状态（the current points from dawn to dusk）。这种越尾电流（cross – tail current）嵌入等离子体片内（第 1.3.1 节），并在尾瓣周围闭合，形成磁层顶电流（magnetopause current）的夜侧部分。

极区上方弱磁场的尖状结构被称为极尖（polar cusps），极尖与磁极之间没有磁性地连接，而是中午时与南北极光椭圆区相连，因为极光椭圆区所包围的全部磁通量都与尾瓣相连。极尖尾部的 Chapman – Ferraro 电流和尾部磁层顶电流平滑地相互融合。图 1 – 3 还显示了在约 100 km 高度极光区的西向流动的环电流（ring current，RC），以及连接磁层电流与水平电离层电流的磁场向电流（the magnetic field – aligned currents，FAC）。

磁层电流系统存在显著的时间变化，使得磁场的数学描述变得复杂。常用方法是利用 Nikolai Tsyganenko 所开发众多模型中的一部分（参看 Tsyganenko，2013）[①]。在辐射带研究中特别常用的是被称为 TS04 的模型（Tsyganenko 和 Sitnov，2005）。

为了便于说明，有时简单模型也能发挥作用。例如，Mead（1964）早期与时间无关的模型在磁赤道面（r，ϕ）上简化为

$$B(r,\phi) = B_E \left(\frac{R_E}{r}\right)^3 \left[1 + \frac{b_1}{B_E}\left(\frac{r}{R_E}\right)^3 - \frac{b_2}{B_E}\left(\frac{r}{R_E}\right)^4 \cos\phi\right] \qquad (1-15)$$

这里采用了 Roederer 和 Zhang（2014）的记号。其中 B_E 为地球表面的赤道偶极场（近似 30.4 μT = 30 400 nT），ϕ 为午夜以东的经度，$\cos\phi$ 描述了由于磁场的昼侧压缩和夜侧拉伸造成的方位角不对称。系数 b_1 和 b_2 取决于磁层顶的日下点距离 R_s（计量单位为地

① Tsyganenko 模型可在社区协调建模中心获得：https：//ccmc.gsfc.nasa.gov/models/。

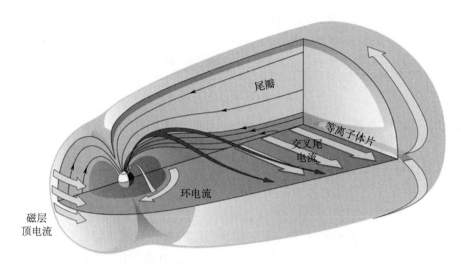

图 1 - 3　磁层和大尺度磁层电流系统 ［图由 T. Mäkinen 提供，来自 Koskinen（2011），
经 Springer Nature 许可转载］

球半径 R_E ）， R_s 取决于上游太阳风压力。

$$b_1 = 25\left(\frac{10}{R_s}\right)^3 \mathrm{nT}$$

$$b_2 = 2.1\left(\frac{10}{R_s}\right)^4 \mathrm{nT} \tag{1-16}$$

在地心距离（1.5～7） R_E 处，该模型在无扰动或适度扰动时相当准确。

1.2.3　地磁活动指数

习惯上用地磁活动指数（geomagnetic activity indices，Mayaud，1980）来描述磁层和电离层电流系统的强度和变化，可以在斯特拉斯堡大学的"国际地磁指数服务"网页[①]上找到地磁活动指数。这些指数是根据地基磁强计的测量结果计算出来的，大量有用指数表明了地磁活动的巨大变化性，这种变化特性有时在高纬度地区更强，有时在低纬度地区更强，有时在主要扰动出现之前背景电流系统就已经很强。由于不同指数描述磁层电流的不同特征，因此它们之间不存在一一对应关系。特定指数的选择取决于所研究的物理过程。接下来简要介绍使用最广泛的指数，包括研究全球磁暴强度时的指数 Dst 和 K_p，以及研究极光纬度活动时的指数 A_E，稍后将在讨论辐射带动力学与演变的地磁活动之间关系时使用。

Dst 指数用于度量环电流的强度，是对全球分布的四个低纬度站测得的平静状态下地磁水平分量（ H ）强度变化每小时计算一次的加权平均值。地磁暴（也称为磁层风暴或磁暴）被定义为 Dst 指数为较大负值的阶段，此时信号显示环流向西增强。Dst 指数负值的绝对值越大，磁暴越强。磁扰没有标准下限阈值，很难说磁层状态超过某个下限阈值就被称为磁暴，并且对于小磁暴（weak）的识别通常很模糊。在本书中，我们将 $-100\,\text{nT}$ $< Dst \leqslant -50\,\text{nT}$ 称为中等磁暴（moderate），$-200\,\text{nT} < Dst \leqslant -100\,\text{nT}$ 称为大磁暴（intense），$Dst \leqslant -200\,\text{nT}$ 称为特大磁暴（big）。从一组部分不同的 6 个低纬度站（SYM - H）得出的类似的 1 min 指数也在使用。

灵敏的地基磁强计能感知所有的磁层电流系统，因此，除环电流外，其他类型电流也会影响 Dst 指数，这些包括磁层顶电流、越尾电流以及由于电离层电流快速时变而引起的地面感应电流。强太阳风压力推动磁层顶向地球靠近，促使磁层顶电流增大，从而保护局部更强的地磁场免受太阳风影响。这种效应在昼侧最强，因为昼侧磁层顶电流流向与环电流相反。压力校正后（pressure corrected）的 Dst 指数可定义为

$$Dst^{*} = Dst - b\sqrt{P_{\text{dyn}}} + c \qquad\qquad (1-17)$$

式中　　P_{dyn} ——太阳风动压；

　　　　b 和 c ——经验参数，其准确值取决于所使用的统计分析方法，例如，根据 O'Brien 和 Mcpherron（2000）的测定，$b = 7.26\text{nTnPa}^{-1/2}$，$c = 11\,\text{nT}$。

从黎明到黄昏的定向尾流对 Dst 指数的影响力更难估算。在活跃期，越尾电流增强并向地球靠近，增强了夜侧对 Dst 指数的影响。对 Dst 指数变化范围的影响估计为 25%～50%［例如，Turner 等（2000），Alexeev 等（1996）］。此外，电离层电流的快速时变引起强局部地面感应电流，对 Dst 指数的影响最多可达 25%［Langel 和 Estes（1985），Häkkinen 等（2002）］。

另一类广泛使用的指数是行星指数 K、K_p。每个地磁观测站都有各自的 K 指数，K_p 是 13 个中纬度测站 K 指数的平均值，是一个近似对数范围指数，表示为指数的三分形式，即：0，0+，1-，1，1+，…，8+，9-，9。K_p 指数基于中纬度的观测，因此相比 Dst 指数，其对高纬度极光电流系统以及亚暴活动更敏感。K_p 是一种 3 h 指数，不能反映磁层电流的快速变化。

变化最快的电流系统产生在极光纬度区域。为了描述极光电流的强度，通常使用极光带电集流（auroral electrojets）指数 A_E。标准 A_E 指数是由均布于北半球极光椭圆区下方的 11 或 12 个磁强计测站计算得出的。测定每个站的磁场北向分量，确定出平静背景的最大负偏差称为 A_L 指数，以及最大正偏差，称为 A_U 指数。A_E 指数计算方法为 $A_E = A_U - A_L$，单位均为 nT。因此，A_L 指数是极光椭圆区中最强西向电流的度量，A_U 指数是最强东向电流的度量，A_E 表示总电喷流（electrojet）的强度。指数 A_E、A_U、A_L 的时间分辨率一般为 1 min。

由于极光带电集流（auroral electrojets）在约海拔 100 km 处流动，其造成的地面磁偏差要比环电流造成的磁偏差大得多。例如，在典型亚暴活跃期，A_E 指数在 200～400 nT 范围，在强磁暴期能超过 2 000 nT，而赤道 Dst 指数仅在最强磁暴期超过 -200 nT。

1.3　磁层粒子和等离子体

磁层研究领域涵盖众多相关物理参数。能量、温度和密度会有几个数量级的变化，并

且会由于多变的太阳风条件而显著变化。内磁层包含三个主要的粒子域，冷而相对密集的等离子体层（plasmasphere），能量更强的环流（ring current）和高能辐射带（high-energy radiation belts）。它们在空间上并不完全隔离，而是部分重叠，它们之间的相互作用对辐射带的物理性质有显著影响。外磁层中的等离子体片是在磁层活动期注入内磁层的超热粒子（suprathermal particles）的来源。

这种介绍性讨论非常笼统，我们将在第 2 章详细介绍单个粒子的运动，在第 3 章介绍等离子体的基本概念。

1.3.1　外磁层

外磁层被认为是从 $(7 \sim 8)R_E$ 的距离起算，此处开始夜侧磁场变得越来越被拉长。表 1-1 总结了中尾区（mid-tail region）距离地球约 $X = -20R_E$ 处的典型等离子体参数，X 表示地心坐标系沿地-日方向，朝向太阳为正。尾瓣区域几乎是空的，粒子数密度约为 0.01 cm^{-3}。越尾电流嵌入的等离子体片中心区域（图 1-3）则是一个高密度热等离子体区域，它被等离子体片边界层包围，密度和温度介于等离子体片中央区域和尾瓣之间。边界层的磁场线连接到极光椭圆区的极向边缘。在不断变化的太阳风条件下，实际数值与典型值有很大差异，特别是在强磁层扰动期间。

表 1-1 还包括同一 X 坐标处磁鞘中的典型参数。磁鞘由被地球弓形激波压缩和加热的太阳风等离子体组成。它的密度比外磁层中观测到的要高，温度要低。1 AU 处未受干扰的太阳风同样有很大的偏差，其典型密度从快速（$\sim 750 \text{ kms}^{-1}$）的约 3 cm^{-3} 延伸到慢速（$\sim 350 \text{ kms}^{-1}$）的约 10 cm^{-3}。表 1-1 显示，虽然磁场大小在所有显示的区域都相当相似，但等离子体 β（动能压力和磁场压力的比值），是区分不同区域的一个有用参数。

表 1-1　中尾区域等离子体典型参数值

等离子体 β 是动能压力和磁场压力的比值 [式（3-28）]

参数	磁鞘	尾瓣	等离子体片边界	等离子体片中央
n/cm^{-3}	8	0.01	0.1	0.3
T_i/eV	150	300	1 000	4 200
T_e/eV	25	50	150	600
B/nT	15	20	20	10
β	2.5	3×10^{-3}	0.1	6

1.3.2　内磁层

内磁层是磁场呈准偶极的区域，由空间上相互重叠的不同种类的粒子区域组成，包括环流区、辐射带和等离子体层，粒子来源不同且能量范围差异显著。环流和辐射带主要由被困在准偶极场中的粒子组成，这些粒子由于地球周围磁场梯度和曲率的作用而漂移，而等离子体层中等离子体的运动特性和空间范围主要受共旋电场和对流电场的影响（见第

2 章）。

环电流是由于地球周围高能带电粒子的方位漂移而形成的。带正电粒子向西漂移，电子向东漂移，基本上所有漂移粒子都对环电流的形成产生影响。漂移电流与粒子的能量密度成正比，在 $10\sim200$ keV 的能量范围内，环电流载流子主要为正离子，且正离子的通量远大于能量更高的辐射带粒子。环电流在地心距离 $(3\sim8)R_E$ 处流动，在 $(3\sim4)R_E$ 处达到峰值。在环电流的向地边缘，负压梯度引起了一种局部的东向抗磁电流，但净电流仍向西。

在磁层活跃期，电离层作为环电流等离子体源的作用增强，从而增加了磁层中氧离子（O^+）和氦离子（He^+）的相对丰度（将在第 6.3.1 节讨论）。因此，有时环电流中相当一部分可以由源自大气层的氧离子传输。重离子含量进一步改变了内磁层等离子体波的性质，进而对辐射带电子的波粒作用产生了影响，这些将从第 4 章开始讨论。

等离子体层（plasmasphere）位于磁层最内部，由源自电离层的低温（~1 eV）且密集（$\geqslant10^3\,cm^{-3}$）的等离子体组成。基于闪电生成的波和人造甚低频（VLF）波的传播特征，人们在航天时代之前就已经知道等离子体层的存在。等离子体层有一个相对清晰的外边缘，称作等离子体层顶（plasmapause），在那里质子密度下降了几个数量级。等离子体层顶的位置和结构随着磁场活动而显著变化（图 1-4）。在磁层平静期（quiescence），密度在距离 $(4\sim6)R_E$ 处平稳下降，而在强活动期（strong activity），等离子体层顶更陡峭（steeper），并被推得更靠近地球。

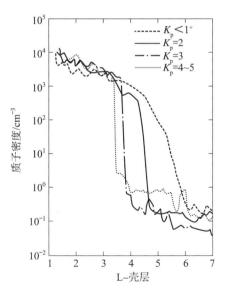

图 1-4　夜间扇区的等离子体密度（按照活动指数 K 区分）。$K_p<1+$ 对应着非常平静的磁层，而 $K_p=4\sim5$ 表明磁层活动程度显著，虽然还达不到特大磁暴的程度。L 壳层相当于给定 L 参数的磁场线，详细定义见 2.6 节［改编自 Chappell（1972），经美国地球物理联盟（American Geophysical Union）许可转载］

等离子体片粒子朝太阳方向的对流，以及等离子体层中的等离子随地球共转，两者的相互作用决定了等离子体层顶的位置。在第 2.3 节中，我们在带电粒子的导向中心运动中加入对流和共旋电场，发现在黄昏侧磁地方时（MLT）18 h 周围形成了一个向外凸起的等离子体羽流（plasmaspheric plume）。等离子体羽流在地磁暴和亚暴期间最常见和明显，但在平静状态下也可以存在［例如，Moldwin 等（2016），以及其中的参考文献］。在地磁暴期间，等离子体羽流可以向地球静止轨道扩展并朝着更早磁地方时方向弯曲。

图 1-5 显示了在 2000 年 6 月一场中等地磁暴发生前后，IMAGE 卫星搭载的极紫外（EUV）仪器进行的等离子体层整体观测。在这场地磁暴之前，等离子体层大体上可算作对称的。在地磁暴之后，等离子体层被严重侵蚀，留下了从黄昏侧向昼侧磁层顶延伸的羽流。当穿越羽流时，在等离子体层顶之外，被捕获的辐射带电子遇到一个更冷、密度更高的等离子体，该等离子体的等离子体波环境类似于等离子体层本身。因此，等离子体层对辐射带粒子的影响超出了图 1-4 所示的名义边界。

等离子体层、羽流和等离子体层顶的等离子体参数（plasma parameters）对等离子体波的产生和传播非常重要，而等离子体波又与环电流和辐射带中的高能粒子相互作用。因此，内磁层中最冷和最热的部分通过波粒相互作用紧密地相互耦合。

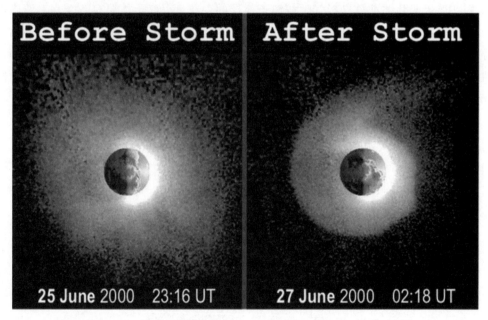

图 1-5　IMAGE 卫星的 EUV 仪器观测到的等离子体羽流和等离子体侵蚀。这张照片是从北半球上方拍摄的，太阳在右边［图来自美国西南研究院（Southwest Research Institute）的 Jerry Goldstein，有关这场磁暴的更多信息见 Goldstein 等（2004）］

1.3.3　宇宙射线

除离子和电子辐射带外，近地空间微粒辐射的另一重要组成部分是宇宙射线（cosmic rays）。很大一部分宇宙射线粒子的动能如此之大，以至于地磁场无法捕获它们。实际上，这些未被捕获的粒子穿过地球磁层时，其轨迹不会发生太大的偏移。其中一些粒子撞击到大气层中，与大气原子和分子的原子核相互作用，导致了地面上可能探测到的基本粒子簇射（showers of elementary particles），那些能量最高的粒子可以穿透到地面。

近地空间中能量低于每核子 10^{15} eV 的宇宙射线离子的频谱主要由三部分组成：

· 银河宇宙射线（GCR），其频谱峰值能量超过每核子 100 MeV，最有可能是被银河系中的超新星残余激波加速。

· 太阳宇宙射线（SCR），被与太阳爆发有关的日冕和行星际激波所加速，能量大多低于每核子 100 MeV，其中一部分可以被内辐射带捕获。

· 反常宇宙线（ACR），是被日球终端激波（heliospheric termination shock）捕获和加速的来自太阳的离子。在日球终端激波处，超声速太阳风在遇到星际等离子体之前，或在太阳风层顶（heliopause）外的日鞘（heliosheath）中，降为亚声速，一些离子被注入回太阳。在地球附近，ACR 频谱峰值约为每核子 10 MeV，因此粒子可以被困在地磁场中。

虽然银河宇宙射线不能直接被捕获到辐射带中，但它们通过宇宙线反照中子衰变机制（Cosmic Ray Albedo Neutron Decay，CRAND）途径间接地参与了内辐射带的构成。宇宙射线对大气层的轰击产生了向各个方向运动的中子。尽管中子平均寿命是 14 min 38 s，在此期间，能量达几个 MeV 的中子撞击地球或者远远地逃离磁层，小部分中子仍处于内磁层时衰变为质子，并可能被困在内辐射带（将在 6.3.3 节讨论）。

低于 10 GeV 的银河宇宙射线和反常宇宙线通量受 11 年和 22 年太阳活动周期的调节，在辐射带观测的时间尺度上提供准稳态的背景辐射（background radiation）。而太阳宇宙射线的出现则是与太阳耀斑和日冕物质抛射有关的短暂现象。

宇宙射线电子也有银星系和太阳的成分，此外，木星的磁层加速了逃逸到行星际空间的高能电子。当行星际磁场（IMF）将地球和木星连接起来时，每隔 13 个月就可以在地球附近观测到这些木星电子（Jovian electrons）。

超新星激波最有可能是银河宇宙射线电子加速的原因，而在太阳宇宙射线和木星电子的加速中，除了激波加速外，其他作用机制也很重要，特别是与太阳耀斑和木星磁层中的磁重联有关的感应电场。

目前观测到的能量高达约 3×10^{20} eV 的最高能宇宙射线（very highest-energy cosmic rays），其加速和特性仍然是一个谜。由于 GZK 截断（Greisen-Zatsepin-Kuzmin cutoff，GZK），不可能观测到能量高于 6×10^{19} eV 的质子，除非质子在离观测点不远的地方加速。在截断点以上，质子与蓝移宇宙微波背景的相互作用会产生介子，介子带走过量能量。最高能粒子（highestenergy particles）有可能是较重元素的原子核。目前为止，这仍是一个未解决的问题。

1.4　磁层动力学

强烈的太阳风压力驱动磁层中磁暴以及更多间歇性亚暴，两者都是辐射带时空演化的关键动力学要素。磁暴和亚暴主要由各种大尺度的日球层结构引起，如行星际日冕物质抛射（CME/ICME）[①]、低速和快速太阳风流相互作用区（stream interaction region，SIR），以及支撑阿尔文波动的快速太阳风（将在第 7.3.1 节详细讨论）。在 ICME 发生之前，通常会有行星际快速前向激波，以及激波与抛射物之间的湍流鞘区，它们都在磁层和辐射带中产生不同的响应。由于快速太阳风流来源于可以在几次太阳自转期间持续存在的日冕洞，因此低速和快速太阳风流每 27 天重复一次，SIR 通常被称为共转相互作用区（co-rotating interaction region，CIR）。然而，流相互作用区是物理上更具描述性的术语。SIR 可能逐渐演化为受激波约束，但完全发展的 SIR 激波极少在地球轨道太阳朝向的方向观测到。这些靠近地球轨道的大尺度日球层结构的持续时间从几小时到几天不等。平均来说，鞘层区域经过地球需要 8～9 h，ICME 或 SIR 经过地球大约需要 1 天。快速流（fast streams）通常会影响地球环境达数天。

1.4.1　磁层对流

　　磁层等离子体处于一种连续的大尺度平流运动中，在这种情况下，尽管稍不准确，这种运动被称为磁层对流（magnetospheric convection）（详细介绍见 Kennel，1996）。在极区电离层（polar ionosphere）观测对流是最直接的，在那里等离子体从昼侧流过极冠（polar cap）到达夜侧，然后穿过早晨和夜晚的扇形极光区域返回昼侧。理想无电阻性磁流体动力学（magnetohydrodynamics，MHD，见 3.2.3 节）能够相当准确地描述电阻性电离层上方大规模等离子体运动。在理想磁流体动力学中，磁场线是电等势的，电场 E 与等离子体速度 V 通过简单关系相互联系

$$E = -V \times B \tag{1-18}$$

　　因此，在电离层观测到的对流运动，或者电势，可以沿着磁场线映射到尾瓣和等离子体片中的等离子体运动。尾部等离子片（tail plasma sheet）的电场从黎明指向黄昏，磁场指向北，对流运动带着等离子体粒子从夜侧等离子体片靠近地球，其中小部分成为环电流的载流子（carriers），构成了辐射带的最初布居（源布居，source population）。

　　在理想磁流体动力学中，等离子体和磁感线被当作彼此冻结在一起。这意味着，当等离子体从一处流动到另一处时，两个由磁场线连接的等离子体元素保持不变尽管［大多数等离子体物理教科书中都可以找到这一说法的证明，例如 Koskinen（2011）］。磁场线不是物理实体，磁场线的运动只是一个形象的比喻，用运动磁场线（moving field lines）来描述运动是很方便的，更具物理性的描述是，磁场在空间和时间中演变，这样等离子体元素就能保持磁性连接。

　　对流是由输入到磁层的太阳风能量维持的。当行星际磁场（IMF）指向北时，太阳风能量输入最弱，且是有限的，当行星际磁场指向南时，太阳风能量输入增强。如果磁层顶完全闭合，等离子体将在磁层内循环流动，这将会导致从昼侧到夜侧穿越极冠的磁通量管达到磁层外边界。在磁层外边界，等离子体需要与太阳风发生某些类型的黏性相互作用

---

　　① 这两个首字母缩写词都是常用的。当射出物在日冕中被观测到时，我们称之为 CME，而在更远的行星际空间中则称之为 ICME。

(viscous interaction)，以维持这种循环流动。这就是由 Axford 和 Hines（1961）提出的解释对流的机制。磁层顶的经典（碰撞）黏度几乎为零，但有限的回旋半径效应和波粒相互作用会导致某种程度的黏度异常[①]（anomalous viscosity）。据估计，这种反常黏度提供了从太阳风到磁层的动量传递的约 10%。

然而，磁层并不是完全闭合的。同一年，当 Axford 和 Hines 提出黏性相互作用模型时，Dungey（1961）提出了磁重联理论来解释对流。Dungey 周期开始于昼侧磁层顶电流片冻结状态的破坏。太阳风中的磁场线被切断，并与地磁场线重新联接。对于方向相反的磁场，重联是最有效的，特别是在行星际磁场（IMF）指向南时的昼侧赤道面上，但在其他方向上重联仍然是有限的。在昼侧重联之后，太阳风流将新联接的磁场线拖曳到夜侧，磁层内的部分磁场线成为尾瓣磁场线。因此，越来越多的磁通量堆积在尾瓣。在尾部中相距一段距离的地方，南向和北向尾瓣中方向相反的磁场线穿过越尾电流层重新联接。这时候，电离层末端的磁场线已经到达了当地午夜附近的极光椭圆区。现在，来自尾部重联点的朝向地球的流出物将新闭合的磁场线拖向地球。回流不能穿透到随地球共转的等离子体层，对流必须经由地球周围的黎明扇区和黄昏扇区到达昼侧。在电离层，回流沿晨侧和昏侧极光椭圆区朝向昼侧返回。一旦接近昼侧磁层顶，磁层等离子体就会加入磁层顶内部的昼侧重联中。需要注意的是，电阻性电离层打破了理想磁流体动力学的冻结状态，在大气层中使用运动磁场线理论是不合理的。

行星际磁场（IMF）指向南时，尾瓣磁通量的增加和磁层内等离子体对流的增强具有较强的观测基础。通过计算磁层顶中运动感应太阳风电场（$E = VB_{south}$）由东向西的分量，及估算磁层中相应的电位降，预计大约 10% 的太阳风电场"渗透"到磁层，成为从黎明到黄昏的定向对流电场。要注意，$\boldsymbol{E} = -\boldsymbol{V} \times \boldsymbol{B}$，并不是因果关系层面的表达，这个公式并不说明究竟是电场驱动磁层对流，还是对流引起运动感应电场。环流的根本驱动力是太阳风对磁层的作用力。

等离子体环流并不像上述讨论所显示的那样平稳。如果昼侧磁层顶和夜侧电流片的重联率相互平衡，就会出现稳态对流。然而，这种情况很少发生，因为驱动太阳风和磁层响应的变化比磁层环流几小时的时间尺度快。重联可能会显著侵蚀昼侧磁层磁场，使磁层顶比在简单的压力平衡考虑下所表现的更靠近地球。尾瓣中不断变化的磁通量导致极冠的膨胀和收缩并影响极光区的大小和形状。

此外，已经发现等离子体片中的对流由间歇性的爆发性整体流（bursty bulk flow，BBF）组成，其间几乎是停滞的等离子体［Angelopoulos 等（1992），以及其中的参考文献］。值得注意的是，虽然 BBF 在极光活动频繁的时候比较频繁，但在极光静止期也会出现。据估计，在已经观测到的 BBF 区域，BBF 是向地球输送质量和能量的主要机制（Angelopoulos 等，1994）。因此，电离层中观测到的高纬度对流相当于 BBF 和外磁层中较慢的背景流的平均值。

---

① 这是对"异常"一词的使用可能有疑义例子之一。在超出流体描述的波粒相互作用过程中，没有任何异常之处。

1.4.2　地磁风暴

自 19 世纪以来，人们就知道地磁场的强烈扰动称为地磁（或磁）风暴［geomagnetic (or magnetic) storms］。因为我们在本书中主要从磁层的角度看待风暴，所以我们也称它们为磁层风暴（magnetospheric storms）。如图 1-6 所示，磁暴是辐射带最具有动态演化的时期。它们通常（但并非总是）以在地面测量的磁场（H）水平分量的显著正偏差开始（图 1-7），称为磁暴急始（storm sudden commencement，SSC）。SSC 是 ICME 驱动的激波和到达地球磁层顶的相关压力脉冲的特征。在与 SIR 或 ICME 有关的压力脉冲中也可以观测到 SSC，这些压力脉冲的速度不足以驱动太阳风中的激波，但仍然干扰和挤压了它们前方的太阳风。如果太阳风参数是已知的，压力效应可以从 Dst 指数中去除，如第 1.2.3 节所述。

磁层中的风暴也可以由低速 ICME 和 SIR 驱动，而且没有明显的压力脉冲。如果磁场波动有足够长的周期，有足够强的南向磁场来维持对流电场（convection electric field）以增强环流，就会发生 SIR 驱动的风暴。因此，有的风暴在 Dst 指数中没有明显的 SSC 特征。另一方面，冲击磁顶的激波并不总是伴随着地磁暴，特别是如果在接下来的太阳风结构中，IMF 主要指向北方。在这种情况下，磁力图中的正偏差被称为突发性脉动（sudden impulse，SI），之后 Dst 指数恢复到接近其背景水平，只有很小的时间变化。如果激波的动压保持在增强的水平，Dst 可以保持正偏离一段时间。

在 SSC 之后，磁暴的初相（initial phase）开始了。它的特点是 Dst 的正偏差，通常为几十 nT。初始阶段是由主要北向的 IMF 和高动压共同造成的。这个阶段可持续时间的差异，取决于太阳风驱动的类型和结构。如果风暴是由一个具有南向磁场的 ICME 驱动，紧接着一个具有南向磁场的磁鞘，那么它可能非常短暂。在这种情况下，一旦进入磁层的能量转移变得足够强大，风暴的主相（main phase）就开始了，这是一个以赤道磁场的 H 分量迅速减少为特征的时期。如果磁鞘有一个主要向北的 IMF，主阶段将不会开始，直到喷射物质的南向场加强了昼侧磁层顶的重连。

如果在磁鞘和 ICME 中都没有向南的 IMF，预计就不会发生定期的全球风暴。然而，在向北的 IMF 之后的压力脉冲/激波会对辐射带环境造成重大影响，因为它们会强烈地摇晃和压缩磁层，并引发一系列亚暴（第 1.4.3 节）。

在磁暴主相，来自太阳风的能量输入增强，导致内磁层中环流载体的能量化和数量增加，因为增强的磁层对流将越来越多的带电粒子从尾部输送到环流区域。在这里，下面讨论的亚暴有重要的贡献，因为它们从近地尾部注入新鲜粒子。环向电流的增强通常是不对称的，因为并不是所有携带电流的离子都在封闭的漂移路径上，而是有相当一部分在傍晚时分通过地球，继续向昼侧的磁层顶移动。这在图 1-7 中得到了说明，檀香山（Honolulu）和垣冈（Kakioka）的磁强计显示出最陡峭的主相发展，当时这些站处于地球的黄昏一侧。

当太阳风的能量输入停止时，高能环流离子的损失速度比从尾部补充的新离子的速度

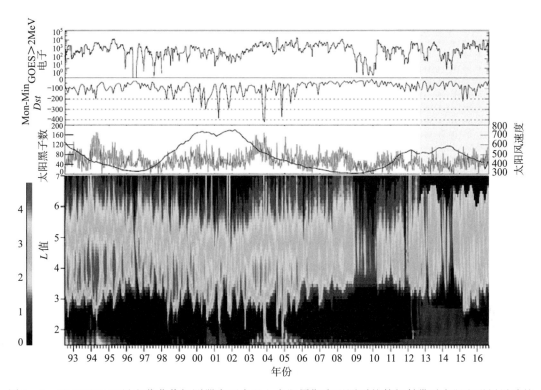

图 1-6 SAMPEX 卫星和范艾伦探测器在两个以上太阳周期内观测到的外辐射带对太阳和磁层活动的响应。最上面的子图显示地球静止轨道上的 27 天窗口平均相对论（＞2 MeV）电子通量，第二个子图是 Dst 指数的月最小值，第三个子图是年窗口平均太阳黑子数（黑色）和每周窗口—平均太阳风速（红色）。最低子图中的频谱图是 2012 年 9 月之前对相对论（～2 MeV）电子通量的 27 天窗口平均 SAMPEX 观测和 2012 年 9 月 5 日之后范艾伦探测器 REPT 对（～2.1 MeV）电子通量的观测的合成。从 SAMPEX 到范艾伦探测器的转变在槽区对粒子通量的敏感性变化中可见［来自 Li 等（2017），知识共享署名-非商业性-禁止衍生许可］（见彩插）

快。Dst 指数开始向背景水平回归。这个阶段被称为恢复相（recovery phase）。它通常比主阶段长得多，因为环电流载流子的主要损失过程：与地球外大气层的低能中性原子的电荷交换、波粒相互作用和库仑碰撞（第 6.3.2 节），比主相的电流快速增加要慢。由于 ICME 通常持续 1 天，由慢速太阳风尾随的 ICME 驱动的磁暴往往具有相对较短的恢复相，而由快速流尾随的 SIR 和 ICME 驱动的磁暴可能具有更长的恢复相。这是因为快速流中的阿尔文波动，即大振幅 MHD 阿尔文波（第 4.4 节），与磁层边界相互作用，导致触发亚暴，将粒子注入内磁层。这可以使环流保持新鲜粒子的填充，甚至超过一个星期。环流的发展也可能更加复杂，经常导致 Dst 的多级增强，或者在相对较近间隔的增强之间，Dst 没有恢复到平静水平的事件。这通常发生在鞘和 ICME 喷射物都带有南向磁场的时候，或者地球被多个相互作用的 ICME 冲击的时候。

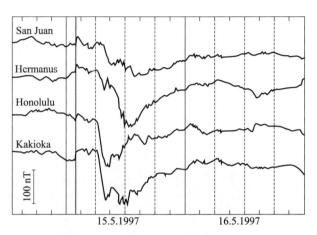

图 1-7　1997 年 5 月 15 日磁暴期间在四个低纬度站点测量的磁场水平分量 （H）。5 月 15 日，一个 ICME 驱动的太阳风激波在大约 02UT 时击中了磁层，导致磁暴突然开始，所有站点的 H 分量突然正跳（粗蓝线）。磁暴的主相是在 06UT 之后开始的，这一点从 H 分量的强烈负偏差中可以看出。实心垂直线给出了 UT 的午夜时间，横轴上的刻度线给出了每 3 h 的时间 [图经 L. Häkkinen，改编自 Koskinen （2011），经 SpringerNature 许可转载]

1.4.3　亚暴

从辐射带的角度来看，磁层亚暴 （magnetospheric substorms） 的关键意义在于它们能够将能量范围在几十到几百 keV 的新粒子从尾部等离子体片注入内部磁层。在被注入准两极磁层后，带电粒子开始围绕地球漂移，有助于环电流和辐射带布居的增强。粒子的注入有两方面的作用。它们提供了被加速到高能量的粒子。同时，注入的电子和质子驱动波，可以导致辐射带电子和环电流载体子的加速和损失。

磁层亚暴是在增强的对流过程中，在近中尾部区域 （near-to-mid-tail region） 尾瓣磁通堆积的结果。经过半个多世纪的研究，亚暴周期的细节仍然存在争议。从观测上看，亚暴显然包含了磁层中的全球构型变化，即在磁通量堆积期间，近地夜侧磁场的拉伸和相关的等离子体片变薄 （亚暴增长阶段，substorm growth phase），随后近地磁场相对快速地恢复到双极形状 （扩张阶段，expansion phase），以及较慢地恢复到与等离子体片变厚相关的平静拉伸位形 （恢复阶段，recovery phase）。一个亚暴周期通常持续 2~3 h。最强的活动发生在扩张阶段的开始之后：近地尾部的交叉尾流扰乱了极区电离层的电流，并通过磁场场向电流 （magnetic field-aligned currents） 耦合到极区电离层，形成所谓的亚暴电流楔 （substorm current wedge）。这导致了磁层粒子的强烈沉淀，引起了最迷人的极光。在地磁暴期间，亚暴周期可能不是同样明确的。例如，一个新的增长阶段可能开始，而下一次扩张的开始可能在前一次扩张阶段之后不久。

一个广泛使用的，尽管不是唯一的，关于亚暴周期的描述是所谓的近地中性线模型 [near-Earth neutral line model，NENL 模型，关于回顾，见 Baker 等 （1996）]。在这个模型中，一旦有足够的磁通量堆积在尾部，电流片就会被一条新的磁重联中性线夹断。

新的中性线在距离地球 $(8\sim30)R_{\rm E}$ 的地方形成,这比 Dungey 循环的远尾中性线更接近地球 (1.4.1 节)。中性线向地的等离子体被迅速推向地球。中性线尾部的等离子体向尾部流动,与远尾中性线一起,形成一个尾部运动的结构,称为等离子粒团 (plasmoid)。有时,反复出现的亚暴发作会形成一连串的等离子粒团。虽然通常使用正午—午夜子午面的二维动画来说明等离子粒团的形成,但磁尾中亚暴过程的三维演变要复杂得多。在现实中,等离子粒团是一个磁通绳 (magnetic flux rope),其二维切面看起来像一个围绕着磁零点的磁场闭环。

正如第 1.4.1 节所指出的,中心等离子体片中的等离子体流动并不十分平滑,相当一部分能量和质量的传输是以爆发流 (bursty bulk flows, BBFs) 的形式发生的。BBFs 被认为与等离子体片中的局部重联事件有关,其距离与 NENL 模型的重联线的距离相同。它们产生的小型通量管称为双极化通量束 (dipolarizing flux bundles, DFBs)。这个名字来自于它们增强的向北的磁场分量 B_z,与更多的拉伸位形相比,它相当于地磁场的一个更加偶极化的状态。一旦产生,DFBs 就会由于流体图中的磁曲率张力所引起的力而涌向地球。它们先于 B_z 的急剧增加,称为偶极化锋面 (depolarization fronts)。DFBs 还与大的方位电场有关,高达数个 mVm^{-1},它能够将带电粒子加速到高能量状态。爆发流制动和靠近地球的偶极化锋面的凝聚是否会导致亚暴流楔的形成,这是一个有争议的问题。

NENL 模型已经受到了共同观测结果的挑战,即极光亚暴的激活始于最接近赤道方向的弧线,并于此后向极地扩展。NENL 模型或一些竞争性方法〔讨论见 Koskinen (2011)〕是否是最合适的亚暴描述,与我们讨论辐射带没有关系。重要的是,亚暴扩张使在生长阶段被拉伸的尾部磁场位形偶极化,并将新粒子注入内磁层。粒子注入可以被观测到是无色散的 (dispersionless),这意味着注入的粒子在所有能量下都能同时到达观测航天器,或者当能量较高的粒子在能量较低的粒子之前到达时可以被观测到是色散的 (dispersive)。因为色散来自于粒子的能量依赖性梯度和曲率漂移 (第 2.2.2 节),无色散注入表明加速发生在离观测航天器相对较近的地方,而色散到达表明粒子加速出现在离观测航天器较远处,此时粒子分布有时间由于能量依赖性漂移运动而产生色散。

在地球静止轨道 ($6.6R_{\rm E}$) 和更远的地方,通常在接近午夜扇区的地方观测到无色散的亚暴注入,但也有一直到 $4R_{\rm E}$ 左右发现的〔Friedel 等 (1996)〕。尽管无色散区域的范围在当地时间和径向上都不清楚,随着亚暴的发展和地磁活动的控制,注入点在向地球移动。注入粒子的加速细节也没有得到完全解决。有人认为,这与向地球移动的偶极化锋面相关的感应加速和费米加速 (第 2.4.4 节) 有关。辐射带偶极化锋面的另一个重要方面是它们在靠近地球时的制动,它可以激发磁声波,与辐射带电子有效地相互作用。

第 2 章　近地空间中的带电粒子

在本章中，我们将讨论控制带电粒子在地磁场中运动的概念以及它们如何被困在辐射带中的原理。基本粒子轨道理论可以在大多数等离子体物理教科书中找到。我们部分遵循 Koskinen（2011）的介绍。更详细的讨论可以在 Roederer 和 Zhang（2014）中找到。带电粒子绝热运动的经典处理方法在 Northrop 等（1964）的作品中。

洛伦兹力和麦克斯韦方程总结在附录 A.1 中，在这里我们还介绍了书中使用的基本电动力学的关键概念和符号。

2.1　导向中心近似

由于电场（E）和磁场（B），在洛伦兹力（Lorentz force）作用下，带电荷 q、质量 m 和速度 v 的粒子的运动方程为

$$\frac{\mathrm{d}\boldsymbol{p}}{\mathrm{d}t} = q(\boldsymbol{E} + \boldsymbol{v} \times \boldsymbol{B}) \tag{2-1}$$

式中　$\boldsymbol{p} = \gamma m \boldsymbol{v}$ ——相对论动量；

$\gamma = (1 - v^2/c^2)^{-1/2}$ ——洛伦兹因子（Lorentz factor）。

正如在附录 A.1 中所讨论的，我们不使用"静止质量，（rest mass）"或"相对论质量（relativistic mass）"等术语。电子的质量是 $m_e = 511 \mathrm{keV} c^{-2}$，质子的质量是 $m_p = 931~\mathrm{MeV} c^{-2}$。

在现实的磁场构型中，运动方程的积分必须用数值方法来完成。即使是相当多的粒子轨道的数值计算，对于今天的计算机来说也不是问题，但是为了获得粒子运动的图像表达，我们需要一种可分析的方法。这就是 Hannes Alfvén 在 20 世纪 40 年代提出的导向中心近似法［Alfvén（1950）］。

简单起见，让我们从非相对论粒子开始，考虑在 Z 坐标方向上有一个均匀的静态磁场，电场为 0。带电粒子的运动方程是

$$m\frac{\mathrm{d}\boldsymbol{v}}{\mathrm{d}t} = q(\boldsymbol{v} \times \boldsymbol{B}) \tag{2-2}$$

描述了一个沿磁场恒定速度的螺旋形轨道和围绕磁场线的圆周运动，角频率为

$$\omega_c = \frac{|q|B}{m} \tag{2-3}$$

我们称 ω_c 为回旋频率（gyro frequency，也经常使用回旋加速频率 cyclotron frequency 或拉莫尔频率 Larmor frequency 等术语）。在文献中，ω_c 有时包括电荷 q 的符号。在本书中，我们将回旋频率写成一个正量 $\omega_c = |q|B/m$，并明确指出其符号。电子

和质子相应的振荡频率 $f_{c\alpha}=\omega_{c\alpha}/(2\pi)$ 为

$$f_{ce}(\text{Hz})\approx 28B(\text{nT})$$

$$f_{cp}(\text{Hz})\approx 1.5\times 10^{-2}B(\text{nT})$$

回旋运动的周期为

$$\tau_L=\frac{2\pi}{\omega_c} \qquad (2-4)$$

垂直于磁场的圆周运动的半径

$$r_L=\frac{v_\perp}{\omega_c}=\frac{mv_\perp}{|q|B} \qquad (2-5)$$

其中 $v_\perp=\sqrt{v_x^2+v_y^2}$ 是垂直于磁场的速度。r_L 称为回旋半径（回旋加速半径 cyclotron radius，拉莫尔半径 Larmor radius）。沿着（逆着）磁场看，顺时针（逆时针）回旋的粒子带有负电荷。在等离子体物理学中，这就是右手定则（convention of right-handedness）。

这样，我们就把运动分解成两个要素：沿磁场的恒定速度 $v_\parallel$ 和垂直于磁场的圆周速度 $v_\perp$。这些成分的总和是一个螺旋运动，其俯仰角（pitch angle）α 定义为

$$\tan\alpha=v_\perp/v_\parallel \qquad (2-6)$$

$$\Rightarrow\alpha=\arcsin(v_\perp/v)=\arccos(v_\parallel/v)$$

阿尔文指出，即使在随时间和空间变化的磁场中，如果变化与回旋运动相比很小，并且在一个回旋周期内，磁场不会随着粒子沿着磁场的运动而发生很大的变化，那么这种分解就很方便。这就是导向中心近似（guiding center approximation）。回旋运动的中心是导向中心（guiding center，GC），我们把 $v_\parallel=0$ 的参考系称为导向中心参考系（guiding center system，GCS）。

在 GCS 中，电荷沿其圆形路径产生电流 $I=q/\tau_L$，并具有相关磁矩（associated magnetic moment）

$$\mu=I\pi r_L^2=\frac{1}{2}\frac{q^2r_L^2B}{m}=\frac{1}{2}\frac{mv_\perp^2}{B}=\frac{W_\perp}{B} \qquad (2-7)$$

在这里，我们引入了"垂直能"$W_\perp$ 来指与垂直于磁场的速度有关的动能。同样地，我们定义"平行能"$W_\parallel=(1/2)mv_\parallel^2$。粒子的总能量是 $W=W_\parallel+W_\perp$。用"能量"这个词，我们指的是动能，以相对论形成表示（附录 A.1）为

$$W=mc^2(\gamma-1) \qquad (2-8)$$

磁矩实际上是一个矢量 $(q/2)\boldsymbol{r}_L\times\boldsymbol{v}_\perp$，其中回旋半径是一个从导向中心指向粒子的矢量 $\boldsymbol{r}_L$。带负电和正电的粒子的磁矩都与环境磁场相反。因此，带电粒子倾向于削弱背景磁场，由自由电荷组成的等离子体类似于一个抗磁（diamagnetic）介质。当我们讨论冷等离子体近似中的电磁波时，这是一个有用的概念（第 4 章）。

对于相对论粒子，只需用 γm 代替 m 即可得到回旋频率和回旋半径。在文中后面的公式中，ω_c 指的是非相对论的频率，而 γ 在需要时被明确引入。当然，在计算回旋周期和回旋半径时，必须包含 γ。此外，相对论粒子的磁矩必须用动量（$p=\gamma mv$）来表示，即

$$\mu = \frac{p_\perp^2}{2mB} \tag{2-9}$$

请注意，这里在分母中引入了恒定质量 m（而不是 γm），以便在非相对论极限下给出我们熟悉的磁矩。我们将在第 2.4.1 节中回到相对论磁矩的问题。

2.2　漂移运动

添加一个背景电场或让磁场不均匀，就像在磁层中一样，会改变带电粒子的路径。如果在一个回旋周期内，这种影响保持得足够小，那么导向中心近似是描述运动的一个有用工具。

2.2.1　$E \times B$ 漂移

我们首先添加一个垂直于恒定磁场的恒定电场。运动方程又是可直接解决的。被发现垂直于电场和磁场漂移导向中心的速度为

$$v_{\mathrm{E}} = \frac{E \times B}{B^2} \tag{2-10}$$

这被称为电漂移（electric drift，或 $E \times B$ 漂移）。漂移的速度与粒子的电荷、质量和能量无关。所有带电粒子都以相同的速度移动，因此 $E \times B$ 漂移不会产生电流。这种漂移的一个例子是磁层对流（第 1.3.1 节），它将粒子从尾部等离子体片向地球输送。

$E \times B$ 漂移也可以通过进行非相对论（$\gamma \approx 1$）洛伦兹变换来找到，即与导向中心固连的框架

$$E' = E + v \times B \tag{2-11}$$

在这个框架中，$E' = 0 \Rightarrow E = -v \times B$，由此我们可以找到 v 的解（2-10）。注意，平行于 B 的可能的电场分量不能通过坐标变换消除，因为 $E \cdot B$ 是洛伦兹不变的。

对于足够弱的垂直力 $F_\perp$，这种坐标变换是可能的，从而导出漂移速度的一般表达式

$$v_{\mathrm{D}} = \frac{F_\perp \times B}{qB^2} \tag{2-12}$$

这里"足够弱"指 $F/qB \ll c$。例如，对于 $E \times B$ 漂移，E/B 必须比光速小得多，否则就不能使用导向中心近似法。

2.2.2　梯度和曲率漂移

辐射带中的带电粒子在地球的近偶极磁场中运动，该磁场是弯曲的，具有垂直于和沿场的梯度。考虑一个空间上不均匀的磁场，假设在粒子的一个回旋过程中，梯度的垂直和沿场的分量很小

$$|\nabla_\perp B| \ll B/r_{\mathrm{L}}; \quad |\nabla_\parallel B| \ll (\omega_{\mathrm{c}}/v_\parallel)B$$

在这些情况下，有可能使用扰动法（perturbation approach）来解决运动方程（Northrop 等，1964）。这些条件的有效性并不仅仅取决于场的几何性质，还取决于运动

要被计算的粒子的能量和质量。

由于只假设场的弱空间不均匀性，我们可以对粒子 GC 周围的外部磁场进行泰勒展开。计算的细节可以在大多数高级等离子体物理学教科书中找到（例如，Koskinen，2011）。运动方程的解决方案可以表示为未受摄的回旋运动和一个小的修正。

我们首先忽略场线曲率。保留一阶项并在一个回旋周期内平均化，力就会化简为

$$\boldsymbol{F} = -\mu \nabla B \tag{2-13}$$

如果梯度有一个与磁场对齐的分量，则该力会导致带电粒子沿着磁场加速/减速。

$$\frac{\mathrm{d}\boldsymbol{v}_\parallel}{\mathrm{d}t} = -\frac{\mu}{m} \nabla_\parallel B = -\frac{\mu}{m} \frac{\partial B(s)}{\partial s} \boldsymbol{b} \tag{2-14}$$

式中　s ——坐标；

$\boldsymbol{b}$ ——沿磁场的单位矢量。

在垂直方向上，我们发现一个跨越磁场的漂移，与零阶漂移的方式相同。漂移必须平衡垂直方向的力项（2-12），这意味着

$$v_G = \frac{\mu}{qB^2}\boldsymbol{B} \times (\nabla B) = \frac{W_\perp}{qB^3}\boldsymbol{B} \times (\nabla B) \tag{2-15}$$

这被称为梯度漂移（gradient drif）。漂移与磁场及其梯度都是垂直的，这是粒子在非均匀磁场中回旋时，回旋半径发生微小变化而导致的（图 2-1）。

梯度漂移既取决于垂直能量，也取决于粒子的电荷。由于带负电和正电的粒子向相反的方向漂移，漂移对等离子体中的电流有贡献。

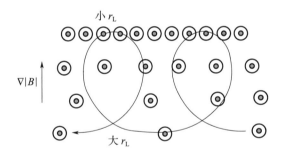

图 2-1　由于磁场梯度引起的回旋半径的微小变化导致梯度漂移

在一个弯曲的磁场中，GC 的运动也是弯曲的，固连到 GC 的参考系并不是惯性参考系。让我们表示 GC 速度 $\boldsymbol{V}$ 。现在，$\boldsymbol{V}_\parallel$ 并不完全等于 $v_\parallel$ ，因为 $\boldsymbol{V}$ 是在 GC 上决定的，而 $\boldsymbol{v}$ 是电荷在离 GC 的 $\boldsymbol{r}_L$ 距离上的速度。对于回旋半径接近梯度尺度长度的粒子来说，即在 GC 近似变得无效的极限附近，这种差异变得很重要（更详细的讨论见 Roederer 和 Zhang，2014）。

让我们考虑到与 GC 共同运动的框架。让正交基 $\{e_i\}$ 定义坐标轴，并选择 $e_3 \parallel v_\parallel \parallel \boldsymbol{B}$ 。现在 $v = \sum v_i e_i$ ，当 $\{e_i\}$ 的原点随 GC 移动时，$\{e_i\}$ 会旋转

$$\frac{\mathrm{d}\boldsymbol{v}}{\mathrm{d}t} = \sum_i \left(\frac{\mathrm{d}v_i}{\mathrm{d}t}\boldsymbol{e}_i + v_i \frac{\mathrm{d}\boldsymbol{e}_i}{\mathrm{d}t} \right) = \sum_i \left(\frac{\mathrm{d}v_i}{\mathrm{d}t}\boldsymbol{e}_i + v_i (\boldsymbol{V}_\parallel \cdot \nabla)\boldsymbol{e}_i \right) \tag{2-16}$$

$\sum_i v_i (\boldsymbol{V}_\parallel \cdot \nabla) \boldsymbol{e}_i$ 项是由于曲率造成的，并引起离心效应。

在一个拉莫尔周期内平均后，曲率力为

$$\boldsymbol{F}_C = -\langle m \sum_i v_i (\boldsymbol{V}_\parallel \cdot \nabla) \boldsymbol{e}_i \rangle \tag{2-17}$$

由于弱曲率的假设 $(\boldsymbol{V}_\parallel \cdot \nabla) \boldsymbol{e}_i$ 可以在沿回旋轨道的每一点上近似为常数。在目前的近似中，垂直速度分量 v_1 和 v_2 呈正弦振动，因此 $\langle v_1 \boldsymbol{e}_1 \rangle = \langle v_2 \boldsymbol{e}_2 \rangle = 0$。此外，在一个回旋周期内，平均后，$v_\parallel \approx V_\parallel$，我们得到

$$\boldsymbol{F}_C = -mV_\parallel^2 (\boldsymbol{e}_3 \cdot \nabla) \boldsymbol{e}_3 \tag{2-18}$$

通过微分几何学的小练习，可以得到

$$(\boldsymbol{e}_3 \cdot \nabla) \boldsymbol{e}_3 = \boldsymbol{R}_C / R_C^2 \tag{2-19}$$

其中 $\boldsymbol{R}_C$ 是曲率半径（radius of curvature）矢量，指向内侧。现在

$$\boldsymbol{F}_C = -mV_\parallel^2 \frac{\boldsymbol{R}_C}{R_C^2} \tag{2-20}$$

因为 $\boldsymbol{B} = B\boldsymbol{e}_3$。

$$(\boldsymbol{e}_3 \cdot \nabla) \boldsymbol{e}_3 = (\boldsymbol{B} \cdot \nabla \boldsymbol{B}) / B^2 \tag{2-21}$$

而我们可以把由此产生的曲率漂移（curvature drift）速度写成

$$v_C = \frac{-mV_\parallel^2}{qB^2} \frac{\boldsymbol{R}_C \times \boldsymbol{B}}{R_C^2} = \frac{mV_\parallel^2}{qB^4} \boldsymbol{B} \times (\boldsymbol{B} \cdot \nabla) \boldsymbol{B} \tag{2-22}$$

现在我们可以再次近似 $v_\parallel \approx V_\parallel$，用粒子的平行能量 $W_\parallel = (1/2) mv_\parallel^2$ 来表示曲率漂移。

如果没有局部电流（$\nabla \times \boldsymbol{B} = 0$），在纯偶极子场的情况下，曲率漂移简化为

$$\boldsymbol{v}_C = \frac{2W_\parallel}{qB^3} \boldsymbol{B} \times \nabla \boldsymbol{B} \tag{2-23}$$

而 $\boldsymbol{v}_G$ 和 $\boldsymbol{v}_C$ 可以合并为

$$\boldsymbol{v}_{GC} = \frac{W_\perp + 2W_\parallel}{qB^3} \boldsymbol{B} \times \nabla B = \frac{W}{qBR_C} (1 + \cos^2 \alpha) \boldsymbol{n} \times \boldsymbol{t} \tag{2-24}$$

其中 $\boldsymbol{t} \parallel \boldsymbol{B}$ 和 $\boldsymbol{n} \parallel \boldsymbol{R}_C$ 是单位向量。漂移速度可以直接用相对论的方式写出，用 γm 代替 m。

由于近地地磁场的梯度和曲率，带电的高能粒子围绕地球漂移，电子向东，带正电的粒子向西，导致了净西向电流。低能粒子的运动则由 $\boldsymbol{E} \times \boldsymbol{B}$ 漂移主导。

扰动法可以适用高阶情况，其方法与上述相同。首先确定由高阶扰动引起的力，并计算漂移速度以平衡其影响。在数学上，这一处理方式使得导向中心位置作为时间的函数进行渐进展开（详细讨论见 Northrop 等，1964）。

2.3　磁层电场的漂移

在磁层物理学中，常用的参考框架是地心太阳磁层坐标系（Geocentric Solar Magnetospheric，GSM）。在 GSM 坐标系中，X 轴指向太阳，地球的偶极轴在 XZ 平面

内。Z 近似指向北方，Y 与地球围绕太阳的轨道运动相反。当地球旋转时，XZ 平面围绕 X 轴摆动，这样偶极子就保持在 XZ 平面上，但可以在 Z 方向最大地倾斜 34°，这是地球自转轴（$\approx$23°）与黄道面的倾斜和偶极子轴（$\approx$11°）与自转轴的倾斜之和。

GSM 坐标系中的大规模磁层等离子体流动产生了电场 $\boldsymbol{E}=-\boldsymbol{V}\times\boldsymbol{B}$。如果磁场与时间无关，电场是无旋的，可以表示为标量电势 $\boldsymbol{E}=-\nabla\varphi$ 的梯度。在磁场的快速变化过程中，例如地磁暴，也必须考虑法拉第定律 $\partial\boldsymbol{B}/\partial t=-\nabla\times\boldsymbol{E}$ 所给出的感应电场。

简单起见，让我们考虑相对低能量的等离子体片和等离子体层中粒子在 GSM 赤道面的运动。进一步假设磁层磁场垂直于赤道面，指向上方（Z 方向）。因此，等离子体片中的向阳平流对应于一个从黎明到黄昏（Y 方向）指向的电场 $E_0\boldsymbol{e}_y$，我们在这里假设它是恒定的。令 r 表示与地球中心的距离，ϕ 表示与太阳方向的角度。那么这个电场，在这里称为对流电场，由以下公式给出

$$\boldsymbol{E}_{\text{conv}}=-\nabla\left(-E_0 r\sin\phi\right) \tag{2-25}$$

而它的势为

$$\varphi_{\text{conv}}=-E_0 r\sin\phi \tag{2-26}$$

地球及其大气层在 GSM 框架内旋转。在赤道平面上，共转大致延伸到等离子体层顶。向东的角速度为 $\Omega_E=2\pi/24\text{h}$。简单起见，再次假设有一个完整的共转，GSM 框架内的等离子体速度为

$$\boldsymbol{V}_{\text{rot}}=\Omega_E r\boldsymbol{e}_\phi \tag{2-27}$$

式中　$\boldsymbol{e}_\phi$——指向东的方位角单位矢量。因此 运动引起的电场为 $\boldsymbol{E}_{\text{rot}}=-\boldsymbol{V}\times\boldsymbol{B}$，其势为

$$\varphi_{\text{rot}}=\frac{-\Omega_E k_0}{r}=\frac{-\Omega_E B_0 R_E^3}{r} \tag{2-28}$$

这里 $k_0=8\times10^{15}\text{Tm}^3$ 是地球的偶极矩，B_0 是地球表面在赤道面的偶极场（$B_0\approx30\ \mu\text{T}$）。图 2-2 说明了对流电场和共转电场。总电场是 $\boldsymbol{E}_{\text{conv}}+\boldsymbol{E}_{\text{rot}}$。

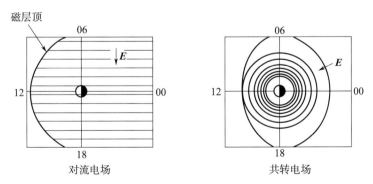

图 2-2　赤道面上的对流电场和共转电场的等势线。当地时间方向是在子图的表面给出的。

[摘自 Koskinen（2011），经 SpringerNature 授权转载]

除了他们参考框架内的大尺度电场外，等离子体粒子还受到磁场梯度和曲率力的影响。让我们考虑在偶极子的赤道平面上运动的粒子（$v_\parallel=\boldsymbol{0}$ 或等价于 $\alpha=90°$）。对于这些粒子，曲率效应为零，包括 $\boldsymbol{E}\times\boldsymbol{B}$ 和梯度漂移的总漂移速度为

$$v_{\mathrm{D}} = \frac{1}{B^2}\left[\boldsymbol{E}_{\mathrm{conv}} + \boldsymbol{E}_{\mathrm{rot}} - \nabla\left(\frac{\mu B}{q}\right)\right] \times \boldsymbol{B} = \frac{1}{B^2}\boldsymbol{B} \times \nabla\varphi_{\mathrm{eff}} \qquad (2-29)$$

其中 μ 是粒子的磁矩。有效电势为

$$\varphi_{\mathrm{eff}} = -E_0 r\sin\phi - \frac{\Omega_{\mathrm{E}} B_0 R_{\mathrm{E}}^3}{r} + \frac{\mu B_0 R_{\mathrm{E}}^3}{q r^3} \qquad (2-30)$$

在与时间无关的势场中，粒子沿着恒定的 φ_{eff} 流线运动。这些流线通过粒子的磁矩取决于粒子的电荷和能量。对于低能量的粒子，其在运动框架中的垂直速度很小（$v_{\perp} \approx 0 \Rightarrow \mu \approx 0$），流线是对流电场和共转电场的组合等势线（图 2-3）。在这个近似中，其运动是一个纯粹的 $\boldsymbol{E} \times \boldsymbol{B}$ 漂移，所有粒子都以相同的速度运动。

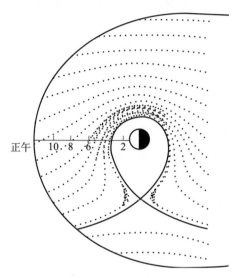

图 2-3　假设 $E_0 = 0.3 \ \mathrm{mVm}^{-1}$，低能量粒子（$\mu \approx 0$）在赤道面的轨道。连续点之间的距离为 10 min ［摘自 Koskinen（2011），经 Springer Nature 许可转载］

图 2-3 说明了分界面（separatrix）的形成，它将低能量的共转等离子体与等离子体片中的向阳冷等离子体运动分开。在这个单粒子模型中，分界面就是等离子体层顶。分离层有一个电中性点（$\boldsymbol{E} = 0$），在 18 MLT 的方向上，其距离为

$$r = \sqrt{\frac{\Omega_{\mathrm{E}} B_0 R_{\mathrm{E}}^3}{E_0}} \qquad (2-31)$$

虽然这种等离子层模型是一种较强的简化，但它定性地解释了为什么等离子层在磁层活动增强时被压缩（图 1-4），以及等离子体层隆起的形成，或称羽流，在夜间扇区（图 1-5）。增强的能量输入提高了对流速度，从而增强了从黎明到黄昏扇区的电场，而地球的自转保持不变，共转电场总是相同的。因此，当对流增强时，分界面被推向地球，即式（2-30）中的 E_0 增加。

真实的等离子体温度是有限的，从等离子体片漂移出来的等离子体比等离子体层中的等离子体温度高得多。因此，式（2-30）中的梯度漂移项必须被考虑在内。等离子体层羽流的形状、密度和实际位置是由实际的等离子体环境决定的。观测到的羽流被加宽了，

而且常常被推向更早的地方时（图 1-5）。此外，等离子体层顶对变化的电场的反应有一定的延迟，这可能导致羽流从等离子体层上脱离，随后消失在昼侧的磁层顶中。

在有限温度的等离子体片中，磁场梯度分离了正负电荷的运动（需要记住的是我们在这里只考虑赤道上的粒子，对其来说曲率漂移为零）。为了说明这一效果，请考虑那些磁矩很强以至于取代了共转电场的效果的粒子。现在的有效电势，同样只在赤道面内，为

$$\varphi_{\text{eff}} = -E_0 r\sin\phi + \frac{\mu B_0 R_{\text{E}}^3}{qr^3} \tag{2-32}$$

$r\sin\phi$ 的依赖性意味着离地球较远的粒子遵循对流电场，但离地球较近的粒子则被磁漂移所支配。这样，偶极子场就把冷等离子体层从热等离子体片上遮挡起来。

正负高能电荷的漂移如图 2-4 所示。它们有不同的分界面，称为阿尔文层（Alfvén layers）。因为等离子体薄片是一个有限的粒子源，在傍晚扇区有更多的正电荷通过地球，在早晨扇区有更多的负电荷。这就导致了正的空间电荷在傍晚扇区堆积，而负的电荷在早晨扇区堆积。积累的电荷由磁向电流排出，从傍晚扇区流向电离层，在早晨扇区从电离层流向磁层。

图 2-4 还给出了一个定性的解释，即在强磁暴的主相，高能粒子如何从等离子层中流失，另一方面，在恢复相，开放漂移路径上的粒子如何再次被俘获。由于对流电场在主相迅速增长，粒子被从昼侧的辐射带中向外推开。这些轨迹开放的粒子拦截了磁层顶，并从内磁层流失。同时，更多夜侧 $E \times B$ 漂移的粒子深入环流和辐射带中。一旦活动停止，俘获边界，即阿尔费恩层，就会向外移动。因此原本在开放的漂移路径上经过地球的粒子发现自己被困于膨胀的等离子层中。然而，请注意，高能辐射带粒子的实际损失和增强，取决于本书后续章节中讨论的其他几个过程。

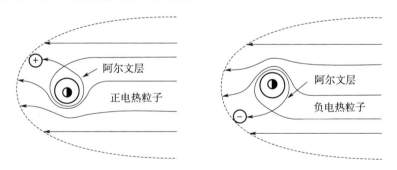

图 2-4　高能粒子的阿尔文层的形成〔摘自 Koskinen（2011），经 Springer Nature 授权转载〕

2.4　绝热不变量

辐射带中被困的带电粒子在地磁场中进行三种近乎周期的运动。这些拟周期性运动与哈密尔顿力学术语中的绝热不变量（adiabatic invariant）有关。

在物理系统中，对称性对应守恒定律。例如，在经典力学中，旋转对称性与角动量的守恒有关。在围绕对称轴的周期性运动中，角动量是不变的。如果运动是近乎周期性的，

如导向中心近似中的旋转运动，绝热不变量就扮演了守恒量的角色。绝热不变量不需要与严格周期性情况下的守恒量相同，它们的守恒关键取决于变化的"慢度"（slowness）。

在哈密顿力学（Hamiltonian mechanics）的架构内，可以证明如果 Q 和 P 是系统的正则坐标和动量，并且如果运动是近乎周期性的，则积分

$$I = \oint P \, \mathrm{d}Q \tag{2-33}$$

在 Q 的（拟）周期上是一个绝热不变量，即一个守恒量。当然，这一表述需要证明（详见例如，Bellan（2006），或高级经典力学教科书）。

绝热不变量的一个经典例子是引力场（g）中的洛伦兹-爱因斯坦摆（Lorentz - Einstein pendulum）。让摆的长度（l）变化得很慢，以至于它的频率 $\omega = \sqrt{g/l}$ 在一次摆动中没有什么变化。然而，由于对钟摆做了功，钟摆的单位质量能量

$$W = \frac{1}{2} l^2 \dot{\theta}^2 + \frac{1}{2} g l \theta^2 \tag{2-34}$$

其中 θ 是与垂直方向的夹角，不是常数。这是一个简单的练习，表明了在这种情况下，守恒量是 W/ω。这与磁矩的情况非常相似

$$\mu = \frac{W_\perp}{B} = \frac{q}{m} \frac{W_\perp}{\omega_\mathrm{c}} \tag{2-35}$$

这很容易表明，如果磁场相对于回旋运动而言变化缓慢，则磁矩是一个绝热不变的因素。

2.4.1　第一绝热不变量

Ukhorskiy 和 Sitnov（2013）是对辐射带粒子的哈密尔顿处理的一个值得推荐的介绍材料。为了说明磁矩在哈密尔顿框架中是一个绝热不变量，回顾一下经典电动力学，一个粒子在电磁场中的动量是 $\boldsymbol{p} = m\boldsymbol{v} + q\boldsymbol{A}$，其中 $\boldsymbol{A}$ 是场的矢量势。我们可以把回旋半径矢量 $\boldsymbol{r}_\mathrm{L}$ 作为垂直于磁场的平面内的正则坐标。那么相应的正则动量为 $\boldsymbol{p}_\perp$。假设导向中心近似有效，即回旋运动是近乎周期性的，那么积分

$$
\begin{aligned}
I &= \oint \boldsymbol{p}_\perp \cdot \mathrm{d}\boldsymbol{r}_\mathrm{L} = \oint m\boldsymbol{v}_\perp \cdot \mathrm{d}\boldsymbol{r}_\mathrm{L} + q \int_S (\nabla \times \boldsymbol{A}) \cdot \mathrm{d}\boldsymbol{S} \\
&= \int_0^{2\pi r_\mathrm{L}} m v_\perp \, \mathrm{d}l + q \int_S \boldsymbol{B} \cdot \mathrm{d}\boldsymbol{S} \\
&= 2\pi m v_\perp r_\mathrm{L} - |q| B \pi r_\mathrm{L}^2 = \frac{2\pi m}{|q|} \mu
\end{aligned}
\tag{2-36}
$$

是一个绝热不变量。在等离子体物理学中，磁矩被称为第一绝热不变量（first adiabatic invariant）。

μ 的物理维度是能量/磁场。其国际单位制单位是 JT^{-1}，但在辐射带物理学中，通常使用非国际单位制单位 MeVG^{-1}。

请注意，在回旋轨道内封闭的磁通量

$$\Phi = B\pi r_{\mathrm{L}}^2 = \frac{2\pi m}{q^2}\mu \tag{2-37}$$

也是常数。这是磁场线被冻结在等离子体运动中的概念表达，对宏观等离子体物理中的磁通量守恒有重要意义。

在牛顿力学中，直接表明磁矩或下面讨论的任何其他不变量是一个绝热不变量是一项烦琐的任务。等离子体物理学教科书通常只处理一些特殊情况。一个相当完整的论述可以在 Northrop 等（1964）的论著中找到。

观测 μ 在没有电场的静态磁场中的不变性是有意义的。由于磁场不随时间变化，粒子的能量[①]$W = W_{\parallel} + W_{\perp}$ 是恒定的，即

$$\frac{\mathrm{d}W_{\parallel}}{\mathrm{d}t} + \frac{\mathrm{d}W_{\perp}}{\mathrm{d}t} = 0 \tag{2-38}$$

由于 $W_{\perp} = \mu B$

$$\frac{\mathrm{d}W_{\perp}}{\mathrm{d}t} = \mu\,\frac{\mathrm{d}B}{\mathrm{d}t} + \frac{\mathrm{d}\mu}{\mathrm{d}t}B \tag{2-39}$$

现在 $\mathrm{d}B/\mathrm{d}t = v_{\parallel}\,\mathrm{d}B/\mathrm{d}s$ 是沿 GC 路径的磁场变化。根据式（2-14），平行力为

$$m\,\frac{\mathrm{d}v_{\parallel}}{\mathrm{d}t} = -\mu\,\frac{\mathrm{d}B}{\mathrm{d}s} \tag{2-40}$$

通过乘以 $v_{\parallel} = \mathrm{d}s/\mathrm{d}t$，我们可以得到

$$\frac{\mathrm{d}W_{\parallel}}{\mathrm{d}t} = -\mu\,\frac{\mathrm{d}B}{\mathrm{d}t} \tag{2-41}$$

因此

$$\frac{\mathrm{d}W_{\parallel}}{\mathrm{d}t} + \frac{\mathrm{d}W_{\perp}}{\mathrm{d}t} = B\,\frac{\mathrm{d}\mu}{\mathrm{d}t} = 0 \tag{2-42}$$

说明在这种特殊情况下，μ 是一个绝热不变的变量。

如果磁场随时间缓慢变化（ $\partial/\partial t \ll \omega_{\mathrm{c}}$ ），法拉第定律意味着沿粒子的回旋轨迹存在一个感应电场，产生加速度

$$\frac{\mathrm{d}W_{\perp}}{\mathrm{d}t} = q(\boldsymbol{E} \cdot \boldsymbol{v}_{\perp}) \tag{2-43}$$

在一个回旋周期内，粒子获得能量

$$\Delta W_{\perp} = q\int_0^{2\pi/\omega_{\mathrm{c}}} \boldsymbol{E} \cdot \boldsymbol{v}_{\perp}\,\mathrm{d}t \tag{2-44}$$

由于变化缓慢，我们可以用一个闭合旋转的线积分来代替时间积分，并使用斯托克斯定律

$$\Delta W_{\perp} = q\oint_C \boldsymbol{E} \cdot \mathrm{d}\boldsymbol{l} = q\int_S (\nabla \times \boldsymbol{E}) \cdot \mathrm{d}\boldsymbol{S} = -q\int_S \frac{\partial \boldsymbol{B}}{\partial t} \cdot \mathrm{d}\boldsymbol{S} \tag{2-45}$$

其中 $\mathrm{d}\boldsymbol{S} = \boldsymbol{n}\,\mathrm{d}S$，$\boldsymbol{n}$ 是表面 S 的法向量，指向右手意义上由环路 C 的正向循环决定的方向，

---

① 回顾一下，在我们的符号中，除非另有说明，W 指动能。

对于磁场的微小变化 $\partial \boldsymbol{B}/\partial t \approx \omega_c \Delta \boldsymbol{B}/2\pi$ 。因此

$$\Delta W_\perp = \frac{1}{2} \mid q \mid \omega_c r_L^2 \Delta B = \mu \Delta B \tag{2-46}$$

另一方面

$$\Delta W_\perp = \mu \Delta B + B \Delta \mu \tag{2-47}$$

暗示 $\Delta \mu = 0$ 。因此，对于缓慢的时间变化，尽管感应电场使粒子加速，但 μ 是守恒的。这类似于洛伦兹-爱因斯坦钟摆（Lorentz - Einstein pendulum）的情况。能量是不守恒的，但 μ 是守恒的。

在第 6 章中，我们将讨论频率接近粒子回旋频率的时间变化如何打破磁矩的不变性，并通过波粒相互作用导致粒子的加速、散射和损失。

对相对论粒子的磁矩的归纳必须谨慎进行。相对论的守恒量是 $p_\perp^2/B$ 。在式（2-9）中，我们阐述了相对论磁矩，并将其除以常数 $2m$ （记住 m 是粒子的与速度无关的恒定质量）。现在

$$\mu_{\text{rel}} = \frac{p_\perp^2}{2mB} = \frac{\gamma^2 m^2 v_\perp^2}{2mB} = \gamma^2 \frac{m v_\perp^2}{2B} = \gamma^2 \mu_{\text{nonrel}} \tag{2-48}$$

在阅读文献时，必须警惕方程中的磁矩是相对论的还是非相对论的量。诺斯罗普（Northrop，1964）指出，在一般的磁场位形中，要证明这确实是非相对论磁矩的正确概括并不容易。如果有一个加速粒子的平行电场，并且总动量不是恒定的，就会产生进一步的复杂情况。

磁镜和磁瓶

磁矩的不变性将我们引向辐射带粒子运动中的重要概念：磁镜（magnetic mirror）、磁瓶（magnetic bottle）和损失锥（loss cone）。

首先假设带电粒子的总动能 W 和磁矩 $\mu = W_\perp/B$ 是守恒的。让粒子的导向中心沿磁场向 B 的弱正梯度方向移动。$W_\perp$ 可以增加，直到 $W_\parallel \to 0$ 。垂直速度为 $v_\perp = v\sin\alpha$ ，我们可以将磁矩写为

$$\mu = \frac{m v^2 \sin^2 \alpha}{2B} \tag{2-49}$$

另一方面，由于现在 $v^2 \propto W$ 也被假定为常数，在两个不同的磁场强度下，俯仰角的关系为

$$\frac{\sin^2 \alpha_1}{\sin^2 \alpha_2} = \frac{B_1}{B_2} \tag{2-50}$$

当 $W_\parallel \to 0$ 时，$\alpha \to 90°$ 。在增加的磁场中 GC 运动的减速（2-14）被认为是由于镜像力（mirror force）$\boldsymbol{F} = -\mu \nabla_\parallel B$ 引起的，镜像力最终将运动转回到减弱的 B 上。在转折点的镜像场（mirror field）B_m 的大小取决于粒子在参考点 B_0 的俯仰角。在镜面场 $\alpha_m = 90°$ 时，我们得到

$$\sin^2 \alpha_0 = B_0/B_m \tag{2-51}$$

当 $B_m < \infty$ 时，每个镜面场都是有漏洞的。在场 B_0 中具有比 α_0 小的俯仰角的粒子会

通过磁镜。这些粒子被认为在损失锥中。两个相对的磁镜形成一个磁瓶，它将粒子限制在两个磁镜中较弱的那个损失锥之外。困住辐射带和环流粒子的准偶极近地磁场是一个巨大的随时间变化的不均匀磁瓶。

镜像力不需要是影响 GC 平行运动的唯一力。如果有一个具有平行分量 $E_\parallel$ 的电场和/或粒子处于一个引力场中，平行运动方程就变成了

$$m \frac{\mathrm{d}\boldsymbol{v}_\parallel}{\mathrm{d}t} = q\boldsymbol{E}_\parallel + m\boldsymbol{g}_\parallel - \mu \, \nabla_\parallel B \tag{2-52}$$

如果非磁力可以从电势 $U(s)$ 导出，则运动方程（2-14）为

$$m \frac{\mathrm{d}v_\parallel}{\mathrm{d}t} = -\frac{\partial}{\partial s}[U(s) + \mu B(s)] \tag{2-53}$$

现在，GC 在有效势 $U(s) + \mu B(s)$ 中移动。对带电粒子做功导致它的能量不守恒，但它的磁矩守恒。在日地物理学中，这种电势的例子是太阳上的引力场和离散极光弧段上方的平行电场，其中后者会对辐射带产生影响并影响损失锥的宽度。此外，具有平行电场分量的等离子体波也对辐射带粒子的动力学有贡献。

2.4.2 第二绝热不变量

假设能量是守恒的，也就是说，粒子的速度 v 是恒定的。如果磁场在一个弹跳周期或弹跳时间 τ_b（bounce period, or bounce time）内变化不大，则一个磁瓶的磁镜之间的弹跳运动（bounce motion）几乎是周期性的。

$$\tau_b = 2 \int_{s_m}^{s'_m} \frac{\mathrm{d}s}{v_\parallel(s)} = \frac{2}{v} \int_{s_m}^{s'_m} \frac{\mathrm{d}s}{(1 - B(s)/B_m)^{1/2}} \tag{2-54}$$

其中 s 是沿 GC 轨道的弧长，s_m 和 s'_m 是镜像点的坐标。这里我们用式（2-51）和 $v_\parallel / v = \cos\alpha = \sqrt{1 - B(s)/B_m}$ 来把恒定速度移到积分之外，现在只取决于磁场位形。弹跳周期是在整个弹跳运动的来回过程中定义的。

如果 $\tau_b \gg \tau_L$，弹跳运动的概念在导向中心近似中是有意义的。因此，弹跳运动是近乎周期性的条件比近乎周期性的回旋运动的条件更有限制性

$$\tau_b \frac{\mathrm{d}B/\mathrm{d}t}{B} \ll 1 \tag{2-55}$$

如果这个条件得到满足，就有一个相关的绝热不变量。在近乎周期的弹跳运动中，GC 的轨道不包含任何磁通量，正则动量减少为 $p_\parallel$。现在，正则坐标是 GC 沿磁场线的位置。因此

$$J = \oint p_\parallel \, \mathrm{d}s \tag{2-56}$$

是一个绝热不变量，通常被称为第二绝热不变量或纵向不变量（second adiabatic invariant or longitudinal invariant）。当磁场的时间变化发生在与弹跳运动相当或更短的时间尺度上时，J 的不变性被打破。

μ 和 J 都取决于粒子动量。只要 μ 是守恒的，动量就可以通过引入一个纯粹的场几何量 K 而从第二个不变量中消除。

$$K = \frac{J}{\sqrt{8m\mu}} = I\sqrt{B_\mathrm{m}} = \int_{s_\mathrm{m}}^{s'_\mathrm{m}} [B_\mathrm{m} - B(s)]^{1/2}\,\mathrm{d}s \qquad (2-57)$$

其中 m 是粒子的质量。积分 I 为

$$I = \int_{s_\mathrm{m}}^{s'_\mathrm{m}} \left[1 - \frac{B(s)}{B_\mathrm{m}}\right]^{1/2}\,\mathrm{d}s \qquad (2-58)$$

并且 $J = 2pI$。由于 J 的不变性需要 μ 的不变性，而 m 是恒定质量，所以 J 和 K 在物理上是等价的。K 的物理尺寸是磁场的平方根乘以长度，其在辐射带研究中以 $R_\mathrm{E}G^{1/2}$ 为单位。

弹跳周期和积分 I 都不能以闭合形式表示。然而，我们可以找到对接近对称磁瓶最小值的粒子镜像的有用表达式，例如，在偶极赤道我们可以用抛物线来近似磁场

$$B(s) \approx B_0 + \frac{1}{2}a_0 s^2 \qquad (2-59)$$

这里 $a_0 = \partial^2 B/\partial s^2$ 是在场强为 B_0 的磁场赤道上的估计近似。现在，平行运动方程 $m\,\mathrm{d}v_\parallel/\mathrm{d}t = -\mu\partial B/\partial s$ 变为

$$m\frac{\mathrm{d}^2 s}{\mathrm{d}t^2} = -\mu a_0 s \qquad (2-60)$$

这就是我们所熟悉的线性摆的运动方程，其周期为

$$\tau_\mathrm{b} = 2\pi\sqrt{\frac{m}{\mu a_0}} = 2\pi\sqrt{\frac{mB}{W_\perp a_0}} \approx \frac{2\pi\sqrt{2}}{v}\sqrt{\frac{B_0}{a_0}} \qquad (2-61)$$

其中，我们取近似 $v \approx v_\perp$ 和 $B \approx B_0$，因为我们考虑的是具有赤道俯仰角 $\alpha_\mathrm{eq} \approx 90°$ 的粒子。

现在我们也得到在极限 $\alpha_\mathrm{eq} \to 90°$ 时的弹跳周期的表达式，其中式（2-54）中的积分在路径长度归零的同时发生了发散。即使没有实际的弹跳运动，弹跳时间也是有限的。这类似于静止状态下的线性机械摆（这里指 $v_\parallel = 0$）。摆的周期是很明确的，无论它是否摆动！对于偶极赤道附近的弹跳运动式（2-61），这意味着"赤道镜像"（equatorially mirroring）粒子并不违反导向中心层次结构 $\tau_\mathrm{b} \gg \tau_\mathrm{L}$。一旦赤道俯仰角偏离 $90°$，即使只是轻微的偏离，弹跳运动也需要时间 τ_b，因为粒子弹跳所耗费的大部分时间是在靠近镜像点的地方。

对于赤道上的镜像粒子来说，积分 J、K 和 I 实际上是零。使用与之前相同的展开，我们可以找到靠近赤道的镜像粒子的 I 的分析表达式。令赤道处 $s=0$，可以发现镜像点为

$$s_\mathrm{m} \approx \pm\sqrt{\frac{2B_0}{a_0}\left(1 - \frac{B_0}{B_\mathrm{m}}\right)} \qquad (2-62)$$

而积分减少为

$$I \approx \frac{\pi}{\sqrt{2}}\sqrt{\frac{B_0}{a_0}}\cos^2\alpha_\mathrm{eq} \qquad (2-63)$$

如果对应于赤道俯仰角在 $75° \leqslant \alpha_\mathrm{eq} \leqslant 90°$ 范围内的粒子有 $B_\mathrm{m}/B_0 \leqslant 1.1$，这个近似值是好的。$B_\mathrm{m}$ 和 a_0 取决于磁场的位形。在偶极场中，积分被发现为（Roederer，1970）

$$I \approx \frac{\pi}{3\sqrt{2}} L R_{\mathrm{E}} \left(1 - \frac{k_0}{B_{\mathrm{m}} L^3 R_{\mathrm{E}}^3} \right) \tag{2-64}$$

偶极场中的弹跳周期的计算在第 2.5 节中。

2.4.3 第三绝热不变量

另外，如果漂移运动是围绕一个轴进行的，那么跨越磁场的漂移可能是近乎周期性的。这对粒子在准偶极磁场中围绕地球漂移的辐射带中特别重要。相应的第三绝热不变量（third adiabatic invariant）是通过由 GC 的赤道轨道定义的封闭轮廓的磁通量 Φ，其定义为

$$\Phi = \oint \boldsymbol{A} \cdot \mathrm{d}\boldsymbol{l} \tag{2-65}$$

式中 $\boldsymbol{A}$ ——场的矢量势；

$\mathrm{d}\boldsymbol{l}$ ——沿 GC 漂移路径的弧形元素，现在可以作为正则动量和坐标。

为了使 Φ 成为一个绝热不变量，漂移周期（drift period）τ_{d} 必须满足 $\tau_{\mathrm{d}} \gg \tau_{\mathrm{b}} \gg \tau_{\mathrm{L}}$。因此，该不变量比 μ 和 J 弱，并且磁场中更慢的变化会破坏 Φ 的不变性。

表 2-1 总结了函数 $\{\mu, J, \Phi\}$ 和它们的绝热不变性的条件。

表 2-1 绝热不变量

不变量名称	速度	时间尺度	有效性条件
磁矩 μ	回旋运动 $v_\perp$	回旋周期 $\tau_{\mathrm{L}} = 2\pi/\omega_{\mathrm{c}}$	$\tau \gg \tau_{\mathrm{L}}$
纵向不变量 J	导向中心平行速度 $V_\parallel$	弹跳周期 τ_{b}	$\tau \gg \tau_{\mathrm{b}} \gg \tau_{\mathrm{L}}, \mu$ 为常数
通量不变量 Φ	导向中心垂直速度 $V_\perp$	漂移中心 τ_{d}	$\tau \gg \tau_{\mathrm{d}} \gg \tau_{\mathrm{b}} \gg \tau_{\mathrm{L}}, \mu$ 和 J 为常数

在三维空间中，最多只有三个独立的绝热不变量，但实际数量可能更少，甚至为零。在辐射带中，μ 通常是一个很好的不变量，而 J 对于在近乎偶极场的磁瓶中至少停留一段时间的粒子来说是不变量。在稳定条件下，Φ 也是常数，但它的不变性可以被磁层磁场的空间不均匀性和超低频（ULF）振荡所打破，这将在第 6 章讨论。

在哈密顿力学的语言中，式（2-36）、式（2-56）和式（2-65）中定义的函数 $\{\mu$、J、$\Phi\}$，无论是否不变，都构成了一组正则作用变量（canonical action variables）或正则电磁动量 $\boldsymbol{p} + q\boldsymbol{A}$ 在正则坐标周期内的作用积分 s_i

$$J_i = \frac{1}{2\pi} \oint_i (\boldsymbol{p} + q\boldsymbol{A}) \cdot \mathrm{d}\boldsymbol{s}_i \tag{2-66}$$

其中每个都有一个相关的相位角（phase angle）φ_i：回旋相位、弹跳相位和漂移相位。$\{J_i, \varphi_i\}$ 是一组方便的六个独立变量，例如，在讨论辐射带粒子的速度分布函数时，也称之为相空间密度（第 3.5 节）。

请注意，作用积分的集合和它们的绝热不变性取决于磁场位形的对称性。例如，在地球磁尾电流片的二维图片中，带电粒子的运动可能是围绕电流片中心对称的，有一个相关的绝热不变量。这种运动被称为 Speiser 运动（Speiser motion）。在这种情况下，违反不

变量会导致粒子运动的混沌化，从而影响到电流片的稳定性（Büchner 和 Zelenyi，1989）。

2.4.4　回旋加速和费米加速

当粒子在不均匀的磁场中绝热漂移时，其能量和/或俯仰角会受到影响。考虑带电粒子在一般随时间变化的磁场 B 中的动能 W 的变化率。在运动参照系中的时间导数是 $\mathrm{d}/\mathrm{d}t = \partial/\partial t + V \cdot \nabla$，其中 V 是参照系速度，即 GC 的速度，在 GCS 中能量方程是

$$\frac{\mathrm{d}W_{\mathrm{gcs}}}{\mathrm{d}t} = \mu \frac{\mathrm{d}B}{\mathrm{d}t} = \mu \left(\frac{\partial B}{\partial t} + V_\perp \cdot \nabla_\perp B + V_\parallel \frac{\partial B}{\partial s} \right) \tag{2-67}$$

这个方程可以转化为观测者（OBS）参考系下的能量方程

$$\frac{\mathrm{d}W_{\mathrm{obs}}}{\mathrm{d}t} = \frac{\mathrm{d}W_{\mathrm{gcs}}}{\mathrm{d}t} + \frac{\mathrm{d}}{\mathrm{d}t}\left(\frac{1}{2}mV_\parallel^2\right) + \frac{\mathrm{d}}{\mathrm{d}t}\left(\frac{1}{2}mV_\perp^2\right) = \mu \frac{\partial B}{\partial t} + qV \cdot E \tag{2-68}$$

其中非电磁力被忽略。

式（2-68）右侧的第一项描述了带电粒子的回旋感应效应，其中 GC 位置的磁场变化通过感应电场导致带电粒子的回旋感应加速（gyro betatron acceleration）。粒子垂直速度的增加也使 GC 的梯度漂移速度增加，GC 的梯度漂移速度取决于垂直能量（2-15）。

第二项描述了电场对 GC 运动的作用，包括平行于磁场的加速度（如果 $E_\parallel \neq 0$）和另一个感应效应，称为漂移感应加速（drift betatron acceleration）。如果 GC 的速度和电场相互垂直，则第二项为零，即漂移感应加速要求电场在粒子漂移速度的方向上有一个分量。因此，电场引起的漂移对漂移感应加速没有贡献。

当 GC 在准静态电场中绝热地朝一个增加的电场（$B_2 > B_1$）移动时，μ 的不变性意味着

$$\frac{W_{\perp 2}}{W_{\perp 1}} = \frac{B_2}{B_1} \tag{2-69}$$

因此，$W_{\perp 2} > W_{\perp 1}$。这导致被对流电场从磁尾输送到内磁层的粒子"煎饼"速度空间分布（第 3.4 节）各向异性。煎饼分布导致了辐射带动力学中两个最重要的波模式，即电磁离子回旋波和哨声模合声波（第 5.2 节）。由感应电场驱动的感应效应在第 2.6 节准偶极磁场中的漂移壳部分展开讨论。

感应加速的一个特例是一个粒子在 J 守恒的弹跳运动中向镜像场增加的区域漂移。这相当于使镜面点相互靠近，从而减少了 $\oint \mathrm{d}s$。为了补偿这一损失，粒子的 $v_\parallel$ 和它在观测者参考框架内的平行能量 $W_\parallel$ 必须增加。这种机制被称为费米加速（Fermi acceleration）。力学中与费米加速类似的一个例子是用球拍击打一个网球。在观测者参考框架中，球被加速了，但在球拍参考框架中，它只是反弹。费米加速的概念经常被用在移动的天体物理激波前沿的背景下，日地的例子是相互作用的 CME 激波或者接近地球弓形激波的 ICME 激波。

2.5 偶极场中的带电粒子

图 2-5 说明了带电粒子在第 1.2.1 节介绍的偶极子场中的导向中心近似运动。

如果粒子的回旋半径比磁场的曲率半径 R_C 小得多，那么导向中心近似就可以在静态偶极场中应用。就粒子的刚度（rigidity）$p_\perp / |q|$ 而言，导向中心近似的条件是

$$r_L \left| \frac{\nabla_\perp B}{B} \right| = \frac{p_\perp}{|q| R_C B} \propto \frac{p_\perp}{|q| r_0 B} \ll 1 \qquad (2-70)$$

即在以下情况下，GC 近似值是有效的

$$\frac{p_\perp}{|q|} \ll r_0 B \qquad (2-71)$$

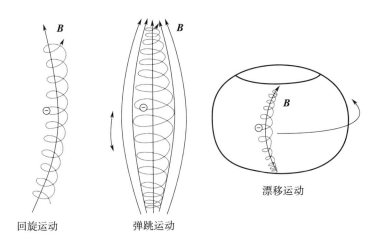

回旋运动　　　　弹跳运动

漂移运动

图 2-5　电子在偶极场中的运动

其中 r_0 是地心到场线穿过偶极赤道点的距离。粒子能量到刚性的转换由动量和动能的相对论关系给出（A.16）

$$p_\perp^2 = \frac{1}{c^2}(W^2 + 2mc^2 W)\sin^2\alpha \qquad (2-72)$$

刚性描述了磁场如何影响带电粒子。刚性大的粒子比刚性小的粒子受环境磁场的影响要小。大多数宇宙射线的刚性是如此之大，以至于它们不能被地球的偶极场所困住，而只是在辐射带中移动，被磁场所偏转。这种偏转取决于粒子的刚性和它到达磁层的角度。

一些宇宙射线粒子穿透大气层，其中能量最强的粒子甚至穿透地面。在宇宙射线物理学中，通常使用基本粒子物理学中熟悉的单位，设定 $c=1$。因此，粒子的质量、动量和能量都是以能量单位给出的，通常用 GeV，也就是质子质量 $m_p = 0.931$GeV 的量级。因此，刚性的单位是 GV。

让 λ_m 为被困在偶极场中的粒子的镜像纬度，B_0 为赤道面的磁场。粒子的赤道俯仰角为

$$\sin^2\alpha_{eq} = \frac{B_0}{B(\lambda_m)} = \frac{\cos^6\lambda_m}{(1+3\sin^2\lambda_m)^{1/2}} \qquad (2-73)$$

用 λ_e 表示场线与地球表面相交的纬度。如果 $\lambda_e < \lambda_m$，则粒子在发生镜像之前就撞上了地球，并从磁瓶里流失。实际上，这种损失已经在上层大气中通过与大气中的原子和分子的碰撞发生了。当然，这可能发生在一个广泛的高度范围内。在本书中，我们主要讨论能量为 $\gtrsim 100$ keV 的粒子，其中大多数粒子在 100 km 左右或以下的高度沉积能量。在任何情况下，100 km 与 R_E 相比都是很小的，我们可以通过以下方式近似估计损失锥的赤道半宽

$$\sin^2\alpha_{eq,l} = L^{-3}(4-3/L)^{-1/2} = (4L^6-3L^5)^{-1/2} \qquad (2-74)$$

其中 L 是到磁场线穿过偶极赤道的地心距离，以 R_E 为单位表示，即 McIlwain 的 L 参数（L - parameter）（1.2.1 节）。如果 $\alpha_{eq} < \alpha_{eq,l}$，粒子就处于损失锥中。

如图 2-6 所示，外辐射带中赤道损失锥的半宽仅为几度，当磁纬度超过 30°时，沿场线迅速变宽。除了损失锥宽度外，图中的曲线还表示偶极场线穿过地球表面的磁纬度，例如，$\lambda = 60°$ 时 $L = 4$。

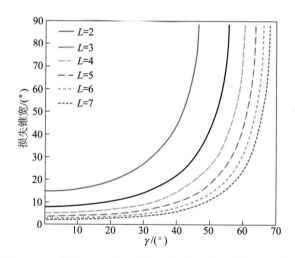

图 2-6 L 参数 2~7 时大气损失锥的半宽与磁纬度的关系

偶极磁瓶中的弹跳周期为

$$\begin{aligned}
\tau_b &= 4\int_0^{\lambda_m}\frac{ds}{v_\parallel} = 4\int_0^{\lambda_m}\frac{ds}{d\lambda}\frac{d\lambda}{v_\parallel} \\
&= \frac{4r_0}{v}\int_0^{\lambda_m}\frac{\cos\lambda(1+3\sin^2\lambda)^{1/2}}{1-\sin^2\alpha_{eq}(1+3\sin^2\lambda)^{1/2}/\cos^6\lambda}d\lambda \qquad (2-75)\\
&= \frac{4r_0}{v}T(\alpha_{eq})
\end{aligned}$$

$T(\alpha_{eq})$ 被称为弹跳函数（bounce function），需要进行数值积分。在极限 $\lambda_m =$

$90°（\alpha_{eq}=0）$，积分可以用闭合形式给出，即有 $T(0)=(S/r_0)/2=1.38$，其中 S 是场线的长度（1-7）。对于几乎赤道镜像粒子（$\alpha_{eq}\approx90°$），偶极子场可以近似成抛物线（2-59），得出 $T(\pi/2)=\left(\dfrac{\pi}{6}\right)\sqrt{2}\approx0.74$。在这两个端点之间（$0<\alpha_{eq}<90°$），一个好的近似是（Michael Schulz，1974）

$$T(\alpha_{eq})\approx1.380\,2-0.319\,8\left(\sin\alpha_{eq}+\sqrt{\sin\alpha_{eq}}\right) \tag{2-76}$$

对于 $\alpha_{eq}\gtrsim40°$，一个不太精确的近似值

$$T(\alpha_{eq})\approx1.30-0.56\sin\alpha_{eq} \tag{2-77}$$

在实际中通常是足够好的（Roederer，1970；Lyons 和 Williams，1984）。由于 $T(\alpha_{eq})$ 是 1 的数量级，$\tau_b\approx4r_0/v$ 在保守计算中是一个相当好的近似值。

最后，我们研究绕地球的漂移时间。在地球偶极场中（其中 $\nabla\times\boldsymbol{B}=0$），离子向西漂移，电子向东漂移，曲率和梯度漂移速度合计（2-24）

$$v_{GC}=\frac{W}{qBR_C}(1+\cos^2\alpha)=\frac{3mv^2r_0^2}{2qk_0}\frac{\cos^5\lambda(1+\sin^2\lambda)}{(1+3\sin^2\lambda)^2}\left[2-\sin^2\alpha\,\frac{(1+3\sin^2\lambda)^{1/2}}{\cos^6\lambda}\right] \tag{2-78}$$

其中插入了偶极场 $B(\lambda)$ 和曲率半径 $R_C(\lambda)$ 的式（1-4）和式（1-8）。

在围绕地球的漂移运动中，v_{GC} 通常不如弹跳平均方位角速度 $\langle d\varphi/dt\rangle=\langle v_{GC}/r\cos\lambda\rangle$ 有趣，后者给出了导向中心围绕偶极轴的漂移率。一个简单的计算可以得出

$$\left\langle\frac{d\phi}{dt}\right\rangle=\frac{4}{v\tau_b}\int_0^{\lambda_m}\frac{v_{GC}(\lambda)(1+3\sin^2\lambda)^{1/2}}{\cos^2\lambda\cos\alpha(\lambda)}d\lambda\equiv\frac{3mv^2r_0}{2qk_0}g(\alpha_{eq})=\frac{3mv^2R_EL}{2qk_0}g(\alpha_{eq}) \tag{2-79}$$

其中

$$g(\alpha_{eq})=\frac{1}{T(\alpha_{eq})}\int_0^{\lambda_m}\frac{\cos^3\lambda(1+\sin^2\lambda)[1+\cos^2\alpha(\lambda)]}{(1+3\sin^2\lambda)^{3/2}\cos\alpha(\lambda)}d\lambda \tag{2-80}$$

与 $T(\alpha_{eq})$ 类似，$g(\alpha_{eq})$ 也是 1 的数量级。对于赤道俯仰角大于 $30°$ 的情况，$g(\alpha_{eq})$ 可近似为

$$g(\alpha_{eq})\approx0.7+0.3\sin(\alpha_{eq}) \tag{2-81}$$

对于非相对论的赤道粒子（$\alpha_{eq}=90°$），产生的结果是

$$\left(\frac{d\phi}{dt}\right)_0=\frac{3mv^2R_EL}{2qk_0}=\frac{3\mu}{qr_0^2} \tag{2-82}$$

对于相对论的赤道粒子，这被修改为

$$\left(\frac{d\phi}{dt}\right)_0=\frac{3mc^2R_EL}{2qk_0}\gamma\beta^2=\frac{3\mu_{rel}}{\gamma qr_0^2} \tag{2-83}$$

其中 μ_{rel} 是相对论的第一不变量 $p_\perp^2/(2mB)$（2-48），$\beta=v/c$。系数 $3mc^2R_E/(2qk_0)$

- 电子为 0.035（°）/s
- 质子为 64.2（°）/s

注意到漂移周期随着 L 的增加而缩短。虽然这在第一眼看来可能是反直觉的，但请记

住，根据无电流磁场中梯度-曲率漂移速度的表达式（2-24），漂移速度与 $1/(BR_C)$ 成比例。偶极场的尺度为 L^{-3}，曲率半径为 L。因此 $v_{GC} \propto L^2$，$(\mathrm{d}\phi/\mathrm{d}t)_0 = v_{GC}/L \propto L$，$\tau_d \propto L^{-1}$。

在图 2-7 中，辐射带电子的漂移周期是在 L 壳（L-shells）$2-8$ 的 $100\ \mathrm{keV} \sim 10\ \mathrm{MeV}$ 的能量选择范围内绘制的，表 2-2 给出了 $L=2$、$L=4$ 和 $L=6$ 的电子回旋、弹跳和漂移周期的例子。弹跳时间由式（2-75）计算得出，$\alpha_{eq}=80°$ 对应于弹跳函数 $T \approx 0.75$。对于 $\alpha_{eq}=90°$ 的粒子漂移期是利用式（2-83）计算出来的。

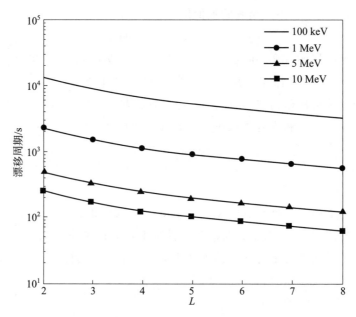

图 2-7　能量为 100 keV，1，5 和 10 MeV 的辐射带电子的漂移周期与根据式（2-83）计算的 L 的关系

表 2-2　能量的近似电子回旋、弹跳和赤道漂移周期的例子。请注意，等离子层深处的 **10 keV** 电子的磁漂移周期（$L=2$）要比共转时间（**24 h**）长。因此，它们围绕地球的物理漂移运动是由共转电场决定的。还要注意的是，超相对论粒子实际上是以光速运动的，因此它们在特定 L 壳的弹跳时间几乎是相同的

		10 keV	100 keV	1 MeV	5 MeV	10 MeV
$L=2$	τ_L	9.71 μs	11.4 μs	28.1 μs	103 μs	196 μs
	τ_b	0.64 s	0.23 s	0.14 s	0.13 s	0.13 s
	τ_d	44.2 h	3.65 h	36.9 min	8.09 min	4.19 min
$L=4$	τ_L	0.08 ms	0.09 ms	0.26 ms	0.82 ms	1.57 ms
	τ_b	1.27 s	0.46 s	0.27 s	0.26 s	0.26 s
	τ_d	22.1 h	1.83 h	18.5 min	4.05 min	2.09 min
$L=6$	τ_L	0.26 ms	0.31 ms	0.76 ms	2.88 ms	5.29 ms
	τ_b	1.91 s	0.69 s	0.41 s	0.38 s	0.38 s
	τ_d	12.3 h	1.22 h	12.3 min	2.70 min	1.40 min

2.6 　漂移壳

当粒子围绕地球漂移时，带电粒子的导向中心会追踪到一个漂移壳（drift shell）（图 2-5 中的右图）。在一个没有外力的对称静态磁场中，当 μ 和 W 守恒的时候，漂移壳可以被唯一地确定为

$$I = 常数$$
$$B_m = 常数 \tag{2-84}$$

其中 I 是积分（2-58），B_m 是镜像场。在偶极位形中，磁场和漂移壳是围绕偶极轴对称的。在这种情况下，漂移壳由常数 L 定义，通常被称为 L 壳层（$L-shells$）。

在（3~4）R_E 之外，磁层磁场的时间和空间不对称性会影响漂移壳的形成和演变。地磁场在昼侧被 Chapmann-Ferraro 电流（1-14）压缩，这与夜侧磁场的拉伸一起导致方位角不对称。不对称性随着太阳风动压的增加而增加，特别是当太阳风压力脉冲或行星际激波压缩昼侧位形，或在亚暴增长阶段夜面磁场拉伸时。

对于一个扭曲的偶极场（distorted dipole），L 参数通常定义为

$$L^* = \frac{2\pi k_0}{\Phi R_E} \tag{2-85}$$

L^* 有时被称为 Roederer 的 L 参数（Roederer's L-parameter），以区别于原来 McIlwain 的偶极场的 L 参数。L^* 与粒子的漂移等值线所包围的磁通量（Φ）成反比。因此，L^* 是表达第三个作用积分的另一种方式。如果磁场的变化比粒子的漂移周期慢，L^* 仍然是不变的。

只有在纯偶极场中，L^* 才等于 McIlwain 的 L 参数。否则，L^* 对应于到对称 L 壳的赤道点的径向距离，如果所有对磁场的非偶极影响被绝热地停止，粒子会在这个位置被发现。这种方法也可以应用于考虑更接近地球的内部场扰动的情况。

2.6.1 　弹跳和漂移损失锥

围绕地球完成一个或多个漂移周期的带电粒子被称为稳定俘获（stably-trapped）。当粒子到达一个通过与大气粒子碰撞而损失的高度，或者当粒子的漂移壳遇到磁层顶而丢失，则会失去俘获。若粒子能够进行若干次弹跳，但在完成一个完整的漂移周期之前就丢失的粒子被称为伪俘获（pseudo-trapped）。

如果粒子在丢失到大气层之前，没有在内磁层的磁瓶中完成一个完整的弹跳周期，那么称之为在大气层（或弹跳）损失锥为（atmospheric (or bounce) loss cone）。在偶极场中，大气损失锥的宽度取决于 L 和磁纬度（图 2-6）。由于辐射带电子的弹跳周期只有几分之一秒（表 2-2），靠近弹跳损失锥边缘的电子可以由于波粒相互作用而迅速从辐射带中流失，而来自较大赤道俯角散射的电子则需要更多时间（第 6 章）。

偶极的非对称偏差给这种情况带来了复杂的情况。虽然（3~4）R_E 内部的磁场非常接近偶极场，但是偶极从地球中心偏离，这在以地球为中心的参照系中引入了非对称性。现

在，从偶极子到高层大气的距离随着地理纬度和经度的变化而变化。

让我们考虑一个在地球偏离偶极场中的电子，刚被注入一个不在弹跳损失锥中的场线。假设电子在 100 km 以上的高度从场 B_m 处反射，并围绕地球漂移。如果偶极场是对称的，那么电子就会一直被困住，除非有其他存在（例如，波粒相互作用）降低了它的俯仰角，让它从磁瓶中逃脱。但是在偏离偶极的情况下，电子可以漂移到一个离偶极更远且与大气层相连的场线上。在 100 km 处的磁场小于 B_m，粒子能到达一个更低的高度并从磁瓶中丢失。粒子已经进行了多次弹跳，但未能完成绕地球的完整漂移。就可以说它已经进入了漂移损失锥（drift loss cone）。漂移损失锥与特定漂移壳上最宽的弹跳损失锥一样宽。这种影响在南大西洋异常区上空最强，其最弱的表面磁场是 22 μT，远远小于以地球为中心 11°倾斜，强度为 35 μT 的偶极在同约为 −20°偶极纬度区域的强度。

2.6.2　漂移壳分裂和磁层顶阴影

在一个方位对称的静态磁场中，具有不同俯仰角的粒子，在给定的经度上处于一个共同的漂移壳上，将保持在同一个壳上。这被称为壳退化（shell degeneracy）。它是式（2-84）的结果，根据该条件，漂移壳由恒定的镜像磁场大小 B_m 和恒定的积分 I 定义。在纯偶极场中，I 可以用 L 参数代替。

在一个方位不对称场中，具有不同俯仰角的带电粒子，其导向中心在某个经度的联合磁场线上，当它们移动到另一个经度时，不会停留在一个共同的磁场线上。原因是它们在不同的场强 B_m 下镜像，因此，它们的积分 I 是不同的。这就是所谓的漂移壳分裂（drift shell splitting）。磁层总是在昼侧被压缩，在夜侧被拉伸，在太阳风压力和地磁暴增加时不对称性会增加。图 2-8 显示了弱不对称位形下正午—午夜截面的壳分裂。在夜侧共同漂移壳上具有不同赤道俯仰角的粒子在昼侧的不同壳上被发现（顶部）。反之亦然，在昼侧的共同漂移壳上的粒子在夜侧的不同壳上（底部）。

在图 2-8 中，漂移壳分裂在赤道距离超过（6~7）R_E 时最为明显。图 2-8 表明，具有大的赤道俯仰角（小的 $\cos\alpha_0$）的粒子的漂移壳比具有较小俯仰角的粒子在昼侧延伸得更远。取决于昼侧磁层的压缩量，这些粒子可能会撞上磁层顶，并在通过日下方向之前就会丢失在磁鞘里。粒子在磁层顶丢失的现象被称为磁层顶阴影（magnetopause shadowing）。以这种方式丢失的粒子被称为伪俘获，因为它们在围绕地球漂移的部分时间里仍然被困住。

因此，漂移壳分裂发挥作用下的磁顶阴影导致了接近 90°俯仰角的粒子的损失，而大气粒子散射导致了小俯仰角的粒子的损失。在二维速度空间（$v_\parallel$，$v_\perp$），这导致了蝴蝶形的粒子分布函数（第 3.4.2 节）。

磁层顶阴影是外电子带的一个重要粒子损失机制（第 6.5.1 节）。在强烈磁层活动期间，阴影是最重要的，这时昼侧的磁层顶被压缩/侵蚀得最厉害，而夜侧的磁场在外辐射带的距离上已经被拉长。需要注意的是尽管大部分等离子体被冻结在磁层场中，但高能辐射带粒子的回旋半径大到足以打破靠近磁层顶边界层的冻结。

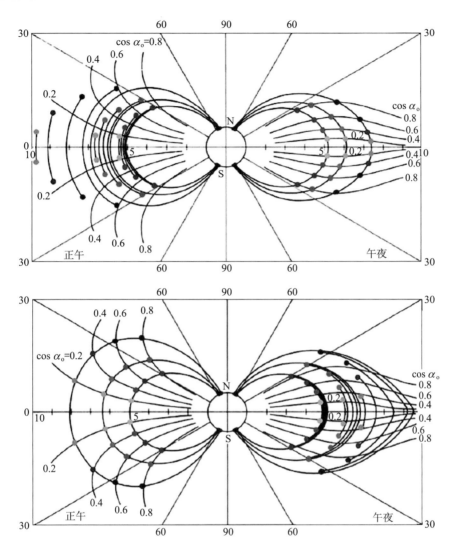

图 2-8 在弱压缩/拉伸的磁场位形中，漂移壳从夜侧到昼侧（上）和从昼侧到夜侧（下）的分裂图示。圆点表示不同赤道俯仰角余弦的镜像点（来自 Roederer（1970），点已上色用以引导视线，经 Springer Nature 许可转载）（见彩插）

相应地，当粒子向夜侧漂移时，昼侧的共同漂移壳会被分裂（图 2-8，底部）。在这种情况下，具有较大赤道俯仰角的粒子的漂移壳在夜侧更接近地球并且粒子仍然被稳定地困住。然而，现在小俯仰角（small pitch angles）的粒子，到达磁尾较远的地方，可能会失去磁场引导，当穿过电流片时，在它们漂过午夜子午线之前，再次成为伪俘获。

注意到在昼侧某一点观测到的粒子来自夜侧的不同位置。由于在靠近地球的夜侧很可能有更多具有大俯仰角的高能粒子，在昼侧观测到的俯仰角分布可能有一个煎饼的形状（第 3.4.1 节）。

由于太阳风的压力，昼侧磁层顶的压缩在高纬度昼侧磁层中进一步产生的局部准俘获区域。虽然沿给定场线的纯偶极场在赤道平面上有一个最小值，但昼侧磁层的压缩增强了赤道磁场，导致昼侧赤道上出现局部的最大值。现在，赤道上的最小值分叉为非赤道上的局部最小值（图 2-9）。

　　由于偶极轴和日地线之间的角度变化以及太阳风压力的变化，南、北半球的这些局部磁瓶不断地被改造。这导致了复杂的带电粒子轨道，被称为 Shabansky 轨道（Shabansky orbits）（Antonova 和 Shabansky，1968）。例如，一部分粒子在正午时段漂移时在北半球弹跳，另一部分在南半球弹跳（关于 Shabansky 轨道的例子，见 Mccollough 等 2012 年的文章）。

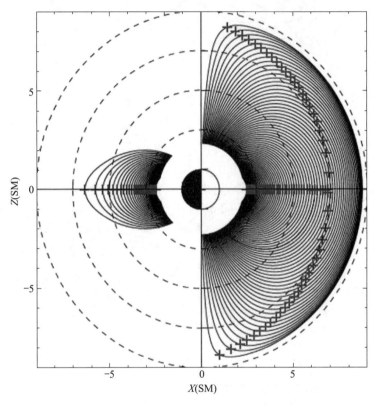

图 2-9　在压缩的昼侧偶极场中，局部磁最小值点的分叉。十字线表示正午午夜子午线平面上
不同场线的局部最小值［来自 Mccollough 等（2012），经美国地球物理学会许可转载］

2.7　在随时间变化的近两极场中的绝热漂移运动

　　作为漂移感应加速的一个例子（第 2.4.4 节），我们考虑准偶极场的时间缓慢变化的影响，其中的例子是由于太阳风压力的变化或来自磁尾的偶极化锋面的接近。为了使表述简单，我们将讨论限制在赤道面的弹跳平均运动上。此外，我们假设没有背景电场存在。

　　我们从完全绝热运动[①]（fully adiabatic motion）开始，保留所有三个绝热不变量，也

---

　　① 术语"绝热运动"经常被用来指第一绝热不变量的守恒，而不要求守恒其他作用积分。

就是说，我们假设磁场的时间变化比围绕偶极的漂移运动要慢

$$\frac{B}{\mathrm{d}B/\mathrm{d}t} \gg \tau_d \qquad (2-86)$$

其中 τ_d 是弹跳平均漂移周期（2-83）。磁场的时间增加或减少与方位感应电场 $\boldsymbol{E}_i$ 有关。在赤道面，这导致 $\boldsymbol{E}_i \times \boldsymbol{B}$ 穿过磁场线向外或向内漂移，对应于正或负的 $\mathrm{d}L^*/\mathrm{d}t$ 。

因此，当粒子被 $\boldsymbol{E}_i \times \boldsymbol{B}$ 漂移穿过磁场大小增加（减少）的区域时，它们可以获得（失去）能量。粒子的径向位置和能量在磁场的这种缓慢收缩或扩张过程中发生了变化，但完全绝热的过程是可逆的，当磁场恢复到原来的强度时，粒子的初始状态就恢复了。在磁场扰动开始时处于一个共同漂移壳上的粒子被转移到一个外部漂移壳上，并在磁场位形恢复到扰动前的位形时回到原来的壳上。由于缓慢的时间变化，所有粒子在围绕地球的轨道上都经历了相同数量的感应电场，因此也经历了相同数量的向内/向外位移。这种可逆的过程在弱和中度磁暴期间被观测到，当环向电流全相缓慢增强，然后在恢复相恢复。这导致了赤道磁场的减弱和随后的增强。由于赤道磁场强度的变化体现在 Dst 指数中，这个可逆过程被称为 Dst 效应（Dst effect）。

在漂移壳的膨胀和收缩过程中，粒子能量的变化可以通过弹跳平均能量方程（2-68）来计算

$$\begin{aligned} \langle \frac{\mathrm{d}W}{\mathrm{d}t} \rangle_b &= \mu \langle \frac{\partial B}{\partial t} \rangle_b + q \langle \boldsymbol{V} \cdot \boldsymbol{E}_i \rangle_b \\ &= \mu \langle \frac{\partial B}{\partial t} \rangle_b + q \langle \boldsymbol{V}_0 \rangle_b \cdot \boldsymbol{E}_{i0} \end{aligned} \qquad (2-87)$$

式中　$\boldsymbol{V}_0$——赤道上 GC 的漂移速度；

　　　$\boldsymbol{E}_{i0}$——赤道上的感应电场。

在一个缓慢变化的磁场中，感应电场增加了粒子在其回旋运动（回旋感应加速）和漂移运动（漂移感应加速）中的动能。在这种情况下，粒子在 $\boldsymbol{E}_i \times \boldsymbol{B}$ 漂移将其显著向内带之前，有时间围绕地球进行相当大的梯度漂移，即 GC 的漂移速度现在主要包括方位角梯度漂移速度，因此，漂移感应项，即式（2-87）右侧第二项，是有限的。$\boldsymbol{E}_i \times \boldsymbol{B}$ 漂移由于与 $\boldsymbol{E}_i$ 垂直，并不对感应加速有贡献。

在磁层内部，时间变化往往比方位角漂移运动快，但比弹跳运动慢（$\tau_b \ll B/(\mathrm{d}B/\mathrm{d}t) \ll \tau_d$）。能量方程的弹跳平均化仍然是可能的，但现在 $\boldsymbol{E}_i \times \boldsymbol{B}$ 的漂移比方位角漂移快。因此，带电粒子会跟随收缩或膨胀的场线。现在，在式（2-87）的右边第二项中，GC 的速度主要包括自然垂直于感应电场 $\boldsymbol{E}_i$ 的 $\boldsymbol{E}_i \times \boldsymbol{B}$ 漂移。漂移的感应加速度为零，因为 $\boldsymbol{E}_i \times \boldsymbol{B}$ 漂移使粒子迅速向内/向外位移，以至于它没有时间围绕地球进行梯度漂移。因此，粒子能量的增加/减少是由于回旋-感应加速/减速。

然后我们考虑一个突然的脉冲（SI，第 1.4.2 节），在这个脉冲中，太阳风激波突然压缩了磁层，此后磁场缓慢舒张且环电流中没有大磁暴的发生。假设压缩的速度快到足以违反第三不变量。由于现在的压缩也是不对称的，不同经度的粒子，即在它们围绕地球漂移运动的不同阶段，对扰动的反应是不同的。昼侧的压缩最强，那里的粒子受到最强的

E_i 的作用，并且大部分被 $E_i \times B$ 的漂移带到了地球。由于与漂移运动相比，现在的压缩速度很快，而且冻结条件也适用，这可以被认为是粒子沿着场线被压缩到地球上的情况。另一方面，在激波到来时，夜侧的粒子或多或少地保持了它们原来的漂移轨道。因此，原本在同一漂移壳上但处于不同经度的粒子朝地球方向被传输了不同距离，并以不可逆的方式获得不同的能量。

假设在最初的快速压缩之后，感应电场效应以绝热方式消失，粒子会处于不同的漂移壳上。感应电场引起的漂移壳的变化取决于经度，即磁地方时，即粒子在被不对称压缩时所在的地方，在这里 dL^*/dt 对一些粒子来说是正的，对其他粒子来说是负的。在恢复到原始状态后，原分布已经扩散到更大的 L^* 范围。这是一个径向扩散（radial diffusion）的例子，我们将在第 6 章的超低频波背景下进一步讨论。因此，对于违反 L^* 的情况，与围绕地球的漂移运动相比，扰动必须是快速的，而且是方位角不对称的。否则，最初在同一漂移壳上的所有粒子都会因 $E_i \times B$ 漂移（$E_i \times B$ - drift）而经历相同的位移量，且在 L^* 中不会有扩散。

最后，让我们考虑激波压缩后出现磁暴的情况。如果主相（Dst 指数快速下降）不是太快，粒子就会受到上述完全绝热的 Dst 效应的影响。更快的和不对称的变化可能起因于，例如，与亚暴有关的 $\partial B/\partial t$ 和相应的感应电场，以及超低频波。与最初的情况相比，它们可能导致进一步违反 L^* 并进一步使漂移壳扩散。此外，辐射带粒子被加速，并通过各种波粒相互作用在俯仰角上散射（第 6 章）。因此，可逆的 Dst 效应虽然在观测中可以部分识别，但会被其他过程掩盖。

另一个感应电场效应与亚暴期间从磁尾注入内磁层的粒子有关。如果偶极化比方位角漂移运动快，注入的粒子就会被 $E_i \times B$ 漂移向地球方向运送并获得能量。在某些时候，它们的能量变得足够大，梯度和曲率漂移就会接续作用，粒子就会被困在环流和辐射带中。

第3章　从带电粒子到等离子体物理学

在这一章中，我们从单粒子运动转向对大量带电粒子的统计描述，即等离子体。这一部分讨论为丰富的等离子体波提供了基础，并对于理解辐射带粒子通过波粒相互作用的来源和损失至关重要。

3.1　基本等离子体概念

虽然我们假设读者熟悉基本的等离子体物理，但我们首先要简要回顾一下我们在后续章节中使用的概念。根据我们最喜欢的描述，空间等离子体是一种有许多自由电荷的准中性气体（quasi-neutral gas），集体电磁现象对其物理行为很重要（collective electromagnetic phenomena are important to its physical behavior）。

3.1.1　德拜屏蔽

上述特征中的第一个属性是准中性[①]（quasi-neutrality）。空间等离子体由电荷密度大致相同的正负电荷组成

$$\rho_{q,\mathrm{tot}} = \sum_a \rho_{qa} = \sum_a n_a q_a \approx 0 \tag{3-1}$$

式中　α——标记不同电荷种类；

　　　n_a——数量密度。

在辐射带的背景下，我们考虑不同空间域的高能电子和离子。然而，与背景等离子体相比，辐射带粒子的总量非常小，它们不会违反整个系统的准中性。

相当一部分的自由电荷使等离子体具有导电性。在空间等离子体中，温度相对较高，粒子密度较低。因此，粒子间的碰撞是罕见的，经典碰撞电阻率是非常小的。如果一个外部电场被施加到等离子体上，电子会迅速重新排列以中和外部电场。因此，在静止框架中的等离子体不存在明显的大规模电场。然而，回顾一下，电场是一个与坐标相关的量。在观测者的参照系中，例如在以地球为中心的非旋转框架中，如 GSM 坐系（第2.3节），跨越磁场的大规模等离子体运动对应于一个电场 $\boldsymbol{E} = -\boldsymbol{V} \times \boldsymbol{B}$。宏观电场的另一个例子是极光电离层上方平行磁场的电势差产生的电场，其与电离层和磁层相互耦合的场向电流有关。

尽管等离子体在大尺度上是中性的，但偏离电荷中性的情况会在较小的尺度上出现。假设一个正电的测试电荷 q_T 被嵌入一个原本准中性的等离子体中。测试电荷的库仑电势

[①]　在等离子体物理学中也考虑到了非中性等离子体，但在我们的此处对它们不感兴趣。

为 $\varphi_T = q_T/(4\pi\varepsilon_0 r)$ ，其中 r 是与 q_T 的距离。电子被 q_T 吸引，产生一个局部的极化电荷密度 ρ_{pol} ，在 q_T 周围形成一个中和云。这被称为德拜屏蔽（Debye shielding）。

系统的总电荷密度为 $\rho_{tot}(\boldsymbol{r}) = q_T\delta(\boldsymbol{r}-\boldsymbol{r}_T) + \rho_{pol}$ ，其中 $\boldsymbol{r}_T$ 是测试电荷的位置，δ 是狄拉克函数。q_T 的屏蔽电势是通过求解泊松方程找到的

$$\nabla^2\varphi = -\frac{\rho_{tot}(\boldsymbol{r})}{\varepsilon_0} \tag{3-2}$$

当 $\boldsymbol{r} \rightarrow \boldsymbol{r}_T$ 时，边界条件是 $\varphi \rightarrow \varphi_T$ 。

假设等离子体 α 处于热平衡状态，密度由玻尔兹曼分布（Boltzmann distribution）给出

$$n_\alpha = n_{0\alpha}\exp\left(-\frac{q_\alpha\varphi}{k_B T_\alpha}\right) \tag{3-3}$$

式中　k_B ——玻尔兹曼常数（Boltzmann constant）；

　　　$n_{0\alpha}$ ——没有 q_T 的平衡数密度；

　　　T_α ——平衡温度。

我们将在第 3.2.2 节重温等离子体温度的概念。

要使气体处于等离子体状态，必须有足够数量的电子和离子不相互结合。换句话说，随机热能必须远远大于平均静电能，$k_B T_\alpha \gg q_\alpha\varphi$ 。

考虑到这一点，我们可以将式（3-3）扩展为

$$n_\alpha \approx n_{0\alpha}\left(1 - \frac{q_\alpha\varphi}{k_B T_\alpha} + \frac{1}{2}\frac{q_\alpha^2\varphi^2}{k_B^2 T_\alpha^2} + \cdots\right) \tag{3-4}$$

现在，极化电荷密度的主导项成为

$$\rho_{pol} = \sum_\alpha n_\alpha q_\alpha \approx \sum_\alpha n_{\alpha 0}q_{\alpha 0} - \sum_\alpha \frac{n_{0\alpha}q_\alpha^2}{k_B T_\alpha}\varphi = -\sum_\alpha \frac{n_{0\alpha}q_\alpha^2}{k_B T_\alpha}\varphi \tag{3-5}$$

由于准中立性，其中 $\sum_\alpha n_{\alpha 0}q_{\alpha 0} = 0$ 。将式（3-5）插入泊松方程（3-2）并在球面坐标中求解该方程，可以发现势是

$$\varphi = \frac{q_T}{4\pi\varepsilon_0 r}\exp\left(-\frac{r}{\lambda_D}\right) \tag{3-6}$$

其中 λ_D 是德拜长度（Debye length）

$$\lambda_D^{-2} = \sum_\alpha \lambda_{D,\alpha}^{-2} = \varepsilon_0^{-1}\sum_\alpha \frac{n_{0\alpha}q_\alpha^2}{k_B T_\alpha} \tag{3-7}$$

在许多实际情况下，离子的热速度比电子的热速度小得多，所以习惯上只考虑电子的德拜长度。它可以从以下方面进行估计

$$\lambda_D(m) \approx 7.4\sqrt{\frac{T(\mathrm{eV})}{n(\mathrm{cm}^{-3})}} \tag{3-8}$$

直观地说，λ_D 是等离子体粒子的热速度高到足以摆脱 q_T 的库仑势的极限。

德拜长度为我们提供了一种描述等离子体状态的便捷方法。为了使集体现象主导等离

子体行为，在半径为 $\lambda_D : (4\pi/3)n_0\lambda_D^3 \gg 1$ 的德拜球（Debye sphere）中必须有大量的粒子。因为等离子体也必须是准中性的，其特征尺寸 $L \sim V^{1/3}$，其中 V 是等离子体的体积，必须大于 λ_D。因此，对于一个等离子体

$$\frac{1}{\sqrt[3]{n_0}} \ll \lambda_D \ll L \qquad\qquad (3-9)$$

德拜屏蔽是背景等离子体的一个属性。只有在等离子体框架内静止的测试粒子，德拜球体才是严格意义上的球形。如果测试粒子的速度接近周围等离子体的热速度，球体就会变形。高能辐射带粒子在背景中移动得非常快，以至于在它们周围没有形成德拜球体。

德拜球内大量的粒子进一步意味着热平衡中的等离子体类似于理想气体（ideal gas）。我们将在第 3.2.2 节中讨论在无碰撞等离子体中对此的解释。

3.1.2　等离子体振荡

我们进一步讨论的大部分内容涉及种类繁多的等离子体波。最基本的波现象是等离子体振荡（plasma oscillation），它是通过考虑非磁化等离子体中自由运动的冷（$T_e \approx 0$）电子和固定的背景离子而发现的。初级等离子体物理课程中典型的第一道练习题是说明电子密度的微小扰动会导致局部电场，从而产生一个恢复力将电子拉回平衡状态。这导致了密度在等离子体频率（plasma frequency）下的驻留振荡

$$\omega_{\mathrm{pe}}^2 = \frac{n_0 e^2}{\varepsilon_0 m_e} \qquad\qquad (3-10)$$

需要注意的是术语"等离子体频率"经常被用来指角频率 ω_{pe} 和振荡频率 $f_{\mathrm{pe}} = \omega_{\mathrm{pe}}/2\pi$。

等离子体频率与密度的平方根除以振荡粒子的质量成正比。计算电子振荡频率的一个有用的经验法则是

$$f_{\mathrm{pe}}(\mathrm{Hz}) \approx 9.0\sqrt{n(\mathrm{m}^{-3})} \qquad\qquad (3-11)$$

等离子体振荡决定了等离子体中的一个自然长度尺度，即电子惯性长度（*electron inertial length*）c/ω_{pe}，其中 c 是光速。在物理学上，它给出了频率为 ω_{pe} 的电磁波穿透等离子体时的衰减长度尺度。它类似于经典电磁学中的趋肤深度（skin depth）。

类似地，离子等离子体频率（ion plasma frequency）定义为

$$\omega_{\mathrm{pi}}^2 = \frac{n_0 e^2}{\varepsilon_0 m_i} \qquad\qquad (3-12)$$

相应的离子惯性长度（ion inertial length）为 c/ω_{pi}。ω_{pe} 和 ω_{pi} 都是等离子体波传播的重要参数（第 4 章）。

3.2　基本等离子体理论

根据所研究过程的时间和空间尺度，可以使用不同的理论方法。从单个粒子的运动到统计和宏观理论的每一步都涉及必须正确理解的近似。

3.2.1　弗拉索夫和玻尔兹曼方程

我们通过介绍粒子种类 α 的分布函数 $f_\alpha(\boldsymbol{r},\boldsymbol{p},t)$ 的弗拉索夫方程（Vlasov Equation）开始讨论统计等离子体物理。由于磁层中的背景等离子体是非相对论的，我们设定洛伦兹因子 $\gamma=1$。非相对论的分布函数 $f_\alpha(\boldsymbol{r},\boldsymbol{v},t)$ 表示在时间 t 的六维相空间 $(\boldsymbol{r},\boldsymbol{v})$ 的体积元 $\mathrm{d}x$，$\mathrm{d}y$，$\mathrm{d}z$，$\mathrm{d}v_x$，$\mathrm{d}v_y$，$\mathrm{d}v_z$ 中的粒子数量密度。

$$\int_{V_{ps}} f_\alpha(\boldsymbol{r},\boldsymbol{v},t)\mathrm{d}^3r\,\mathrm{d}^3v = N \tag{3-13}$$

其中，在相空间体积 V_{ps} 上进行积分，N 为该体积中所有粒子的数量[①]。在 $(\boldsymbol{r},\boldsymbol{v})$ 空间中，f 的国际单位制单位为 $\mathrm{m}^{-6}\mathrm{s}^3$。如果分布函数是在 $(\boldsymbol{r},\boldsymbol{p})$ 空间给出的，通常情况下其国际单位制单位是 $\mathrm{m}^{-6}\mathrm{kg}^{-3}\mathrm{s}^3$。

假设唯一作用在等离子体粒子上的力是洛伦兹力，分布函数 $\partial f_\alpha/\partial t$ 的时间演化由弗拉索夫方程给出

$$\frac{\partial f_\alpha}{\partial t} + \boldsymbol{v}\cdot\frac{\partial f_\alpha}{\partial \boldsymbol{r}} + \frac{q_\alpha}{m_\alpha}(\boldsymbol{E}+\boldsymbol{v}\times\boldsymbol{B})\cdot\frac{\partial f_\alpha}{\partial \boldsymbol{v}} = 0 \tag{3-14}$$

弗拉索夫方程实际上指出，在六维相空间，分布函数的总时间导数为零

$$\frac{\mathrm{d}f_\alpha}{\mathrm{d}t} = \left(\frac{\partial f_\alpha}{\partial t} + \boldsymbol{r}\cdot\nabla f_\alpha + \boldsymbol{a}\cdot\nabla_v f_\alpha\right) = 0 \tag{3-15}$$

其中 $\boldsymbol{a}$ 是洛伦兹力引起的加速度，∇_v 是速度空间的梯度。因此 f_α 常被称为相空间密度（phase space density，PSD）[②]。弗拉索夫方程是 f_α 在相空间的守恒定律。对于三维位形空间中的粒子密度，它在形式上类似于连续性方程

$$\frac{\partial n}{\partial t} + \nabla\cdot(n\boldsymbol{V}) = 0 \tag{3-16}$$

在无碰撞等离子体中，也就是电离层以上的磁层等离子体的良好一阶近似，弗拉索夫理论是一个非常准确的起点。这里的"无碰撞"指等离子体粒子之间的正面碰撞非常少，与长距离库仑碰撞的影响相比，它们对等离子体动力学的贡献消失了，而库仑碰撞又引起了弗拉索夫方程中的洛伦兹力项。

然而，在内磁层中有一些重要的碰撞过程打破了 f_α 的守恒。特别是，环流离子和外大气层中子之间的电荷交换碰撞（charge exchange collisions），有助于高能载流子的损失和环流的衰减。在电荷交换碰撞中，环流离子从背景原子中捕获了一个电子。新诞生的中性粒子保持着高能离子的速度，成为高能中性原子（energetic neutral atom，ENA），不受磁场影响地逃离环流区。而新电离的粒子则具有更低的能量，不携带大量的电流。利用对 ENA 的远程观测，可以构建环向电流和等离子层的图像。电荷交换碰撞在内层带质子

　　[①]　在等离子体理论中，当分布函数描述在给定时间在相空间的给定位置找到一个粒子的概率时，其通常被归一化。当假定等离子体是均匀的，并且平均密度可以移动到速度积分之外，这种处理很方便。我们将在第 4 章和第 5 章中应用归一化来推导动力学动能色散方程。详见第 4 章和第 5 章。

　　[②]　同样的缩写也经常被用于功率谱密度。两者都是辐射带物理学的重要概念，但混淆的风险很小。

的能量损失中也有作用，但在能量为 $\gtrsim 100$ keV 时这是一个非常缓慢的过程。

短程碰撞（Short - range collisions）可以通过用玻尔兹曼方程（Boltzmann equation）代替弗拉索夫方程而被容纳在相空间描述中

$$\frac{\partial f_\alpha}{\partial t} + \boldsymbol{v} \cdot \frac{\partial f_\alpha}{\partial \boldsymbol{r}} + \frac{q_\alpha}{m_\alpha}(\boldsymbol{E} + \boldsymbol{v} \times \boldsymbol{B}) \cdot \frac{\partial f_\alpha}{\partial \boldsymbol{v}} = \left(\frac{\mathrm{d}f_\alpha}{\mathrm{d}t}\right)_c \qquad (3-17)$$

其中碰撞项 $(\mathrm{d}f_\alpha/\mathrm{d}t)_c$ 通常是一个复杂的速度函数，取决于粒子相互作用的类型。在无碰撞等离子体中，有时将电磁波动从背景场中分离出来并将其正式描述为碰撞项是很实用的，我们将在准线性理论的背景下看到（第 6 章）。

除了保持粒子数 N 之外，弗拉索夫方程还有其他几个重要特性。例如，它保留了熵，定义为

$$S = -\sum_\alpha \int f_\alpha \ln f_\alpha \, \mathrm{d}^3 r \, \mathrm{d}^3 v \qquad (3-18)$$

这一点通过计算可以很容易看出

$$\frac{\mathrm{d}S}{\mathrm{d}t} = -\sum_\alpha \int \left(\frac{\mathrm{d}f_\alpha}{\mathrm{d}t} \ln f_\alpha + \frac{\mathrm{d}f_\alpha}{\mathrm{d}t}\right) \mathrm{d}^3 r \, \mathrm{d}^3 v = 0 \qquad (3-19)$$

当我们在 4.2 节中讨论重要的朗道阻尼机制时，这一点很重要。

在空间等离子体物理学中特别重要的是，弗拉索夫方程有许多平衡解。在碰撞气体的统计物理学中，玻尔兹曼的 H 定理（Boltzmann's H - theorem）指出，在碰撞时间尺度上有一个唯一的平衡，即麦克斯韦分布。辐射带物理学中的相关时间尺度比平均碰撞时间短得多，我们可以设定 $\partial f/\partial t\,|_c \to 0$。因此，非麦克斯韦分布可以比我们正在研究的物理过程存在得更长。

3.2.2　宏观变量和方程

我们将宏观的等离子体数量定义为分布函数的速度矩（velocity moments）

$$\int f \mathrm{d}^3 v \,;\, \int \boldsymbol{v} f \mathrm{d}^3 v \,;\, \int \boldsymbol{v}\boldsymbol{v} f \mathrm{d}^3 v$$

空间体积 V 中的平均密度为 $\langle n \rangle = N/V$。粒子密度（particle density）n 又是一个空间和时间的函数。它可以表示为分布函数的零阶速度矩

$$n(\boldsymbol{r}, t) = \int f(\boldsymbol{r}, \boldsymbol{v}, t) \mathrm{d}^3 v \qquad (3-20)$$

在等离子体中，不同的粒子布居（用 α 标记）可能有不同的分布，因此有不同的速度矩 $[n_\alpha(\boldsymbol{r}, t)$ 等]。如果一个给定种类的粒子具有电荷 q_α，那么该种类粒子的电荷密度（charge density）为

$$\rho_\alpha = q_\alpha n_\alpha \qquad (3-21)$$

一阶矩产生的粒子通量（particle flux）

$$\Gamma_\alpha(\boldsymbol{r}, t) = \int \boldsymbol{v} f_\alpha(\boldsymbol{r}, \boldsymbol{v}, t) \mathrm{d}^3 v \qquad (3-22)$$

将其除以粒子密度，我们得到宏观速度（macroscopic velocity）

$$V_\alpha(\boldsymbol{r},t) = \frac{\int \boldsymbol{v} f_\alpha(\boldsymbol{r},\boldsymbol{v},t)\mathrm{d}^3 v}{\int f_\alpha(\boldsymbol{r},\boldsymbol{v},t)\mathrm{d}^3 v} \tag{3-23}$$

有了这些，我们可以将电流密度写为

$$\boldsymbol{J}_\alpha(\boldsymbol{r},t) = q_\alpha \Gamma_\alpha = q_\alpha n_\alpha \boldsymbol{V}_\alpha \tag{3-24}$$

二阶矩定义了压力张量

$$P_\alpha(\boldsymbol{r},t) = m_\alpha \int (\boldsymbol{v}-\boldsymbol{V}_\alpha)(\boldsymbol{v}-\boldsymbol{V}_\alpha) f_\alpha(\boldsymbol{r},\boldsymbol{v},t)\mathrm{d}^3 v \tag{3-25}$$

在球体对称的情况下，它还原为标量压力

$$P_\alpha(\boldsymbol{r},t) = \frac{m_\alpha}{3}\int (\boldsymbol{v}-\boldsymbol{V}_\alpha)^2 f_\alpha(\boldsymbol{r},\boldsymbol{v},t)\mathrm{d}^3 v = n_\alpha k_B T_\alpha \tag{3-26}$$

这里我们引入了玻尔兹曼常数 k_B 和温度 T_α。在以速度 $\boldsymbol{V}_\alpha$ 运动的框架中，温度由以下公式给出

$$\frac{3}{2}k_B T_\alpha(\boldsymbol{r},t) = \frac{m_\alpha}{2}\frac{\int v^2 f_\alpha(\boldsymbol{r},\boldsymbol{v},t)\mathrm{d}^3 v}{\int f_\alpha(\boldsymbol{r},\boldsymbol{v},t)\mathrm{d}^3 v} \tag{3-27}$$

对于麦克斯韦分布，T_α 是经典热力学的温度。在热平衡状态下，具有大量德拜球体粒子的等离子体可以被看作一种理想气体，其状态方程由式（3-26）给出。然而，在无碰撞等离子体中，平衡分布可能远离麦克斯韦，使温度成为等离子体物理学中的一个非平凡概念。

粒子压力与磁压力（magnetic pressure）的比值（磁能密度，$B^2/2\mu_0$）是等离子体 β 值（plasma beta）

$$\beta = \frac{2\mu_0 \sum_\alpha n_\alpha k_B T_\alpha}{B^2} \tag{3-28}$$

如果 $\beta > 1$，等离子体支配着磁场的演变。如果 $\beta \ll 1$，磁场决定了等离子体的动态。在磁层中，最小的 β 值（$\beta \sim 10^{-6}$）出现在极光区磁场线上，高度为几个地球半径。在尾部等离子体片中，β 是 1 的数量级，但在尾瓣中则小了约 4 个数量级。

宏观数量之间的方程可以通过获取弗拉索夫或玻尔兹曼方程的速度矩而得到。这个过程在大多数高级等离子体物理学教科书中都有描述（例如 Koskinen，2011）。这些技术细节对我们随后的讨论来说是次要的。

零阶矩产生连续性方程

$$\frac{\partial n_\alpha}{\partial t} + \nabla \cdot (n_\alpha \boldsymbol{V}_\alpha) = 0 \tag{3-29}$$

连续性方程是守恒定律的一个例子

$$\frac{\partial F}{\partial t} + \nabla \cdot \boldsymbol{G} = 0 \tag{3-30}$$

式中　F——一个物理量的密度；

G ——相关的通量。

电荷或质量密度的连续性方程分别通过乘以式（3 - 29）q_a 或 m_a 而得到。

连续性方程包含 **V**$_a$，它是分布函数的一阶速度矩。计算弗拉索夫/玻尔兹曼方程的一阶矩，可以得到宏观动量密度 $\rho_{ma}\mathbf{V}_a$ 的连续性方程，即宏观运动方程（macroscopic equation of motion,），其中 ρ_{ma} 是质量密度。这个方程包含二阶矩，即压力张量。通过将玻尔兹曼方程的矩积分继续进行到二阶，我们得到一个能量方程，它将等离子体和磁场能量密度的时间演化与 f 的第三个矩的发散，即热通量（heat flux），联系起来。

这个链条其中的守恒量取决于一个更高阶的量，一直持续到无限大（ad infinitum）。为了得到一个容易处理的且有用的宏观理论，方程链必须在某个层次上被截断。在内磁层中，热通量的发散可以被忽略掉。因此，我们可以通过引入一个状态方程来取代能量方程，该方程将标量压力 P_a 与数量密度 n_a 和温度 T_a 联系起来，即

$$P_a = n_a k_B T_a \tag{3 - 31}$$

在热平衡状态下，这就是理想气体定律。由于式（3 - 31）包含三个函数，需要给出它们之间的相互依赖关系，以反映实际的热力学过程。这可以通过指定一个适当的聚变指数（polytropic index）γ_p 来实现。

$$P = P_0 \left(\frac{n}{n_0}\right)^{\gamma_p} ; T = T_0 \left(\frac{n}{n_0}\right)^{\gamma_p - 1} \tag{3 - 32}$$

对于 d 维空间中的绝热过程，$\gamma_p = (d + 2)/d$。在这种形式下，状态方程也适用于等温（$\gamma_p = 1$）和等压（$\gamma_p = 0$）过程。在这个意义上，无碰撞磁层等离子体物理学比经典气体或流体动力学更简单，在经典气体或流体动力学中，矩计算往往必须继续到高阶[①]。

3.2.3　磁流体动力学方程

上面我们已经为每个等离子体种类介绍了单独的宏观方程。在磁层中，几种等离子体同时存在；除了电子和质子，可能还有更重的离子，以及与带电粒子相互作用的中性粒子。有时也有必要将相同粒子的不同布居视为不同的种类。例如，在一个给定的空间体积中，可能有两个温度或宏观速度大不相同的电子群。根据所研究的现象的时间和空间尺度，适当的理论框架可能是弗拉索夫理论、多种类宏观理论、单流磁流体动力学，或这些理论的一些组合。组合的例子是混合方法，其中电子被视为位形空间中的流体，离子被视为（准）粒子或相空间中的弗拉索夫流体（Vlasov fluid）。

在 MHD 中，等离子体被认为是质心（center - of - mass，CM）框架中的单一流体。单一流体方程是由不同粒子种类的宏观方程相加而得到的。在碰撞为主的气体中，单流体描述是一种很有说服力的方法，在这种情况下，碰撞制约了单个粒子的运动，并使分布向麦克斯韦方向热化。单流体 MHD 在无碰撞的惰性空间等离子体中也有很好的效果，但需要对近似的有效性格外小心。

在对每个粒子种类的宏观方程进行了冗长的总结之后，再加上一些不总是很明显的近

---

① 在描述天体物理等离子体环境时，包括太阳及其大气层，热传输和辐射效应往往非常重要。

似（Koskinen，2011），我们可以写出 MHD 方程，并辅以法拉第和安培的电磁学定律，其形式如下

$$\frac{\partial \rho_m}{\partial t} + \nabla \cdot (\rho_m \boldsymbol{V}) = 0 \qquad (3-33)$$

$$\rho_m \left(\frac{\partial}{\partial t} + \boldsymbol{V} \cdot \nabla \right) \boldsymbol{V} + \nabla P - \boldsymbol{J} \times \boldsymbol{B} = 0 \qquad (3-34)$$

$$\boldsymbol{E} + \boldsymbol{V} \times \boldsymbol{B} = \boldsymbol{J}/\sigma \qquad (3-35)$$

$$P = P_0 \left(\frac{n}{n_0} \right)^{\gamma_P} \qquad (3-36)$$

$$\frac{\partial \boldsymbol{B}}{\partial t} = -\nabla \times \boldsymbol{E} \qquad (3-37)$$

$$\nabla \times \boldsymbol{B} = \mu_0 \boldsymbol{J} \qquad (3-38)$$

对所有粒子种类的电荷进行求和，得到电荷密度的连续性方程

$$\frac{\partial \rho_q}{\partial t} + \nabla \cdot \boldsymbol{J} = 0 \qquad (3-39)$$

这个方程实际上是多余的，因为在 MHD 近似中，安培-麦克斯韦定律中的位移电流被忽略了，我们只需要安培定律［式（3-38）］，得出 $\nabla \cdot \boldsymbol{J} = 0$。因为电荷密度是一个坐标依赖的量，与电场类似，这并不意味着 ρ_q 在一个给定的参考系（frame of reference）中必须为零。当需要时，它可以通过在适当参考系中计算的电场散度来获得。

动量方程（3—34）对应于流体力学的纳维-斯托克斯方程（Navier - Stokes equation）。在 MHD 的背景下，黏度（viscosity）被忽略了，而洛伦兹力是必不可少的。需要注意的是在 MHD 近似中，与磁场力 $\boldsymbol{J} \times \boldsymbol{B}$ 相比，电场力 $\rho_q \boldsymbol{E}$ 可以忽略不计。

在欧姆定律（3-35）中，我们保留了有限电导率（conductivity，σ），尽管我们主要是在理想 MHD 中操作，其中电阻率被假定为零，对应于 $\sigma \to \infty$，因而

$$\boldsymbol{E} + \boldsymbol{V} \times \boldsymbol{B} = 0 \qquad (3-40)$$

这是冻结磁场（frozen - in magnetic field）概念的基础，意味着当等离子体以速度 $\boldsymbol{V}$ 移动时，由磁场线连接的等离子体元素保持连接（第 1.4.1 节）。

在无碰撞的空间等离子体中，理想的欧姆定律的第一个细化往往是包括霍尔电场（Hall electric field）在内的

$$\boldsymbol{E} + \boldsymbol{V} \times \boldsymbol{B} - \frac{1}{ne}\boldsymbol{J} \times \boldsymbol{B} = 0 \qquad (3-41)$$

磁重联过程中，霍尔项在薄电流片的存在和电流片的破坏中特别重要。它将电子运动与离子运动解耦，之后磁场会在电子流 $\boldsymbol{E} = -\boldsymbol{V}_e \times \boldsymbol{B}$ 中被冻结。4.4.1 节中，会遇到另一个这种解耦的例子，并且我们将讨论低频 MHD 剪切阿尔文波模式向电磁离子回旋波和高频哨声模波的分裂。

3.3 从粒子通量到相空间密度

函数 $f(\boldsymbol{r}, \boldsymbol{p}, t)$ 可以被认为是等离子体理论家的分布函数，其一阶速度矩是粒子通

量。然而，分布函数不能被直接测量。相反，可观测到的是探测器的粒子通量。经验方法是通过观测确定通量，然后将通量与分布函数联系起来。

我们首先将微分单向通量（differential unidirectional flux）j 定义为：在单位时间 dt、单位立体角（solid angle）$d\Omega$ 和单位动能 dW 的情况下，来自给定入射方向（单位矢量 i）dN 数量的粒子击中单位面积 dA 的表面，并垂直于粒子入射方向。因此，我们写道

$$dN = j\,dA\,dt\,d\Omega\,dW \qquad (3-42)$$

在理想世界中，微分单向通量

$$j = j(\boldsymbol{r}, \boldsymbol{i}, W, t) \qquad (3-43)$$

包含了关于粒子在特定时间的空间（r）、角度（i）和能量（W）分布的全部信息。通量 j 是一个由理想的定向仪器测量的量。它通常以 $\mathrm{cm^{-2}\,s^{-1}\,ster^{-1}\,keV^{-1}}$ 为单位，在文献中也有使用国际单位制单位。根据观测到的粒子的能量范围，能量尺度可以用 keV、MeV 或 GeV 来分类。因此，在介绍数据时，必须注意为 10 的幂。

真正的粒子探测器不是平面的。它们可能由复杂的飞行时间测量装置、电和磁偏转器、堆叠的探测板等组成。此外，真正的探测器不对无限小的立体角或能量间隔进行采样。因此，从探测器计数率（detector counting rate）到通量的转换需要考虑仪器的灵敏度、分辨率和配置，当然还需要仔细校准。

一个真正的探测器有一个能量的低截止点（cut-off）。如果没有任何东西会限制较高能量到达探测器，那么通量就可以方便地表示为一个积分定向通量（integral directional flux），如[1]

$$j_{>E} = \int_E^\infty j\,dW \qquad (3-44)$$

其他重要的概念是全向微分通量（omnidirectional differential flux）J，定义为

$$J = \int_{4\pi} j\,d\Omega \qquad (3-45)$$

相应的全向积分通量（omnidirectional integral flux）

$$J_{>E} = \int_E^\infty J\,dW \qquad (3-46)$$

在辐射带中，粒子在地球的磁场中运动。假设粒子的分布函数在局部均匀的磁场 $\boldsymbol{B}$ 中是光滑的，磁场方向给出了参考框架的自然轴。入射方向 i 由粒子的俯仰角 α［式（2-6）］和围绕 $\boldsymbol{B}$ 的方位角 ϕ 给出。如果粒子在回旋相空间（gyrophase）中均匀分布，即分布是回旋状的（gyrotropic），入射角和 j 在方向上只取决于 α。考虑到俯仰角位于区间（α，$\alpha + d\alpha$）内的从所有方位角方向到达的粒子，立体角元（solid angel element）为 $d\Omega = 2\pi\sin\alpha\,d\alpha$。在单位时间内，每单位垂直面积和能量穿越给定点的粒子数，现在可以表示为

---

① 在这里，具有如此高能量的粒子的通量，以至于它们通过探测器而不留下痕迹，被假定为可以忽略不计，并且积分的上限可以被设定为无穷大。

$$\frac{\mathrm{d}N}{\mathrm{d}A\,\mathrm{d}W\,\mathrm{d}t} = 2\pi j \sin\alpha\,\mathrm{d}\alpha = -2\pi j\,\mathrm{d}(\cos\alpha) \tag{3-47}$$

如果进入的粒子数量只取决于立体接受角的大小，并且与入射方向无关，即 j 相对于 α 来说是常数，则该通量被称为各向同性。

$$\frac{\mathrm{d}N}{\mathrm{d}(\cos\alpha)} = \mathrm{const} \tag{3-48}$$

因此，在一个各向同性的分布中，有同等数量的粒子从相等俯仰角余弦[①]区间到达检测器

$$j = j(\boldsymbol{r}, \mathrm{d}(\cos\alpha), W, t) \tag{3-49}$$

全向通量为

$$J = 4\pi \int_0^1 j\,\mathrm{d}(\cos\alpha) = 4\pi j \tag{3-50}$$

在没有源和损失的情况下，统计物理学的刘维尔定理指出，相空间密度（phase space density）$f_p(\boldsymbol{r}, \boldsymbol{p}, t)$ 沿着相空间的任何动态轨迹是恒定的

$$f_p = \frac{\mathrm{d}N}{\mathrm{d}x\,\mathrm{d}y\,\mathrm{d}z\,\mathrm{d}p_x\,\mathrm{d}p_y\,\mathrm{d}p_z} = \mathrm{const} \tag{3-51}$$

让 z 轴沿着速度矢量。那么 $\mathrm{d}x\,\mathrm{d}y = \mathrm{d}A$，$\mathrm{d}z = v\mathrm{d}t$，而 $\mathrm{d}p_x\,\mathrm{d}p_y\,\mathrm{d}p_z = p^2\,\mathrm{d}p\sin\alpha\,\mathrm{d}\alpha\,\mathrm{d}\phi = p^2\,\mathrm{d}p\,\mathrm{d}\Omega$。此外，$v\mathrm{d}p = \mathrm{d}W$，利用式（3-47），微分单向通量和相空间密度的关系为

$$f_p = \frac{\mathrm{d}N}{p^2\,\mathrm{d}A\,\mathrm{d}t\,\mathrm{d}\Omega\,\mathrm{d}W} = \frac{j}{p^2} \tag{3-52}$$

对于非相对论的粒子 $f_p \approx j/2mW$。我们保留前几节的速度空间分布函数，写成 $f = m^3 f_p$，其中 m 是粒子的质量。因此，在速度空间，我们可以写出

$$j = \frac{v^2}{m}f(v) \tag{3-53}$$

3.4　重要的分布函数

虽然许多基本的等离子体理论是在冷等离子体的极限下提出的，或者在如下式形式的各向同性的麦克斯韦分布函数（图3-1）的 MHD 近似下提出

$$f(\boldsymbol{v}) = n\left(\frac{m}{2\pi k_B T}\right)^{3/2} \exp\left(-\frac{mv^2}{2k_B T}\right) \tag{3-54}$$

但是实际的观测结果很少能以这种方式呈现。

在任何地方都有具有不同过去历史的粒子，携带着它们的起源、它们所经历的加速过程等信息。在磁化等离子体中，磁场引入了各向异性，因为粒子的运动沿着磁场和垂直于磁场的方向是不同的。在辐射带中，粒子从磁瓶中泄漏出来，导致分布函数的损失锥特征。

---

① 在文献中经常使用 $\mu = \cos\alpha$ 的符号。由于我们为磁矩保留了 μ，我们在这里更愿意写成 $\mathrm{d}(\cos\alpha)$。

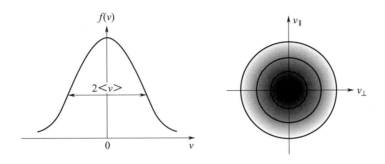

图 3-1　各向同性的麦克斯韦速度分布函数（右图是二维速度空间中常数 f 的等值线）

3.4.1　漂移和各向异性的麦克斯韦分布

在整个等离子体群在观测者框架内以速度 $\boldsymbol{V}_0$ 运动的情况下，三维麦克斯韦分布函数的形式是

$$f(\boldsymbol{v}) = n\left(\frac{m}{2\pi k_B T}\right)^{3/2} \exp\left(-\frac{m(\boldsymbol{v} - \boldsymbol{V}_0)^2}{2 k_B T}\right) \tag{3-55}$$

这种运动的一个典型例子是 $\boldsymbol{E} \times \boldsymbol{B}$ 漂移，其分布被称为漂移麦克斯韦分布（drifting Maxwellian distribution）。

由磁场引入的各向异性可以通过考虑一个理想的非漏磁瓶来说明，假设在瓶子的中心，分布是麦克斯韦分布。如果瓶子在磁场的方向上收缩，镜像点就会慢慢靠近对方。为了保持第二绝热不变量［式（2-56）］，镜像点之间的场线长度减小意味着平行速度必须增加（即俯仰角必须减小），这与费米机制相对应（第 2.4.4 节）。该分布在平行于磁场的情况下被拉长为雪茄形（cigar-shaped）分布。在相反的情况下，磁瓶被拉长，镜面点相互远离，分布垂直于磁场方向被拉长，形成一个煎饼分布（pancake distribution）。

在这两种情况下，在平行和垂直于磁场的情况下都保持为麦克斯韦分布，但温度 $T_\parallel$ 和 $T_\perp$ 不同。由于平行空间是一维的，垂直空间是二维的，总的双麦克斯韦（bi-Maxwellian）分布函数为

$$f(v_\perp, v_\parallel) = \frac{n}{T_\perp T_\parallel^{1/2}}\left(\frac{m}{2\pi k_B}\right)^{3/2} \exp\left(-\frac{mv_\perp^2}{2 k_B T_\perp} - \frac{mv_\parallel^2}{2 k_B T_\parallel}\right) \tag{3-56}$$

这里的分布被假定为回旋状（gyrotropic），即它在所有垂直方向上看起来都一样。在不均匀的等离子体中，情况并不一定必须如此。

如果各向异性的麦克斯韦等离子体在磁场中移动，例如，由于 $\boldsymbol{E} \times \boldsymbol{B}$ 漂移，其分布由以下公式给出

$$f(v_\perp, v_\parallel) = \frac{n}{T_\perp T_\parallel^{1/2}}\left(\frac{m}{2\pi k_B}\right)^{3/2} \exp\left(-\frac{m(\boldsymbol{v}_\perp - \boldsymbol{v}_{0\perp})^2}{2 k_B T_\perp} - \frac{mv_\parallel^2}{2 k_B T_\parallel}\right) \tag{3-57}$$

粒子布居也可能沿着磁场被加速，形成等离子体束（plasma beam）

$$f(v_\perp, v_\parallel) = \frac{n}{T_\perp T_\parallel^{1/2}} \left(\frac{m}{2\pi k_B}\right)^{3/2} \exp\left(-\frac{mv_\perp^2}{2\, k_B T_\perp} - \frac{m(v_\parallel - v_{0\parallel})^2}{2\, k_B T_\parallel}\right) \tag{3-58}$$

分布（3-57）被称为漂移煎饼分布（drifting pancake distribution）（图3-2）。在辐射带中，电子和质子的漂移煎饼分布是特别令人感兴趣的。从尾部注入的等离子体向增加的磁场漂移并保持了前两个不变量。因此，根据式（2-69），粒子的垂直能量（$W_\perp$）在消耗 $W_\parallel$ 的情况下增加。尽管同时镜面点的距离变短，从而增加了 $W_\parallel$，但因为 $W_\perp$ 的尺度是 B^3，而场线长度的尺度是 B，净结果是煎饼分布温度的各向异性（$T_\perp > T_\parallel$）。各向异性质子分布驱动了电磁离子回旋波，各向异性电子分布驱动了哨声模合声波（第5章），这两者在辐射带粒子的加速和损失中具有核心作用（第6章）。

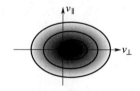

图3-2　垂直于磁场漂移的热各向异性煎饼分布

热离子的 $\boldsymbol{E} \times \boldsymbol{B}$ 漂移和从磁尾注入的超热离子的能量依赖性漂移的差异，可以导致在（$v_\parallel$，$v_\perp$）空间形成环向分布函数，称为离子环分布（ion ring distributions）。此外，漂移的离子和外大气层中子之间的电荷交换碰撞可以通过耗尽分布的小速度核来促进环向分布的发展。这些分布导致的不稳定性能够驱动例如赤道附近的内磁层中的磁声波（第5.3.2节）。

3.4.2　损失锥和蝴蝶分布

在现实世界中，由于磁瓶末端的有限磁场，所有的磁瓶都是有漏洞的。在没有机制可以补充损失的粒子的情况下，分布就变成了损失锥分布（loss cone distribution），其中速度空间的损失锥围绕背景磁场的方向（图3-3）。在辐射带内，偶极场赤道上的损失锥的半宽从2°到16°不等［式（2-74）］，在实验中解决这个问题需要非常高的角度分辨率和探测器在磁场方向的精确排列。离赤道面越远，损失锥越宽，越容易探测到（图2-6）。损失锥的边缘是特别重要的，因为各种等离子体波可以将粒子散射到损失锥中。这是辐射带中一个关键的粒子损失机制（第6章）。

由漂移壳分裂引起的磁层顶阴影（第2.6.2节）又会导致90°俯仰角附近的粒子损失。平行和垂直损失锥的结合导致了速度空间分布类似于蝴蝶的翅膀，因此被称为蝴蝶分布（butterfly distribution）。不过要注意的是，虽然磁层顶阴影发生在辐射带的外围，但在 $L = 6$ 内部也观测到了蝴蝶分布（图3-4），除了在极端的昼侧压缩期间，垂直方向周围较小的通量不能用磁层顶损耗来解释。如果蝴蝶分布的形成不是由于磁层顶阴影造成的，那么它可能是由于波与粒子的相互作用优先加速中等大小俯仰角的粒子。范艾伦探测器（Van Allen Probes）的高分辨率数据使我们有可能对此进行详细研究（Xiao 等，2015）。

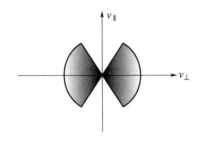

图 3 - 3　损失锥分布

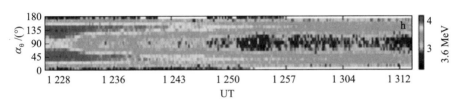

图 3 - 4　2013 年 6 月 29 日范艾伦探测器 A 的 REPT 仪器观测到的相对论（3.6 MeV）电子的蝶形分布的时间序列。在所示期间，航天器向外移动，接近 $L = 4.8$。通量最大值在俯仰角范围 $30° \sim 60°$ 和 $120° \sim 150°$

［摘自 Xiao 等（2015），知识共享署名 4.0 国际许可］

3.4.3　卡帕分布

空间等离子体中一个重要的非麦克斯韦分布是卡帕分布（kappa distribution）。观测到的粒子频谱在低能量时往往接近麦克斯韦分布，但有通量下降得更慢的高能量的尾部。尾部通常用幂次规律来描述，与麦克斯韦分布的指数衰减相反。卡帕分布的形式为

$$f_\kappa(W) = n \left(\frac{m}{2\pi\kappa W_0} \right)^{3/2} \frac{\Gamma(\kappa + 1)}{\Gamma(\kappa - 1/2)} \left(1 + \frac{W}{\kappa W_0} \right)^{-(\kappa+1)} \qquad (3 - 59)$$

式中　W_0——粒子通量峰值的能量；

　　　Γ——数学中的伽马函数。

当 $\kappa \gg 1$ 时，卡帕分布接近麦克斯韦分布。当 κ 较小但又大于 1 时，该分布存在一个高能的尾部。κ 越小，即幂指数的负值越小，可以说它的粒子谱就越硬（harder）。

图 3 - 5 说明了分布为粒子能量的函数而非速度的函数。对于麦克斯韦速度分布

$$f(v) = n \left(\frac{m}{2\pi k_B T} \right)^{3/2} \exp\left(-\frac{W}{k_B T} \right) \qquad (3 - 60)$$

对能量分布 $g(W)$ 的转换由以下公式给出

$$g(W) = 4\pi \left(\frac{2W}{m^3} \right)^{1/2} f(v) \qquad (3 - 61)$$

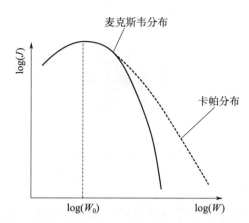

图 3 - 5　麦克斯韦和卡帕分布与能量的关系（J 是第 3.5 节中描述的全向微分粒子通量）

3.5　作用积分和相空间密度

在辐射带研究中，通常将相空间密度表示为第 2 章中讨论的作用积分的一个函数

$$J_i = \frac{1}{2\pi} \oint (\boldsymbol{p}_i + q\boldsymbol{A}) \cdot \mathrm{d}\boldsymbol{s}_i$$

与相位角 ϕ_i 相关。对于与磁矩、弹跳运动和粒子漂移路径所包围的磁通量有关的一组积分 $\{\mu，J，\Phi\}$，相角是回旋相、弹跳相和漂移相。

如果所有的作用积分 μ、J 和 Φ 都是绝热不变量，那么相空间密度可以在相角上求平均值，六维相空间就简化为坐标为 $\{\mu，J，\Phi\}$ 的三维空间。让我们把相角平均的相空间密度暂且表示为

$$\overline{f} = \overline{f}(\mu，J，\Phi；t) \tag{3-62}$$

一般来说，函数 $\overline{f}$ 不满足刘维尔定理，也就是说，它在粒子轨迹上不是恒定的，因为它代表的是到观测点时遵循不同动力学轨迹的粒子的相位平均值。

虽然三元组 $\{\mu，J，\Phi\}$ 在内磁层近两极的磁场中似乎是最自然的坐标集，但它并不总是最实用的。正如第 2.4.2 节中所讨论的，μ 和 J 都取决于粒子动量。习惯上，用纯粹的场-几何量 K 来代替 J［式（2 - 57）］。

$$K = \frac{J}{\sqrt{8m\mu}} = \int_{s_m}^{s'_m} \left[B_m - B(s) \right]^{1/2} \mathrm{d}s$$

此外，在辐射带研究中，Φ 常常被 L 或 L^* 取代（式（2 - 85））。然而，请注意，L^* 取决于偶极矩，因此，由于地磁场的缓慢、长期性变化，L^* 会在很长的时间段内演化。这可以从长寿命卫星的辐射带数据中看到，例如 SAMPEX 返回了 1992—2012 年几乎两个完整太阳周期的数据。由于这个原因，坐标 $\{\mu，K，\Phi\}$ 对于辐射带模型可能是值得推荐的（Schulz，1996）。在对个别事件的研究中，三元组 $\{\mu，K，L^*\}$ 是完全合适的。

相空间密度（PSD）$f(\mu，K，L^*)$ 是研究粒子加速和传输过程、评估磁场模型以及

交叉校准仪器的一个强大且广泛使用的工具。然而，从粒子观测中准确地确定它，远非易事［详见 Green 和 Kivelson（2004）；Morley 等（2013）］。不完全的观测通量、观测的时空限制和磁场模型的不准确都会导致误差线，并要求在解释计算得到的 PSD 时谨慎。在不变坐标中，只有 μ 可以很容易地从原位数据（in situ data）中确定，而 K 和 L^* 的计算则需要使用一个磁场模型。

从观测到的通量作为动能、俯仰角、位置和时间的函数 $j(W, \alpha, \boldsymbol{r}, t)$，相空间密度 $f(\mu, K, L^*, t)$ 可以通过以下程序确定：

1）观测到的通量应首先转换为 PSD，作为 $\{W, \alpha, \boldsymbol{r}, t\}$ 的函数，如式（3-52）的推导中所讨论的那样

$$f(W, \alpha, \boldsymbol{r}, t) = \frac{j(W, \alpha, \boldsymbol{r}, t)}{p^2} \qquad (3-63)$$

其中 p 是相对论动量（A.16）。

$$p^2 = (W^2 + 2mc^2 W)/c^2$$

2）下一步是确定 $K(\alpha, \boldsymbol{r}, t)$。使用一个磁场模型，俯仰角可以给定为 $\alpha(K, \boldsymbol{r}, t)$。在这里，应用模型的准确性变得至关重要。这一步之后，PSD 可以转化为 $f(W, K, \boldsymbol{r}, t)$。

3）相对论磁矩可以写成俯仰角 $\alpha(K)$ 的函数为

$$\mu = \frac{p^2 \sin^2 \alpha(K)}{2mB} \qquad (3-64)$$

从中可以得出动能是 μ 和 K 的函数，使用（A.16）。现在 PSD 表示为 $f(\mu, K, \boldsymbol{r}, t)$。

4）最后一步是用 L^* 代替 $\boldsymbol{r}$。磁矩和 K 已经包含了粒子的回旋和弹跳相位平均位置的信息。因此，唯一缺少的信息是漂移壳。再次需要一个磁场模型来计算粒子围绕地球的漂移路径和封闭的磁通量 Φ，从中得到 $L^* = 2\pi k_0/(\Phi R_E)$。

在这个过程中，观测的误差和模型磁场与实际磁场的偏差会从一个步骤传播到另一个步骤，这使得相空间密度的误差线难以估计。匹配从具有足够能量、俯仰角分辨率和覆盖面的相互校准仪器的测量中计算出的相空间密度，可以估计出所使用的磁场造成的误差。Reeves 等（2013）利用两个范艾伦探测器在 2012 年 10 月 8 至 9 日的几次 L 壳层会合期间的观测得出结论（在他们文章的补充材料中），大多数 PSD 值都在 1.4 倍以内，所有数值的匹配都优于 2 倍。此外，Morley 等（2013）发现，在他们测试的几个模型中，TS04 模型（Tsyganenko 和 Sitnov，2005）在相空间匹配过程中最能捕捉到内磁层位形。

第 4 章　内磁层中的等离子体波

了解从磁流体动力学（MHD）波在毫赫兹范围内的超低频（ULF）振荡，延伸到频率为几千赫兹的甚低频（VLF）哨声模波激发范围内的等离子体波的作用，对于研究辐射带粒子的来源和损失是必要的。为了使不熟悉波粒相互作用的读者能够理解本书的这部分理论内容，我们将该内容分为 3 章。在本章中，我们介绍了对辐射带动力学至关重要的一些波模式。第 5 章讨论了这些波的驱动因素，第 6 章讨论了这些波模式作为辐射带粒子的来源和损失的作用。

基本的等离子体波概念，如色散方程、波矢量、折射率、相位和群速度等，在附录 A.2 和 A.3 中进行了总结。

4.1　辐射带的波环境

我们从超低频波开始。它们可以在太空中直接观测，也可以在地面上作为地磁脉动（geomagnetic pulsations）进行观测。若当地空间观测无法进行时，或者由于波的低频使得快速移动的卫星上的仪器难以识别时，地基观测就特别有用。地面磁强计也可以通过磁强计站在经纬度上的广泛覆盖，从而更全面地捕捉超低频波。另一方面，并非所有的超低频波都能到达地面，那些到达地面的超低频波可能会在电离层中失真。

在地磁脉动的研究中，超低频波传统上被分为不规则（Pi）和连续（Pc）脉动，并根据观测到的周期进一步分类。表 4-1 总结了磁层物理学中最常遇到的脉动周期。

在辐射带方面，最重要的超低频波的频率在 Pc1、Pc4 和 Pc5 脉动范围内。Pc4 和 Pc5 波是全球尺度的磁流体动力波（第 4.4 节）。它们在辐射带电子的径向扩散和传输中的作用特别重要（第 6 章）。Pc1 范围包括电磁离子回旋（electromagnetic ion cyclotron，EMIC）波，也被称为阿尔文离子回旋波（Alfvén ion cyclotron waves），其频率低于当地离子回旋频率，但高于 Pc4 和 Pc5 波的频率。EMIC 波的色散方程可以通过求解冷等离子体色散方程（第 4.3 节）找到，尽管确定其增长和衰减速率需要基于弗拉索夫理论进行计算。EMIC 波在环向电流和超相对论辐射带电子的损失中起着重要作用。

图 4-1 显示了最常见的赤道域的波，它们与带电粒子的相互作用可以导致辐射带电子的加速、传输和损失。EMIC 波主要是在接近等离子体层顶的午后扇区和之后观测到的。按照频率增加的顺序，下一个波模式是赤道磁声噪声（equatorial magnetosonic noise），可以观测到其频率范围为从几赫兹到几百赫兹。磁声噪声在昼侧等离子体层顶内外都能发现。如图 4-1 所示，等离子体层嘶声（plasmaspheric hiss）在整个等离子体中都可以找到且昼侧的发生率最高。嘶声激发的频率延伸到几千赫兹。然而，它们与辐射带

电子的相互作用在频率低于 100 Hz 时最为有效。图 4 – 1 中最高频率的波是约 0.5～10 kHz 的甚低频哨声模合声波激发（whistler – mode chorus）。它们最常在等离子体层外的黎明扇区到昼侧区域被观测到。

表 4 – 1　Pc1～Pc5 以及 Pi1 和 Pi2 脉动的周期和频率（Jacobs 等，1964）

	Pc1	Pc2	Pc3	Pc4	Pc5	Pi1	Pi2
周期/s	0.2～5	5～10	10～45	45～150	150～600	1～40	40～50
频率/Hz	5～0.2	0.2～0.1	0.1～0.02	0.02～0.007	0.007～0.001 7	1～0.025	0.025～0.007

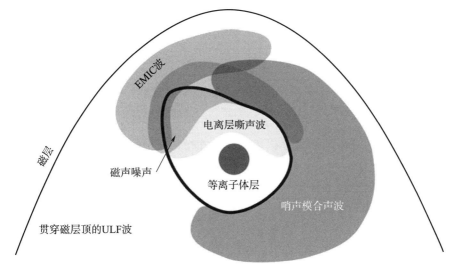

图 4-1　对辐射带电子最重要的波模式的赤道发生示意图。需要注意的是不同模式的出现取决于磁层活动和驱动波的自由能量的可用性，例如，合声波和 EMIC 波可以在所有地方时观测到，尽管比这里显示的区域要少。更详细的经验图见第 5 章

4.2　弗拉索夫描述中的波

辐射带物理学中最重要的波模式的基本特征可以从简化的等离子体描述中找到，如冷等离子体理论（EMIC、哨声模合声、等离子体层嘶声）或磁流体动力学（超低频波）。然而，这些理论并不足以描述波是如何被驱动的，也不足以描述波是如何加速、散射和运输等离子体粒子的。为了理解辐射带中高能粒子的来源和损失机制，需要进行更详细的处理。出于这个原因，我们从弗拉索夫理论的要素开始讨论等离子体波，然后转向冷等离子体和 MHD 描述。

4.2.1　弗拉索夫方程的朗道解

粒子种类为 α 的弗拉索夫方程（3 – 14）

$$\frac{\partial f_\alpha}{\partial t} + \boldsymbol{v} \cdot \frac{\partial f_\alpha}{\partial \boldsymbol{r}} + \frac{q_\alpha}{m_\alpha}(\boldsymbol{E} + \boldsymbol{v} \times \boldsymbol{B}) \cdot \frac{\partial f_\alpha}{\partial \boldsymbol{v}} = 0$$

是不容易解决的。它必须在电磁场满足麦克斯韦方程的约束下进行，其源项（ρ，$\boldsymbol{J}$）由分布函数决定，而分布函数又是根据弗拉索夫方程演化的。在寻找解析解时，背景等离子体和磁场实际上必须被假定是均匀的。在空间物理学中，这是一个在各种边界层的问题，在那里波长变得与边界的厚度相当。此外，弗拉索夫方程中的与电磁力有关的项是非线性的，弗拉索夫方程只有在可线性化的情况下，才能对小扰动进行解析地解出。在辐射带中，这有时是一个严格的限制，因为已知波幅会增长到非线性机制的程度，这将在随后的章节中讨论。

我们首先把 α 种类的等离子体和电磁场的分布函数写成平衡解（下标 0）和小扰动（下标 1）之和

$$f_\alpha = f_{\alpha 0} + f_{\alpha 1}$$
$$\boldsymbol{E} = \boldsymbol{E}_0 + \boldsymbol{E}_1$$
$$\boldsymbol{B} = \boldsymbol{B}_0 + \boldsymbol{B}_1$$

并通过只考虑扰动中的一阶项来线性化弗拉索夫方程。这个问题仍然是困难的。例如，直到 20 世纪 50 年代末，Bernstein（1958）才提出了均匀背景磁场中均匀等离子体的一般线性化解。纳入空间不均匀性会迅速导致问题需要数值方法才能解决。

Landau（1946）发现了在没有背景场的情况下弗拉索夫方程的解。第一眼看上去，这在辐射带的背景下似乎无关紧要，因为粒子动力学受磁层磁场的控制。然而，朗道给出的解所描述的波粒相互作用在磁化等离子体中也很重要，并为能量从等离子体波向带电粒子的转移奠定了基础，反之亦然。

让我们在静电近似（electrostatic approximation）中考虑没有环境电磁场（$\boldsymbol{E}_0 = \boldsymbol{B}_0 = 0$）的均质等离子体，其中电场扰动被赋予标量势 $\boldsymbol{E}_1 = -\nabla \varphi_1$ 的梯度，磁场扰动 $\boldsymbol{B}_1 = 0$。现在线性化的弗拉索夫方程为

$$\frac{\partial f_{\alpha 1}}{\partial t} + \boldsymbol{v} \cdot \frac{\partial f_{\alpha 1}}{\partial \boldsymbol{r}} - \frac{q_\alpha}{m_\alpha} \frac{\partial \varphi_1}{\partial \boldsymbol{r}} \cdot \frac{\partial f_{\alpha 0}}{\partial \boldsymbol{v}} = 0 \qquad (4-1)$$

其中

$$\nabla^2 \varphi_1 = -\frac{1}{\varepsilon_0} \sum_\alpha n_\alpha q_\alpha \int f_{\alpha 1} \mathrm{d}^3 v \qquad (4-2)$$

这里将分布函数归一化是很方便的。由于我们假设等离子体是均匀的，恒定背景密度 n_α 在式（4-2）中被移到了积分之外。

弗拉索夫在 20 世纪 30 年代末试图用空间和时间的傅里叶变换来解决这些方程。他最后得出的积分是

$$\int_{-\infty}^{\infty} \frac{\partial f_{\alpha 0}/\partial v}{\omega - kv} \mathrm{d}v$$

它在积分路径上有一个奇点。弗拉索夫没有找到处理这个奇点的方法。

朗道意识到，由于扰动必须从某个时间点开始，所以应该把问题当作一个初值问题来

处理，而且要在时域中应用拉普拉斯变换，而非傅里叶变换。在这种方法中，初始扰动变成了随时间消逝的瞬态，得到的渐进解给出了等离子体的内在属性，即频率和波数之间的色散方程。拉普拉斯变换使频率成为一个复数 $\omega = \omega_r + i\omega_i$，当插入平面波表达式 $\exp(i(\boldsymbol{k} \cdot \boldsymbol{r} - \omega t))$ 时，导致一个与 $\exp(\omega_i t)$ 成正比的项，它是一个随时间变化指数地增长（$\omega_i > 0$）或者衰减（$\omega_i < 0$）的函数。

在对扰动 f_{a1} 和 φ_1 进行空间傅里叶变换和时间拉普拉斯变换后，渐进解导出了色散方程（dispersion equation）

$$K(\omega, \boldsymbol{k}) = 0 \tag{4-3}$$

其中

$$K(\omega, \boldsymbol{k}) = 1 + \frac{1}{\varepsilon_0} \sum_a \frac{n_a q_a^2}{m_a} \frac{1}{k^2} \int \frac{\boldsymbol{k} \cdot \partial f_{a0}/\partial \boldsymbol{v}}{\omega - \boldsymbol{k} \cdot \boldsymbol{v}} \mathrm{d}^3 v \tag{4-4}$$

K 被称为介电函数（dielectric function），因为它描述了等离子体的介电行为，也就是说，它正式将电场与电位移 $\boldsymbol{D} = K\varepsilon_0 \boldsymbol{E}$ 联系起来。现在的频率是 $\omega = ip$，其中 p 是拉普拉斯变换的时域中的坐标 $\exp(-pt)$。

因为 $K(\omega, \boldsymbol{k})$ 包含了频率和波矢量之间的关系的信息，我们通常不需要进行逆变换回到 $(t, \boldsymbol{r})$ 空间。然而，重要的是要知道如何进行反拉普拉斯变换，以便正确处理式（4-4）中的极点。这是一个非平凡的复积分练习。这个过程可以在高等等离子体物理教科书中找到（例如，Koskinen，2011）。这里我们跳过技术细节。

非磁化均质等离子体基本上是一维的。我们可以通过在 $\boldsymbol{k}$ 的方向选择一个坐标轴来简化符号，并将一维分布函数写为

$$F_{a0}(u) \equiv \int f_{a0}(\boldsymbol{v}) \delta\left(u - \frac{\boldsymbol{k} \cdot \boldsymbol{v}}{|\boldsymbol{k}|}\right) \mathrm{d}^3 v \tag{4-5}$$

其中 $\delta(x)$ 是狄拉克函数。

对拉普拉斯逆变换仔细分析后表明，式（4-4）中的积分必须沿着一条在复平面上半部封闭的、经过极点以下的等值线计算。这个积分路径被称为朗道等值线（LandauContour），用 $\int_L$ 表示，而色散方程为

$$K(\omega, k) \equiv 1 - \sum_a \frac{\omega_{pa}^2}{k^2} \int_L \frac{\partial F_{a0}(u)/\partial u}{u - \omega/|k|} \mathrm{d}u = 0 \tag{4-6}$$

积分中的极点导致了式（4-6）的复数解

$$\omega(k) = \omega_r(k) + i\omega_i(k) \tag{4-7}$$

如果 $\omega_i < 0$，静电势 φ_1 被衰减，分布函数是稳定的（stable）。如果 $\omega_i > 0$，φ_1 增长，对应于不稳定（instability）。

回顾一下，这个分析是在假设小扰动的情况下进行的，结果在渐近极限处有效。因此，当 $|\omega_i| \ll |\omega_r|$ 时，解是有效的。这样的解被称为正常模式（normal modes）。较大的 $|\omega_i|$ 会导致超阻尼波或扰动增长为非线性机制。

4.2.2 朗缪尔波的朗道阻尼

朗道积分仅对某些特定的分布函数可以进行分析。麦克斯韦分布已经导致了技术上的复杂化。

再次假设 $\boldsymbol{E}_0 = \boldsymbol{B}_0 = 0$，并考虑一维的麦克斯韦分布

$$F_{a0}(u) = \sqrt{\frac{m_a}{2\pi k_B T_a}} \exp(-u^2/v_{th,a}^2) \tag{4-8}$$

其中，热速度 $v_{th,a}$ 被定义为

$$v_{th,a} = \sqrt{\frac{2k_B T_a}{m_a}} \tag{4-9}$$

朗道等值线的一个困难，尽管是可控的，是计算积分路径的闭合性，即当 $u \to \infty$ 时，在复平面内有

$$\int \frac{\partial F_{a0}/\partial u}{u - \omega/|k|} du \propto \int \frac{u F_{a0}}{u - \omega/|k|} du$$

该结果通常用如下等离子体色散函数（plasma dispersion function）及其导数

$$Z(\zeta) = \frac{1}{\sqrt{\pi}} \int_{-\infty}^{\infty} \frac{\exp(-x^2)}{x - \zeta} dx \, ; \, \text{Im}(\zeta) > 0 \tag{4-10}$$

$Z(\zeta)$ 与数学的误差函数有关，并且在实际中必须用数值计算。

只考虑电子振荡，类似于冷等离子体振荡的情况（第 3.1.2 节），但现在假设是有限温度，色散方程变成了

$$1 - \frac{\omega_{pe}^2}{k^2 v_{th,e}^2} Z'\left(\frac{\omega}{k v_{th,e}}\right) = 0 \tag{4-11}$$

其中 Z' 表示等离子体色散函数对其参数的导数。

对于正常模式（$|\omega_i| \ll \omega_r$），色散方程可以在 $\omega = \omega_r$ 处展开为

$$1 - \sum_a \frac{\omega_{pa}^2}{k^2}\left(1 + i\omega_i \frac{\partial}{\partial \omega_i}\right)\left[P\int \frac{\partial F_{a0}/\partial u}{u - \omega_r/|k|} du + \pi i\left(\frac{\partial F_{a0}}{\partial u}\right)_{u=\omega_r/|k|}\right] = 0 \tag{4-12}$$

这里 P 表示柯西主值。括号中的第二项来自于极点处的残差。因为在这种情况下，极点在实轴上，残差被乘以 πi 而不是 $2\pi i$。利用这个表达式，我们可以找到长波长和短波长的色散方程的解。它们分别对应于大参数和小参数的色散函数 Z 的级数展开。在中间波长上，Z 的数值计算是无法避免的。

最基本的正常模式是基本等离子体振荡（第 3.1.2 节）的传播变体，被称为朗缪尔波（Langmuir wave）。它可以作为式（4-12）的长波长（$\omega/k \gg v_{th}$）的解而被发现。在这个极限

$$-P\int \frac{\partial F_{a0}/\partial u}{u - \omega_r/|k|} du = \int \frac{\partial F_{a0}}{\partial u}\left(\frac{1}{\omega/|k|} + \frac{u}{(\omega/|k|)^2} + \frac{u^2}{(\omega/|k|)^3} + \cdots\right) du$$

$$\tag{4-13}$$

通过使用这种展开，只考虑电子动力学，并插入麦克斯韦电子分布函数，我们可以找

到朗缪尔波的色散方程。频率的实部是

$$\omega_r \approx \omega_{pe}(1 + 3\,k^2\lambda_{De}^2)^{1/2} \approx \omega_{pe}\left(1 + \frac{3}{2}k^2\lambda_{De}^2\right) \tag{4-14}$$

虚数部分

$$\omega_i \approx -\sqrt{\frac{\pi}{8}}\,\frac{\omega_{pe}}{|k^3\lambda_{De}^3|}\exp\left(-\frac{1}{2\,k^2\lambda_{De}^2} - \frac{3}{2}\right) \tag{4-15}$$

麦克斯韦分布的有限温度使冷等离子体驻留振荡得以传播。此外，频率的负虚部表明该波被抑制了。这种现象被称为朗道阻尼（或朗道衰减，Landau damping）。

朗道阻尼并不限于静电波。正如将在第 6 章中讨论的那样，它在电磁波引起俯仰角接近 90°的电子共振散射的情况下也很重要。

4.2.3 朗道阻尼的物理解释

朗道的解曾一度受到质疑，直到它在 20 世纪 60 年代的实验室实验中得到了验证（Wharton 和 Malmberg，1964）。问题是弗拉索夫方程使熵守恒，而朗道解似乎并不使熵守恒。朗缪尔波的电场与电子相互作用，使那些速度略低于波的相位速度的电子加速，而使那些移动速度稍快的电子减速。在麦克斯韦分布中，$\partial f/\partial v < 0$，意味着相位速度附近的慢速电子多于快速电子（图 4-2）。形象地说，波迫使相位速度附近的粒子沿着分布函数的斜率"滑行"，直到粒子布居足够热，进而将振荡抑制在可观测的水平以下。因此，有一个从波到粒子的净能量转移。

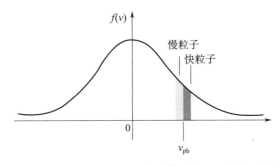

图 4-2 在麦克斯韦等离子体中，$\partial f/\partial v < 0$，在相位速度 v_{ph} 附近，被朗缪尔波加速的粒子比那些失去能量的粒子多。因此，波被抑制，电子布居被加热

尽管朗道阻尼看起来是一个耗散过程，但在弗拉索夫理论中，熵是守恒的，而且由分布函数和静电势组成的组合系统中必须没有信息丢失。通过仔细考虑分布函数在衰减过程中的情况，可以解决这个明显的矛盾（Krall 和 Trivelpiece，1973）。在时间渐进极限处，在傅里叶空间的分布函数上出现了一个额外的项

$$f_{ak} = \hat{f}_{ab}\exp(-i\mathbf{k}\cdot\mathbf{v}t) + \sum_{\omega_k}\hat{f}_{ak}\exp(-i\omega_k t) \tag{4-16}$$

其中 ω_k 是色散方程的解，$\hat{f}_{ab}$ 和 $\hat{f}_{ak}$ 是与时间无关的幅值。ω_k 的总和中的项与扰动势 $\varphi_k(t)$ 的衰减速率相同。在式（4-16）的右侧的第一个项中，下标 b 代表弹道（ballistic）。弹道

项是刘维尔定理的结果，根据该定理，弗拉索夫方程使熵守恒。由于系统是确定性的，每个粒子在相空间中移动时都会"记住"其初始扰动。

当 t 增加时，弹道项在速度空间中变得越来越振荡，它对 $\varphi_k(t)$ 的贡献在极限 $t \to \infty$ 时表现为

$$k^2 \varphi_k = \frac{1}{\varepsilon_0} \sum_a q_a n_a \int \hat{f}_{ab} \exp(-\mathrm{i} \boldsymbol{k} \cdot \boldsymbol{v} t) \mathrm{d}^3 v \to 0 \qquad (4-17)$$

也就是说，在时间渐进极限处的每个粒子种类的弹道项都包含初始扰动的信息，但它们对可观测的电场没有贡献。

弹道项的存在导致了一种可观测的非线性现象，即朗道回波（Landau echo）。假设初始扰动发生在时间 t_1，其频谱在波数 k_1 附近很窄。等到扰动被抑制到可观测的极限以下，只剩下叠加在平衡分布上的弹道项。然后在时间 t_2 时在 k_2 附近激发另一个窄带波（narrow-band wave），直到它也被抑制。在时间 $t = t_3$，其被定义为

$$k_1(t_3 - t_1) - k_2(t_3 - t_2) = 0 \qquad (4-18)$$

弹道项的振荡发生了正向的干涉。前两个扰动的弹道项的这种跳动产生了一个新的可观测的波动，这就是朗道回波。同时，这个回波是瞬时的，因为条件（4-18）只在短时间内满足，而且朗道阻尼也作用于这个波动。该效应已在实验室得到验证，并表明朗道阻尼在比碰撞时间更短的时间尺度上不违反熵的守恒。

由于稀薄空间等离子体碰撞的时间尺度与有趣的等离子体现象的相关时间尺度相比往往非常长，朗道回波的存在表明即使在小振幅扰动的情况下，也可以在微观层面存在波模式的非线性混合（nonlinear mixing）。这是解释等离子体湍流（plasma turbulence）的一个观点。

4.2.4　磁化等离子体中弗拉索夫方程的解法

磁层等离子体是被嵌入背景磁场中的，我们需要寻找一种更普遍的描述来涵盖背景场 $\boldsymbol{E}_0(\boldsymbol{r}, t)$ 和 $\boldsymbol{B}_0(\boldsymbol{r}, t)$。线性化的弗拉索夫方程被写成

$$\left[\frac{\partial}{\partial t} + \boldsymbol{v} \cdot \frac{\partial}{\partial \boldsymbol{r}} + \frac{q_a}{m_a}(\boldsymbol{E}_0 + \boldsymbol{v} \times \boldsymbol{B}_0) \cdot \frac{\partial}{\partial \boldsymbol{v}} \right] f_{a1} = -\frac{q_a}{m_a}(\boldsymbol{E}_1 + \boldsymbol{v} \times \boldsymbol{B}_1) \cdot \frac{\partial f_{a0}}{\partial \boldsymbol{v}} \quad (4-19)$$

这可以通过采用特征法（method of characteristics）来解决，这可以被描述为"在未受扰的轨道上进行积分"。定义新的变量 $(\boldsymbol{r}', \boldsymbol{v}', t')$ 为

$$\frac{\mathrm{d}\boldsymbol{r}'}{\mathrm{d}t'} = \boldsymbol{v}'; \frac{\mathrm{d}\boldsymbol{v}'}{\mathrm{d}t'} = \frac{q_a}{m_a}[\boldsymbol{E}_0(\boldsymbol{r}', t') + \boldsymbol{v}' \times \boldsymbol{B}_0(\boldsymbol{r}', t')] \qquad (4-20)$$

其中加速度由背景场决定，边界条件为

$$\boldsymbol{r}'(t' = t) = \boldsymbol{r}$$
$$\boldsymbol{v}'(t' = t) = \boldsymbol{v} \qquad (4-21)$$

考虑 $f_{a1}(\boldsymbol{r}', \boldsymbol{v}', t')$ 并使用式（4-19）来计算其总时间导数

$$\frac{\mathrm{d}f_{a1}(\boldsymbol{r}',\boldsymbol{v}',t')}{\mathrm{d}t'} = \frac{\partial f_{a1}(\boldsymbol{r}',\boldsymbol{v}',t')}{\partial t'} + \frac{\mathrm{d}\boldsymbol{r}'}{\mathrm{d}t'} \cdot \frac{\partial f_{a1}(\boldsymbol{r}',\boldsymbol{v}',t')}{\partial \boldsymbol{r}'} + \frac{\mathrm{d}\boldsymbol{v}'}{\mathrm{d}t'} \cdot \frac{\partial f_{a1}(\boldsymbol{r}',\boldsymbol{v}',t')}{\partial \boldsymbol{v}'}$$

$$= -\frac{q_a}{m_a} [\boldsymbol{E}_1(\boldsymbol{r}',t') + \boldsymbol{v}' \times \boldsymbol{B}_1(\boldsymbol{r}',t')] \cdot \frac{\partial f_{a0}(\boldsymbol{r}',\boldsymbol{v}')}{\partial \boldsymbol{v}'}$$

$$(4-22)$$

边界条件 (4-21) 意味着在 $t'=t$ 时 $f_{a1}(\boldsymbol{r}',\boldsymbol{v}',t') = f_{a1}(\boldsymbol{r},\boldsymbol{v},t)$。因此式 (4-22) 在 $t'=t$ 时的解是弗拉索夫方程的解。这个过程的重点是式 (4-22) 可以通过直接积分计算,因为它的公式左侧是一个全微分 (exact differential)。正式的解是

$$f_{a1}(\boldsymbol{r},\boldsymbol{v},t) = -\frac{q_a}{m_a} \int_{-\infty}^{t} [\boldsymbol{E}_1(\boldsymbol{r}',t') + \boldsymbol{v}' \times \boldsymbol{B}_1(\boldsymbol{r}',t')] \cdot \frac{\partial f_{a0}(\boldsymbol{r}',\boldsymbol{v}')}{\partial \boldsymbol{v}'} \mathrm{d}t' +$$

$$f_{a1}(\boldsymbol{r}'(-\infty),\boldsymbol{v}'(-\infty),t'(-\infty))$$

$$(4-23)$$

这个过程可以用以下方式来解释。分布函数 f_{a1} 的扰动是通过对弗拉索夫方程沿着 $(\boldsymbol{r},\boldsymbol{v})$ 空间中的路径从 $-\infty$ 到 t 进行积分而找到的,该路径在每个单独的时间与背景场 $\boldsymbol{E}_0$ 和 $\boldsymbol{B}_0$ 中带电粒子的轨道相吻合。当然,这就要求在积分的每一步与背景轨道的偏差小。因此,该方法只限于线性扰动。

从 f_{a1} 我们可以计算出 $n_{a1}(\boldsymbol{r},t)$ 和 $\boldsymbol{V}_{a1}(\boldsymbol{r},t)$,并将它们代入麦克斯韦方程组中

$$\nabla \times \boldsymbol{E}_1 = -\frac{\partial \boldsymbol{B}_1}{\partial t} \tag{4-24}$$

$$\nabla \cdot \boldsymbol{E}_1 = \frac{1}{\varepsilon_0} \sum_a q_a n_{a1} \tag{4-25}$$

$$\nabla \times \boldsymbol{B}_1 = \frac{1}{c^2} \frac{\partial \boldsymbol{E}_1}{\partial t} + \mu_0 \sum_a q_a (n_a \boldsymbol{V}_a)_1 \tag{4-26}$$

这组方程现在 (原则上) 可以作为一个初值问题,以与朗道解相同的方式进行求解。接受朗道等值线是处理共振积分的正确方式,假设波是平面波 $\boldsymbol{E}_1(\boldsymbol{r},t) = \boldsymbol{E}_{k\omega} \exp(\mathrm{i}\boldsymbol{k} \cdot \boldsymbol{r} - \mathrm{i}\omega t)$,$f_{a1}(\boldsymbol{r}',\boldsymbol{v}',t \to -\infty) \to 0$,发现增长解 (Im($\omega$) > 0) 为

$$f_{ak} = -\frac{q_a}{m_a} \int_{-\infty}^{0} (\boldsymbol{E}_{k\omega} + \boldsymbol{v}' \times \boldsymbol{B}_{k\omega}) \cdot \frac{\partial f_{a0}(\boldsymbol{v}')}{\partial \boldsymbol{v}'} \exp[\mathrm{i}(\boldsymbol{k} \cdot \boldsymbol{R} - \omega\tau)] \mathrm{d}\tau \tag{4-27}$$

其中 $\tau = t'-t$,$\boldsymbol{R} = \boldsymbol{r}'-\boldsymbol{r}$。阻尼解 (Im($\omega$) < 0) 是通过 f_{ak} 对下半平面的解析延拓而找到的。通过将其代入 (ω, $\boldsymbol{k}$) 空间的麦克斯韦方程组并消去 $\boldsymbol{B}_{k\omega}$,我们可以得到波方程

$$\boldsymbol{K} \cdot \boldsymbol{E} = 0 \tag{4-28}$$

现在介电函数是介电张量 (dielectric tensor) 或色散张量 (dispersion tensor) $\boldsymbol{K}$。它甚至在一个均匀的背景磁场中是一个复杂的函数。让我们首先考虑无场各向同性的情况 ($\boldsymbol{E}_0 = \boldsymbol{B}_0 = 0$,$f_0 = f_0(v^2)$)。定义 $F_{a0}(u) = \int f_{a0} \delta(u - \boldsymbol{k} \cdot \boldsymbol{v}/|k|) \mathrm{d}^3 v$,用 $E_k = (\boldsymbol{k} \cdot \boldsymbol{E})/|k|$ 表示波电场在波传播方向的分量,用 $\boldsymbol{E}_\perp = (\boldsymbol{k} \times \boldsymbol{E})/|k|$ 表示横向分量。现在的波方程成为

$$\begin{pmatrix} K_\perp & 0 & 0 \\ 0 & K_\perp & 0 \\ 0 & 0 & K_k \end{pmatrix} \begin{pmatrix} E_{\perp 1} \\ E_{\perp 2} \\ E_k \end{pmatrix} = 0 \tag{4-29}$$

其中

$$K_\perp = 1 - \frac{k^2 c^2}{\omega^2} - \sum_a \frac{\omega_{pa}^2}{\omega} \int \frac{F_{a0}}{\omega - |k| u} \mathrm{d}u \tag{4-30}$$

$$K_k = 1 + \sum_a \frac{\omega_{pa}^2}{\omega} \int_L \frac{F_{a0}/\partial u}{\omega/|k| - u} \mathrm{d}u \tag{4-31}$$

这些给出

静电模态 　　$K_k = 0 (\boldsymbol{E}_\perp = 0)$

电磁模式 　　$K_\perp = 0 (\boldsymbol{E}_k = 0)$

静电解是上面熟悉的朗道解。电磁模式的色散方程为

$$\omega^2 = k^2 c^2 + \sum_a \omega_{pa}^2 \int_{-\infty}^\infty \frac{\omega F_{a0}}{\omega - |k| u} \mathrm{d}u \tag{4-32}$$

如果 $\omega \gg k v_{th, e}$ 这就有传播的解，并且我们发现非磁化冷等离子体中的电磁波

$$\omega^2 \approx k^2 c^2 + \omega_{pe}^2 \tag{4-33}$$

它的传播被限制在高于 ω_{pe} 的频率上。

接下来考虑一个均匀的背景磁场 $\boldsymbol{B}_0 = B_0 \boldsymbol{e}_z$，但保持背景电场 $\boldsymbol{E}_0$ 为零。假设背景粒子分布函数是陀螺状的，但可能是各向异性的 $f_{a0} = f_{a0}(v_\perp^2, v_\parallel)$。在这种非常对称的位形中，介电张量的推导是一个繁琐的过程。由 Bernstein（1958）首次提出的一个较长的计算，得到了介电张量的形式

$$\boldsymbol{K}(\omega, k) = \left(1 - \sum_a \frac{\omega_{pa}^2}{\omega^2}\right) \boldsymbol{I} - \sum_a \sum_{n=-\infty}^\infty \frac{2\pi \omega_{pa}^2}{n_{a0} \omega^2} \times$$

$$\int_0^\infty \int_{-\infty}^\infty v_\perp \mathrm{d}v_\perp \mathrm{d}v_\parallel \left(k_\parallel \frac{\partial f_{a0}}{\partial v_\parallel} + \frac{n\omega_{ca}}{v_\perp} \frac{\partial f_{a0}}{\partial v_\perp}\right) \frac{\boldsymbol{S}_{na}(v_\parallel, v_\perp)}{k_\parallel v_\parallel + n\omega_{ca} - \omega}$$

$$\tag{4-34}$$

$\boldsymbol{I}$ 是单位张量，张量 $\boldsymbol{S}_{na}$ 是

$$\boldsymbol{S}_{na}(v_\parallel, v_\perp) = \begin{pmatrix} \dfrac{n^2 \omega_{ca}^2}{k_\perp^2} J_n^2 & \dfrac{in v_\perp \omega_{ca}}{k_\perp} J_n J_n' & \dfrac{n v_\parallel \omega_{ca}}{k_\perp} J_n^2 \\[3mm] -\dfrac{in v_\perp \omega_{ca}}{k_\perp} J_n J_n' & v_\perp^2 J_n'^2 & -i v_\parallel v_\perp J_n J_n' \\[3mm] \dfrac{n v_\parallel \omega_{ca}}{k_\perp} J_n^2 & i v_\parallel v_\perp J_n J_n' & v_\parallel^2 J_n^2 \end{pmatrix} \tag{4-35}$$

这里 J_n 是参数为 $k_\perp v_\perp / \omega_{ca}$ 的第一类贝塞尔函数，$J_n' = \mathrm{d}J_n / \mathrm{d}(k_\perp v_\perp / \omega_{ca})$。

有限的 $\boldsymbol{B}_0$ 使等离子体具有各向异性。现在，温度在平行和垂直方向上可能是不同的，例如，在双麦克斯韦（bi-Maxwellian）分布的情况下

$$f_{a0} = \frac{m_a}{2\pi k_B T_{a\perp}} \sqrt{\frac{m_a}{2\pi k_B T_{a\parallel}}} \exp\left[-\frac{m_a}{2 k_B}\left(\frac{v_\perp^2}{T_{a\perp}} + \frac{v_\parallel^2}{T_{a\parallel}}\right)\right] \tag{4-36}$$

当这被插入 K 的元素中时，$v_\parallel$ 方向的共振积分可以用等离子体色散函数 Z〔式（4 - 10）〕来表达。

波模式是以下公式的非平凡解

$$K \cdot E = 0 \tag{4-37}$$

现在的模式结构比非磁化等离子体中更复杂：

1）静电模式和电磁模式之间的区别不再精确；仍然有满足 $E \parallel k$ 的静电模式作为近似值，但电磁模式也可能有一个沿 k 的电场分量。

2）贝塞尔函数对于每个粒子种类 α 引入了 $\omega = n\omega_{ca}$ 组织的谐波模式结构。

3）各向同性等离子体的朗道共振 $\omega = k \cdot v$ 被

$$\omega - n\omega_{ca} = k_\parallel v_\parallel \tag{4-38}$$

代替。因此，只有沿 B_0 的速度分量与朗道阻尼（$n = 0$）有关，而且只与 $k_\parallel \neq 0$ 的波有关。

平行传播

让我们首先看一下平行于背景磁场（$k_\perp = 0$）传播的波模式的解。在最低的频率（$\omega \ll \omega_{ci}$），我们发现平行传播的阿尔文波（Alfvén wave）

$$\omega_r = \frac{k_\parallel v_A}{\sqrt{1 + v_A^2/c^2}} \tag{4-39}$$

其中 $v_A = B_0 / \sqrt{\rho_m \mu_0}$ 是阿尔文速度（Alfvén speed）。这是一种将在第 4.4 节进一步讨论的 MHD 模式。注意式（4 - 39）分母中包含一个在 MHD 中不存在的"等离子体校正"（v_A^2/c^2）。这是因为在弗拉索夫和冷等离子体描述中，将位移电流纳入安培定律与标准 MHD 不同。当弗拉索夫方程与全部麦克斯韦方程一起求解时，其解包括作为极限情况的冷等离子体和 MHD 近似。

在弗拉索夫理论中，阿尔文波是有衰减的，这在理想 MHD 中是没有的。在低频时衰减率非常小。当 $\omega \to \omega_{ci}$ 时，该模式接近离子陀螺共振（见图 4 - 4 中关于冷等离子体波的讨论，第 4.3 节），并且衰减率增加。在这个极限，该模式是左手（L）圆极化电磁离子回旋（electromagnetic ion cyclotron，EMIC）波，它不仅被共振离子抑制，还被具有足够大的洛伦兹因子 γ 和频率多普勒位移 $k_\parallel v_\parallel$ 的相对论电子所抑制。这是超相对论辐射带电子的一个重要损失机制（第 6.5.4 节）。

我们回到冷等离子体理论中的右手（R）和左手（L）圆极化电磁模式（第 4.3 节），它们可以用一种更透明的方式来描述。辐射带中最重要的右手极化波模式是哨声模（whistler mode）。正如第 6 章所讨论的那样，再次需要用弗拉索夫理论来描述导致辐射带电子加速和俯仰角散射的哨声模波的衰减和增长。在电子回旋频率附近，哨声模会转变成电磁电子回旋波（electromagnetic electron cyclotron wave）。

在线性近似中，平行传播的电磁波不具有谐波结构。然而，如果振幅增长到非线性机制的程度，波的表示，例如，作为一个傅里叶级数包含更高频的谐波。

垂直传播

对于垂直传播（$k_\parallel = 0$），波方程简化为

$$\begin{pmatrix} K_{xx} & K_{xy} & 0 \\ K_{yx} & K_{yy} & 0 \\ 0 & 0 & K_{zz} \end{pmatrix} \cdot \begin{pmatrix} E_x \\ E_y \\ E_z \end{pmatrix} = 0 \qquad (4-40)$$

其中 z 轴沿着背景磁场。

假设一个各向同性的背景分布函数，色散方程的一个分量是

$$K_{zz} = 1 - \frac{k^2 c^2}{\omega^2} - \frac{2\pi}{\omega} \sum_\alpha \sum_n \omega_{p\alpha}^2 \int_{-\infty}^{\infty} \mathrm{d}v_\parallel \int_0^{\infty} \frac{J_n^2 f_{\alpha 0} v_\perp}{\omega - n\omega_{c\alpha}} \mathrm{d}v_\perp = 0 \qquad (4-41)$$

这个方程的一个解是所谓的普通模式（ordinary mode，O 模式），这在冷等离子体近似中也可以找到。$K_{zz} = 0$ 进一步给出了一系列的模式，其窄带略高于回旋频率的谐波

$$\omega = n\omega_{c\alpha} \left\{ 1 + O\left[\frac{\omega_{p\alpha}^2}{k^2 c^2} (kr_{L\alpha})^{2n} \right] \right\} \qquad (4-42)$$

其中 $r_{L\alpha}$ 是粒子种类为 α 的陀螺半径，O 表示其参数的阶数，在这种情况下与 1 相比很小。这些模式是静电回旋波（electrostatic cyclotron waves）。电子和所有离子种类都有自己的静电回旋模式的族（families）。

其余的垂直传播模式可以从行列式中找到

$$\begin{vmatrix} K_{xx} & K_{xy} \\ -K_{xy} & K_{yy} \end{vmatrix} = 0 \qquad (4-43)$$

这个方程涵盖了 $|E \cdot k| \ll |E \times k|$ 的电磁模式。它们被称为超常模式（extraordinary modes，X-modes），在冷等离子体理论中也能找到。

在频率低于冷等离子体低混杂共振频率（lower hybrid resonance frequency）ω_{LHR}（由下文式（4-70）定义）时，X 模通常被称为磁声模（magnetosonic mode）。它是 MHD 垂直传播的磁声模（第 4.4 节）从低于离子回旋频率的频率向更高频率的延伸。在有限温度的弗拉索夫理论中，X 模式有准共振（quasi-resonances），其中波的群速度（A-28）$\partial\omega/\partial k \rightarrow 0$，$n \geqslant 1$ 时的离子回旋频率 $n\omega_{ci}$ 的倍数至高到 ω_{LHR}。这给了 X 模式波一个可观测到的带状结构，图 5-14 中给出了这样一个例子。这些带状结构首先确认于 Bernstein 的介电张量（4-34）中，因此它们被称为 Bernstein 模式（Bernstein modes）。

式（4-43）的另一组 Bernstein 模的解在短波长下被发现。这些模式是准静电模式（$|E \cdot k| \gg |E \times k|$），它们在电子和所有离子种类中都能找到。完全垂直的模式并不是朗道阻尼的。如果这些模式具有有限的 $k_\parallel$，那么当 $n \neq 0$ 时，它们将会经历回旋阻尼（cyclotron damping）。

向任意方向的传播

说明波矢量 $\omega = \omega(k_\parallel, k_\perp)$ 任意方向上波解的一个方便方法是将它们表示为三维（ω，$k_\parallel$，$k_\perp$）空间中的色散面。图 4-3 中给出了一个色散面（dispersion surfaces）的例

子。该曲面是通过使用最初由 Kjell Rönnmark[①] 编写的数值色散方程求解器 WHAMP（均匀各向异性磁化等离子体中的波），对等离子体参数求解方程（4 - 37）来对应等离子体层顶外部的内磁层进行计算的。图 4 - 3 说明了当波矢量的方向从平行向垂直方向旋转时，平行传播的右极化哨声模如何加入垂直传播的 X 模式，关于色散面的进一步例子，见 André（1985）或 Koskinen（2011）等。

增长/衰减 ω_i 在色散面上从一个点到另一个点是不同的，解在曲面的某些区域可能是强阻尼的。根据局部等离子体参数和粒子群的特征，可能会有自由能量驱动不稳定性导致色散方程的增长解。第 5 章将用实际例子讨论这些问题。

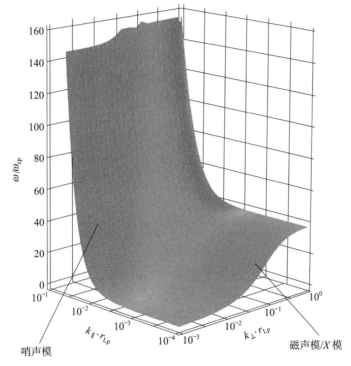

图 4 - 3　包含平行传播的右极化哨声模和垂直传播的 X 模式的色散面。纵轴上的频率被归一化为当地质子回旋频率，平行和垂直的波数被归一化为质子回旋半径（图片提供：Yann Pfau - Kempf）

4.3　冷等离子体波

虽然弗拉索夫理论对于处理等离子体波的增长和阻尼是必要的，但辐射带物理学中几个最重要的线性波模式的色散方程的实部可以从更简单的冷等离子体理论中得到。

---

① WHAMP 可从 GitHub 获得：https://github.com/irfu/whamp。

4.3.1　磁化等离子体中的冷等离子体波的色散方程

从麦克斯韦方程和欧姆定律 $\boldsymbol{J}=\sigma\cdot\boldsymbol{E}$，其中 σ 通常是一个张量，可以直接推导出一个波方程（wave equation）的形式

$$\boldsymbol{k}\times(\boldsymbol{k}\times\boldsymbol{E})+\frac{\omega^2}{c^2}\boldsymbol{K}\cdot\boldsymbol{E}=0 \tag{4-44}$$

其中

$$\boldsymbol{K}=\boldsymbol{I}+\frac{\mathrm{i}}{\omega\varepsilon_0}\sigma \tag{4-45}$$

是介电张量（dielectric tensor），$\boldsymbol{I}$ 是单位张量。$\boldsymbol{K}$ 是一个无量纲的量，我们可以把它与经典电动力学中熟悉的电介质的电导率联系起来，即

$$\boldsymbol{D}=\varepsilon\cdot\boldsymbol{E}=\varepsilon_0\boldsymbol{K}\cdot\boldsymbol{E} \tag{4-46}$$

在没有背景场的情况下（$\boldsymbol{E}_0=\boldsymbol{B}_0=0$），$K$ 还原为一个标量

$$K=1-\frac{\omega_{\mathrm{pe}}^2}{\omega^2}\equiv n^2 \tag{4-47}$$

即 K 是附录 A（A-24）中定义的折射率 n 的平方根。波方程有已经熟悉的解

$$\boldsymbol{k}\parallel\boldsymbol{E}\Rightarrow\omega^2=\omega_{\mathrm{pe}}^2 \qquad \text{纵向驻留等离子体振荡}$$

$$\boldsymbol{k}\perp\boldsymbol{E}\Rightarrow\omega^2=k^2c^2+\omega_{\mathrm{pe}}^2 \qquad \text{等离子体中的电磁波}$$

考虑对匀质背景磁场 $\boldsymbol{B}_0$ 的小扰动 $\boldsymbol{B}_1$（$B_1\ll B_0$）。在冷等离子体近似中，假设所有 α 种类的粒子都以其宏观流体速度 $\boldsymbol{V}_\alpha(\boldsymbol{r},t)$ 运动。因此，总的等离子体电流是

$$\boldsymbol{J}=\sum_\alpha n_\alpha q_\alpha\boldsymbol{V}_\alpha \tag{4-48}$$

假设 $\boldsymbol{V}_\alpha(\boldsymbol{r},t)$ 呈正弦振动 $\propto\exp(-\mathrm{i}\omega t)$，一阶宏观运动方程为

$$-\mathrm{i}\omega\boldsymbol{V}_\alpha=q_\alpha(\boldsymbol{E}+\boldsymbol{V}_\alpha\times\boldsymbol{B}_0) \tag{4-49}$$

这可以很方便将垂直于 $\boldsymbol{B}_0$ 的平面视为复平面，并使用单位向量基 $\{\sqrt{1/2}(\boldsymbol{e}_x+\mathrm{i}\boldsymbol{e}_y)$, $\sqrt{1/2}(\boldsymbol{e}_x-\mathrm{i}\boldsymbol{e}_y)$, $\boldsymbol{e}_z\}$，其中 $\boldsymbol{B}_0\parallel\boldsymbol{e}_z$。用整数 $d=\{-1,1,0\}$ 来表示这个基础上的分量，并将等离子体和回旋频率表示为

$$X_\alpha=\frac{\omega_{p\alpha}^2}{\omega^2},Y_\alpha=\frac{s_\alpha\omega_{c\alpha}}{\omega} \tag{4-50}$$

注意，$\omega_{c\alpha}$ 是一个无符号量，电荷的符号由 s_α 表示。在这个基础上，电流的组成部分是

$$J_{d,\alpha}=\mathrm{i}\varepsilon_0\omega\frac{X_\alpha}{1-dY_\alpha}E_d \tag{4-51}$$

介电张量（4-45）是对角化的

$$\boldsymbol{K}=\begin{pmatrix} 1-\sum_\alpha\dfrac{X_\alpha}{1-Y_\alpha} & 0 & 0 \\[2ex] 0 & 1-\sum_\alpha\dfrac{X_\alpha}{1+Y_\alpha} & 0 \\[2ex] 0 & 0 & 1-\sum_\alpha X_\alpha \end{pmatrix} \tag{4-52}$$

张量的组成部分用字母 R、L 和 P 表示。

$$R = 1 - \sum_{\alpha} \frac{\omega_{p\alpha}^2}{\omega^2} \left(\frac{\omega}{\omega + s_a \omega_{ca}} \right) \qquad (4-53)$$

$$L = 1 - \sum_{\alpha} \frac{\omega_{p\alpha}^2}{\omega^2} \left(\frac{\omega}{\omega - s_a \omega_{ca}} \right) \qquad (4-54)$$

$$P = 1 - \sum_{\alpha} \frac{\omega_{p\alpha}^2}{\omega^2} \qquad (4-55)$$

当 $\omega = \omega_{ce}$ 和 $s_a = -1$ 时，分量 R 有一个奇异点。在这个频率下，波与电子的回旋运动发生共振（resonance）。因此，R 对应于右旋圆极化波。同样，L 与正离子发生共振，对应于左旋圆极化波。回顾一下，与光学不同的是，在光学中，手性是由接近观测者的波电场的旋转感给出的，在磁化等离子体中的左旋和右旋对应于带电粒子在背景磁场内围绕导向中心参考框架的陀螺运动感。如果观测者顺着磁场指向看，左极化波的旋转与正电荷粒子的回旋运动意义相同。如果观测者逆着磁场看，波的旋转就会出现右旋。

分量 P 对应于冷等离子体近似中的一个等离子体驻留振荡。正如上文在弗拉索夫理论的背景下所讨论的，有限的温度使等离子体振荡成为传播的朗缪尔波。

将 $\boldsymbol{K}$ 转换回 $\{x, y, z\}$ 基，我们得到

$$\boldsymbol{K} = \begin{pmatrix} S & -\mathrm{i}D & 0 \\ \mathrm{i}D & S & 0 \\ 0 & 0 & P \end{pmatrix} \qquad (4-56)$$

其中 $S = (R+L)/2$，$D = (R-L)/2$。

波方程可以用波的法向量（wave normal vector）$\boldsymbol{n} = c\boldsymbol{k}/\omega$ 写成

$$\boldsymbol{n} \times (\boldsymbol{n} \times \boldsymbol{E}) + \boldsymbol{K} \cdot \boldsymbol{E} = 0 \qquad (4-57)$$

回顾一下，$\boldsymbol{B}_0$ 是在 z 方向的。选择 x 轴，使 $\boldsymbol{n}$ 在 xz 平面内。$\boldsymbol{n}$ 和 $\boldsymbol{B}_0$ 之间的角度 θ 是波的法线角（wave normal angle，WNA）。在这些坐标中，波方程是

$$\begin{pmatrix} S - n^2\cos^2\theta & -\mathrm{i}D & n^2\cos\theta\sin\theta \\ \mathrm{i}D & S - n^2 & 0 \\ n^2\cos\theta\sin\theta & 0 & P - n^2\sin^2\theta \end{pmatrix} \begin{pmatrix} E_x \\ E_y \\ E_z \end{pmatrix} = 0 \qquad (4-58)$$

波方程的解是色散方程的非平凡的根

$$An^4 - Bn^2 + C = 0 \qquad (4-59)$$

其中

$$A = S\sin^2\theta + P\cos^2\theta$$
$$B = RL\sin^2\theta + PS(1 + \cos^2\theta)$$
$$C = PRL \qquad (4-60)$$

对于 $\tan^2\theta$，解决色散方程（4-59）很方便，因为

$$\tan^2\theta = \frac{-P(n^2 - R)(n^2 - L)}{(Sn^2 - RL)(n^2 - P)} \qquad (4-61)$$

有了这个方程，就可以直接讨论波相对于背景磁场向不同方向的传播了。在磁场方向

（$\theta=0$）和垂直于磁场方向（$\theta=\pi/2$）传播的模式被称为主模式（principal modes）

$$\theta=0:\quad P=0,n^2=R,n^2=L$$

$$\theta=\pi/2:n^2=RL/S,n^2=P$$

这些模式的截止点是

$$n^2\to 0(v_p\to\infty,k\to 0,\lambda\to\infty)$$

$$P=0,R=0,\text{或}\ L=0$$

共振点

$$n^2\to\infty(v_p\to 0,k\to\infty,\lambda\to 0)$$

$$\tan^2\theta=-P/S\quad\text{（在 }P\neq 0\text{ 条件下）}$$

当波接近它有一个截止点（$n^2\to 0$）的区域时，它不能进一步传播并被反射。在共振时，波的能量被等离子体吸收。

4.3.2　平行传播（$\theta=0$）

图 4-4 给出了平行传播的冷等离子体色散方程的解。

右极化模式的谐振频率

$$n_R^2=R=1-\sum_i\frac{\omega_{pi}^2}{\omega(\omega+\omega_{ci})}-\frac{\omega_{pe}^2}{\omega(\omega-\omega_{ce})}\qquad(4-62)$$

是 $\omega=\omega_{ce}$。左极化模式

$$n_L^2=L=1-\sum_i\frac{\omega_{pi}^2}{\omega(\omega-\omega_{ci})}-\frac{\omega_{pe}^2}{\omega(\omega+\omega_{ce})}\qquad(4-63)$$

对于每个不同质量的离子种类，有共振 $\omega=\omega_{ci}$。

在辐射带物理学中，左极化模式和右极化模式的低频分支在它们各自的回旋频率以下传播是特别重要的。在低频极限（$\omega\to 0$）$n^2\to c^2/v_A^2$，L（左）模和 R（右）模在阿尔文速度 $v_A=\omega/k$ 时合并为平行传播的 MHD 波（第 4.4 节）。

随着 k 的增加，L 和 R 模式的相位速度变得不同。由于线性极化波可以表示为左和右极化分量的总和，这导致了线性极化波的极化法拉第旋转（Faraday rotation）。

电磁离子回旋波

每个离子种类以下的 ω_{ci} 平行传播的左旋极化波是电磁离子回旋（electromagnetic ion cyclotron，EMIC）波。在内磁层中，最重要的离子种类是质子和带单电荷的氦离子和氧离子，后两者是电离层的来源。图 4-5 是一个在昼侧磁层中同时观测氢离子和氦离子回旋波的例子。

哨声模

在 ω_{ci} 和 ω_{ce} 之间的频率传播的 R 模被称为哨声模（whistler mode）。如果 $\omega_{ci}\ll\omega\ll\omega_{ce}$，色散方程可以近似为

$$k=\frac{\omega_{pe}}{c}\sqrt{\frac{\omega}{\omega_{ce}}}\qquad(4-64)$$

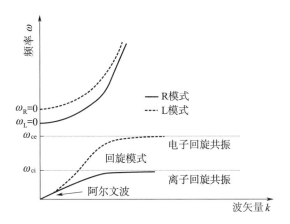

图 4 - 4　高等离子体密度近似中的平行传播在辐射带中是一个很好的近似。实线表示 R 模式，虚线表示
　　　　L 模式。在色散曲线与频率轴（$k = 0$）相遇的地方发现了截止点，在极限 $k \to \infty$ 处发现了共振

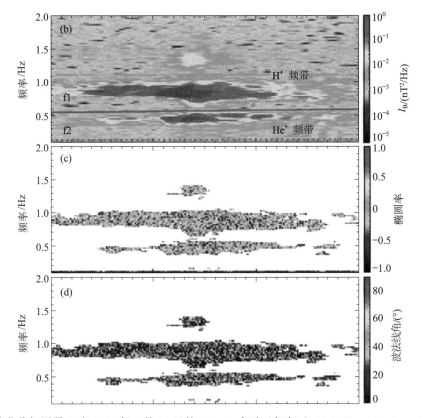

图 4 - 5　范艾伦探测器 A 在 2014 年 4 月 14 日的 30 min 内对正午扇区（MLT $\approx$ 11，$L \approx$ 5.7）进行的
　　　　多频段 EMIC 波观测。最上面的子图显示了 H^+ 和 He^+ 波段的磁功率谱。在子图，He^+ 的回旋频率
　　　　由红线表示。中间和下面的子图表示波是圆极化的（椭圆度接近 0），并沿着磁场传播（小的 WNA）
　　　　　　　　　　　　（来自 Fu 等（2018），经 COSPAR 许可转载）（见彩插）

给出相速度和群速度

$$v_p = \frac{\omega}{k} = \frac{c\sqrt{\omega_{ce}}}{\omega_{pe}}\sqrt{\omega} \qquad\qquad (4-65)$$

$$v_g = \frac{\partial\omega}{\partial k} = \frac{2c\sqrt{\omega_{ce}}}{\omega_{pe}}\sqrt{\omega} \qquad\qquad (4-66)$$

色散哨声模在第一次世界大战期间首次被确认为在 10 kHz 左右频段内诱导到电信电缆的下降哨声。直到 Ratcliffe 和 Storey（1953）提出其来自于雷击的宽带电磁辐射，人们才明白这些信号的来源。一部分波的能量作为哨声波（whistler wave）沿着磁场传导到另一个半球。到达的时间取决于频率，即

$$t(\omega) = \int\frac{ds}{v_g} = \int\frac{\omega_{pe}(s)}{2c\sqrt{\omega\omega_{ce}(s)}}ds \propto \frac{1}{\sqrt{\omega}} \qquad\qquad (4-67)$$

这意味着较高频率波先于较低频波的到达，当作为音频信号重放时，就会产生口哨声。这一解释没有立即被接受，因为它要求内磁层的等离子体密度比当时已知的要高。Storey 实际上发现了等离子体层，此后利用无线电波传播实验和原位（in situ）卫星观测对其进行了彻底研究。

大气层某些地方一直有雷暴，因此在地面 VLF 接收机的记录中不断观测到闪电产生的哨声（lightning-generated whistlers）。为了避免混淆，有时也是误解，最好将"哨声"一词专用于音调下降的闪电信号，并将这一频率范围内的所有右极化波统称为"哨声模波"。例如，来自海军通信发射器的人造 VLF 信号，已知会影响到辐射带，但不会发出哨音，因为它们从一开始就是窄带信号。另外，在辐射带物理学中最重要的哨声模合声（whistler-mode chorus）（第 5.2 节）和等离子体层嘶声（plasmaspheric hiss）（第 5.3 节）波，也与闪电产生的哨声不同。例如，合声是由上升（rising）的音调组成的，反映了内磁层的局部非线性物理，而不是长距离的传播。

4.3.3　垂直传播（$\theta = \pi/2$）

垂直传播的普通电磁波和超常电磁波已经在弗拉索夫理论中被介绍过（第 4.2.4 节）[①]。图 4-6 显示了它们的色散曲线。

普通（ordinary，O）模式指其折射率为

$$n_O^2 = P = 1 - \frac{\omega_{pi}^2}{\omega^2} - \frac{\omega_{pe}^2}{\omega^2} \approx 1 - \frac{\omega_{pe}^2}{\omega^2} \qquad\qquad (4-68)$$

这与各向同性的等离子体中电磁波的折射率相同（4-47）。其电场在背景磁场（$\boldsymbol{E} \parallel \boldsymbol{B}_0$）的方向上是线性极化的。对于完全垂直传播的色散方程不包含磁场。该模式在 $\omega = \omega_{pe}$ 处有一个截止点（图 4-6）。

超常（extraordinary，X）模式是 $n_X^2 = RL/S$ 的解决方案。用平凡的近似值 $\omega_{ce} \gg \omega_{ci}$，可以发现两个混合共振（hybrid resonances）（图 4-6）。高频混合谐振是

---

　① 由于历史原因，这些模式被称为正常和超常，尽管它们没有什么特别需要注意的正常或超常之处。

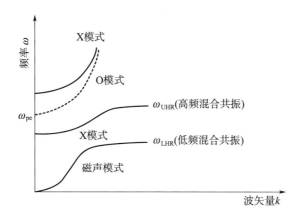

图 4 - 6　冷等离子体近似中垂直传播波的略图。虚线是 O 模式，与冷非磁化等离子体中的电磁波相同。X 模式有三个不同的分支，其中最下面的分支在辐射带背景下是最重要的

$$\omega_{UHR}^2 \approx \omega_{pe}^2 + \omega_{ce}^2 \tag{4-69}$$

而低频谐振，此处以一个离子种类为例，写为

$$\omega_{LHR}^2 \approx \frac{\omega_{ci}^2 + \omega_{pi}^2}{1 + (\omega_{pe}^2/\omega_{ce}^2)} \approx \omega_{ce}\omega_{ci}\left(\frac{\omega_{pe}^2 + \omega_{ce}\omega_{ci}}{\omega_{pe}^2 + \omega_{pi}^2}\right) \tag{4-70}$$

如果有一个独立的方法来确定当地的磁场，那么高频混合共振可以用来从波的观测中确定等离子体密度。在低频混合共振频率附近传播的波很重要，因为它们可以与电子和离子发生共振。在低密度等离子体（$\omega_{pe} \ll \omega_{ce}$）中，$\omega_{LHR} \to \omega_{ci}$。当 $\omega_{pe} > \omega_{ce}$ 时，如辐射带内靠近赤道的情况，$\omega_{LHR} \approx \sqrt{\omega_{ce}\omega_{ci}}$ 是一个很好的近似值。

在低频的极限

$$n_X^2 \to 1 + \frac{\omega_{pi}^2}{\omega_{ci}^2} = 1 + \frac{c^2}{v_A^2} \tag{4-71}$$

这就是 MHD 磁声模（magnetosonic mode）的冷等离子体表示。在 MHD 中（第 4.4 节），其色散方程被发现为

$$\frac{\omega^2}{k^2} = v_s^2 + v_A^2 \tag{4-72}$$

其中 v_s 是声速。在冷等离子体中，v_s 被忽略了（$\to 0$），而在 MHD 中，位移电流被忽略了，对应于极限 $c \to \infty$。然而，在狭小的空间等离子体中，v_A 可能是 c 的一个相当大的部分。结合有限的 v_s 和冷等离子体的解，色散方程为

$$\frac{\omega^2}{k^2} = \frac{v_s^2 + v_A^2}{1 + v_A^2/c^2} \tag{4-73}$$

当 $k_\perp$ 增加时，磁声/X 模式分支接近低频混合共振。

4.3.4　在任意波法向角下的传播

等离子体波在 0° 和 90° 之间的波法向角的传播取决于当地的等离子体参数。在第 5 章和第 6 章中，我们介绍了在观测和数值分析中斜向传播的哨声模和 X 模式波的几个例子。

正如在第 4.2.4 节末尾指出的那样，在任意 WNAs 处传播的色散方程的解可以表示为三维（ω，$k_\parallel$，$k_\perp$）空间中的色散面（dispersion surfaces）。

图 4-3 是一个包含平行和斜向传播的右极化哨声模和垂直传播的线性极化磁声/X 模的低频混合共振频率的色散面例子。虽然哨声模和 X 模式都可以在低于低频混合共振频率的频率下观测到，但如果能测量足够多的波场分量来确定波的极化，就可以将它们区分开来。

4.4 磁流体动力学波

远低于磁层中离子回旋频率的超低频 Pc4 和 Pc5 波属于磁流体动力学（magnetohydrodynamic）或阿尔文波（Alfvén waves）的族。它们的波长与地球半径相当，因此，偶极的几何形状限制了可以在内磁层传播的模式。正如第 6 章所讨论的，这些波在内磁层中带电粒子的扩散传输中起着重要作用。

4.4.1 阿尔文波的色散方程

在讨论的开始，我们将介绍均匀环境磁场中阿尔文波（Alfvén wave）的线性化色散方程。考虑在磁场中一个可压缩的、非黏性的、完全导电的流体，由 MHD 方程描述

$$\frac{\partial \rho_m}{\partial t} + \nabla \cdot (\rho_m \boldsymbol{V}) = 0 \tag{4-74}$$

$$\rho_m \frac{\partial \boldsymbol{V}}{\partial t} + \rho_m (\boldsymbol{V} \cdot \nabla) \boldsymbol{V} = -\nabla P + \boldsymbol{J} \times \boldsymbol{B} \tag{4-75}$$

$$\nabla P = v_s^2 \nabla \rho_m \tag{4-76}$$

$$\nabla \times \boldsymbol{B} = \mu_0 \boldsymbol{J} \tag{4-77}$$

$$\nabla \times \boldsymbol{E} = -\frac{\partial \boldsymbol{B}}{\partial t} \tag{4-78}$$

$$\boldsymbol{E} + \boldsymbol{V} \times \boldsymbol{B} = 0 \tag{4-79}$$

在式（4-76）中，我们采取了状态方程的梯度并引入了声速

$$v_s = \sqrt{\gamma_p P / \rho_m} = \sqrt{\gamma_p k_B / m} \tag{4-80}$$

其中 γ_p 是多变指数，k_B 是玻尔兹曼常数。

从这组方程中我们可以消除 $\boldsymbol{J}$，$\boldsymbol{E}$ 和 P

$$\frac{\partial \rho_m}{\partial t} + \nabla \cdot (\rho_m \boldsymbol{V}) = 0 \tag{4-81}$$

$$\rho_m \frac{\partial \boldsymbol{V}}{\partial t} + \rho_m (\boldsymbol{V} \cdot \nabla) \boldsymbol{V} = -v_s^2 \nabla \rho_m + (\nabla \times \boldsymbol{B}) \times \boldsymbol{B} / \mu_0 \tag{4-82}$$

$$\nabla \times (\boldsymbol{V} \times \boldsymbol{B}) = \frac{\partial \boldsymbol{B}}{\partial t} \tag{4-83}$$

假设在平衡状态下，密度 ρ_{m0} 是恒定的，并寻找 $\boldsymbol{V}=\boldsymbol{0}$ 下等离子体静止框架下的解。此

外，让背景磁场 $\boldsymbol{B}_0$ 是均匀的。通过考虑变量的小扰动

$$\boldsymbol{B}(\boldsymbol{r},t)=\boldsymbol{B}_0+\boldsymbol{B}_1(\boldsymbol{r},t) \tag{4-84}$$

$$\rho_m(\boldsymbol{r},t)=\rho_{m0}+\rho_{m1}(\boldsymbol{r},t) \tag{4-85}$$

$$\boldsymbol{V}(\boldsymbol{r},t)=\boldsymbol{V}_1(\boldsymbol{r},t) \tag{4-86}$$

我们可以通过选取一阶项来线性化方程

$$\frac{\partial \rho_{m1}}{\partial t}+\rho_{m0}(\nabla \cdot \boldsymbol{V}_1)=0 \tag{4-87}$$

$$\rho_{m0}\frac{\partial \boldsymbol{V}_1}{\partial t}+v_s^2 \nabla \rho_{m1}+\boldsymbol{B}_0 \times (\nabla \times \boldsymbol{B}_1)/\mu_0=0 \tag{4-88}$$

$$\frac{\partial \boldsymbol{B}_1}{\partial t}-\nabla \times (\boldsymbol{V}_1 \times \boldsymbol{B}_0)=0 \tag{4-89}$$

根据这些，我们可以找到一个速度扰动 $\boldsymbol{V}_1$ 的方程式

$$\frac{\partial^2 \boldsymbol{V}_1}{\partial t^2}-v_s^2 \nabla(\nabla \cdot \boldsymbol{V}_1)+\boldsymbol{v}_A \times \{\nabla \times [\nabla \times (\boldsymbol{V}_1 \times \boldsymbol{v}_A)]\}=0 \tag{4-90}$$

其中，我们引入了阿尔文速度作为一个矢量

$$\boldsymbol{v}_A=\frac{\boldsymbol{B}_0}{\sqrt{\mu_0 \rho_{m0}}} \tag{4-91}$$

通过寻找平面波解 $\boldsymbol{V}_1(\boldsymbol{r},t)=\boldsymbol{V}_1\exp[\mathrm{i}(\boldsymbol{k} \cdot \boldsymbol{r}-\omega t)]$，我们得到一个代数方程

$$-\omega^2 \boldsymbol{V}_1+v_s^2(\boldsymbol{k} \cdot \boldsymbol{V}_1)\boldsymbol{k}-\boldsymbol{v}_A \times \{\boldsymbol{k} \times [\boldsymbol{k} \times (\boldsymbol{V}_1 \times \boldsymbol{v}_A)]\}=0 \tag{4-92}$$

经过简单的矢量操作，可以得出理想 MHD 波的色散方程

$$-\omega^2 \boldsymbol{V}_1+(v_s^2+v_A^2)(\boldsymbol{k} \cdot \boldsymbol{V}_1)\boldsymbol{k}+(\boldsymbol{k} \cdot \boldsymbol{v}_A)[((\boldsymbol{k} \cdot \boldsymbol{v}_A)\boldsymbol{V}_1-(\boldsymbol{v}_A \cdot \boldsymbol{V}_1)\boldsymbol{k}-(\boldsymbol{k} \cdot \boldsymbol{V}_1)\boldsymbol{v}_A)]=0$$
$$\tag{4-93}$$

平行传播

对于 $\boldsymbol{k} \parallel \boldsymbol{B}_0$，色散方程简化为

$$(k^2 v_A^2-\omega^2)\boldsymbol{V}_1+\left(\frac{v_s^2}{v_A^2}-1\right)k^2(\boldsymbol{V}_1 \cdot \boldsymbol{v}_A)\boldsymbol{v}_A=0 \tag{4-94}$$

这描述了两种不同的波模式。$\boldsymbol{V}_1 \parallel \boldsymbol{B}_0 \parallel \boldsymbol{k}$ 产生的是声波（sound wave）

$$\frac{\omega}{k}=v_s \tag{4-95}$$

第二个解是一个有 $\boldsymbol{V}_1 \perp \boldsymbol{B}_0 \parallel \boldsymbol{k}$ 的线性极化的横波。现在 $\boldsymbol{V}_1 \cdot \boldsymbol{v}_A=0$，我们发现阿尔文波

$$\frac{\omega}{k}=v_A \tag{4-96}$$

阿尔文波的磁场为

$$\boldsymbol{B}_1=-\frac{\boldsymbol{V}_1}{\omega/k}B_0 \tag{4-97}$$

波的磁场和电场与背景场垂直。这种模式不对密度或压力扰动，但在磁场上引起剪切应力（$\nabla \cdot (\boldsymbol{BB})/\mu_0$）。因此，它也被称为剪切阿尔文波（shear Alfvén wave）。

平行传播的线性极化波可以被分解成左旋和右旋的圆极化分量。随着 k 的增加，阿尔文波的圆极化分量分裂为冷等离子体理论中发现的两个分支：从下方接近离子回旋加速频率的左极化电磁粒子回旋波和右极化哨声模波（图 4-4）。从物理上讲，这种分裂是由于电子和离子运动通过霍尔效应（3-41）而解耦。

垂直传播

垂直传播（$k \perp B_0$）意味着 $k \cdot v_A = 0$，而色散方程（4-93）化简为

$$V_1 = (v_s^2 + v_A^2)(k \cdot V_1)k/\omega^2 \qquad (4-98)$$

显然，$k \parallel V_1$，我们已经找到了 MHD 近似中的磁声波（magnetosonic wave）。

$$\frac{\omega}{k} = \sqrt{v_s^2 + v_A^2} \qquad (4-99)$$

对于平面波来说，线性化的对流方程（4-89）变为

$$\omega B_1 + k \times (V_1 \times B_0) = 0 \qquad (4-100)$$

这就得出了波的磁场

$$B_1 = \frac{V_1}{\omega/k} B_0 \qquad (4-101)$$

波磁场在背景磁场 B_0 的方向。波电场由理想的 MHD 欧姆定律 $E_1 = -V_1 \times B_0$ 得到，并且垂直于 B_0，我们得到了与冷等离子体描述中相同的极化。在 MHD 中，该波被称为压缩（或快速）阿尔文（或 MHD）波。

倾斜角度的传播

为了找到任意波法线角度下的色散方程，将 θ 插入色散方程的点积中。选择平行于 B_0 的 z 轴和 x 轴，使 k 在 xz 平面上，色散方程的分量为

$$V_{1x}(-\omega^2 + k^2 v_A^2 + k^2 v_s^2 \sin^2\theta) + V_{1z}(k^2 v_s^2 \sin\theta\cos\theta) = 0 \qquad (4-102)$$

$$V_{1y}(-\omega^2 + k^2 v_A^2 \cos^2\theta) = 0 \qquad (4-103)$$

$$V_{1x}(k^2 v_s^2 \sin\theta\cos\theta) + V_{1z}(-\omega^2 + k^2 v_s^2 \cos^2\theta) = 0 \qquad (4-104)$$

y 分量产生一个线性极化模式，其相位速度为

$$\frac{\omega}{k} = v_A \cos\theta \qquad (4-105)$$

这是剪切阿尔文波向斜方向的延伸。它不垂直于磁场传播，因为那里的 $\omega/k \to 0$。

通过设置 V_{1x} 和 V_{1z} 的系数的行列式等于零，可以找到其余一对方程的非平凡解

$$\left(\frac{\omega}{k}\right)^2 = \frac{1}{2}(v_s^2 + v_A^2) \pm \frac{1}{2}[(v_s^2 + v_A^2)^2 - 4v_s^2 v_A^2 \cos^2\theta]^{1/2} \qquad (4-106)$$

这些模式是压缩的（compressional）。"$\pm$"中的加号给出了快速 MHD 模式的一般化。它可以相对于背景磁场向所有方向传播。快速模式的磁场和密度压缩在同一相位振荡。带有减号的解是慢速 MHD 模式。它的密度和磁扰动以相反的相位振荡。慢速模式在朗道机制下被强抑制，其计算需要采用动力学方法。

上面的讨论假设了同质磁场和各向同性的等离子体压力。MHD 对各向异性等离子体的最简单扩展是双绝热理论（double adiabatic theory）（Chew 等，1956），其中平行压力

和垂直压力的状态方程是分开的。这导致了平行方向上的消防带模式（firehose mode）和垂直于背景磁场的镜像模式（mirror mode）（Koskinen，2011）。镜像模式在具有各向异性的等离子体压力（$P_\perp > P_\parallel$）的赤道内磁层中很有意义。它的密度和磁场以相反的相位①振荡，类似于慢模波。请注意，镜像模式垂直于背景场传播，而慢速模式的相位速度在 $\theta \to 90°$ 时归零。在不均匀磁层中观测到的最低频率长波超低频振荡可以是慢模波或镜模波（如 Southwood 和 Hughes（1983）；Chen 和 Hasegawa（1991））。

压缩的 MHD 波可以陡峭化为激波。快速模式激波在太阳风中无处不在。当一个障碍物的运动速度超过当地的磁声速度时，它们就会形成，例如，在行星磁层前面，或者当一个 ICME 相对于背景流足够快时。同样，SIR 也会逐渐形成快速正向和快速反向的激波，尽管大部分是在地球轨道之外。冲击磁层顶的压缩激波可以在磁层内激发超低频波（第 5.4 节）。

慢模激波具有很强的阻尼性，因此很难观测到。在磁层中，它们被发现与磁重联有关，在那里它们具有将离子运动与电子等离子体流解耦并将流入的离子加速到流出速度的重要作用。

4.4.2　MHD Pc4～Pc5 超低频波

周期在 Pc4～Pc5 范围内（45～600 s，或 1.7～22 mHz）的磁层 MHD 波的波长非常长。例如，假设赤道阿尔文速度为 300 kms^{-1}，一个 $f = 2$ mHz 的 Pc5 波的波长约为 $10R_E$，这与内磁层的大小相当。事实上，大约 1 mHz 的频率实际上是最低的，在这个频率下，振荡仍然可以被描述为内磁层的波。在这样长的波长下，第 4.4.1 节中假设的均匀背景磁场 $\boldsymbol{B}_0$ 不再有效，波动也不能被看作平面波。必须用数值方法来寻求全部的耦合非线性磁流体动力学方程的解。边界条件通常给出在磁层顶和电离层。

准偶极内磁层中的超低频波保留了均质磁场中 MHD 波的模式结构：波矢量沿背景磁场的剪切阿尔文波，可向所有方向传播的快速压缩模式波。由于内磁层中的阿尔文速度远大于磁声速，垂直传播的快速模式的相位速度（4 - 106）可以用阿尔文速度 $v_A = B/\sqrt{\mu_0 \rho_m}$ 来近似。

然而，超低频波的极化变得更加复杂，且取决于背景场的几何形状。在近乎偶极的内磁层场中，超低频波的电和磁分量在局部磁场对齐的坐标（local magnetic field - aligned coordinates）中是有用的。不同文献使用了几种不同的符号。一个有说服力的惯例是使用右手单位向量 $\{\boldsymbol{e}_\nu, \boldsymbol{e}_\phi, \boldsymbol{e}_\mu\}$，其中 $\boldsymbol{e}_\mu$ 沿背景磁场线，$\boldsymbol{e}_\phi$ 在方位角方向（向东），$\boldsymbol{e}_\nu = \boldsymbol{e}_\phi \times \boldsymbol{e}_\mu$ 在赤道平面上径向向外指向。这些方向上的电场和磁场分量通常用其他下标表示，例如，$\{r, a, p\}$ 表示径向、方位角和平行。

MHD 波的波电场 $\boldsymbol{E}_1$ 总是垂直于背景磁场，因此只能有两个分量 δE_ν 和 δE_ϕ。波磁场 $\boldsymbol{B}_1$ 垂直于 $\boldsymbol{E}_1$，可以指向所有方向。不同的极化是根据磁场波动的外观来表征的。磁场

---

① 这就促使了镜像模式的命名。磁振荡形成局部的磁瓶，在磁瓶的中心密度增加。

在方位方向的波，即 $B_1 = \delta B_\phi$ 被称为环向模式（toroidal mode），对应于剪切阿尔文波。相关的波电场必须是在径向 $E_1 = \delta E_\nu$。而极向模式 poloidal mode）则指快速模式，它可以在所有波的法线角上传播。垂直传播（压缩）模式有波磁场 $B_1 = \delta B_\mu$，平行传播模式 $B_1 = \delta B_\nu$。相关的波电场在两种情况下方位角都是 $E_1 = \delta E_\phi$。观测到的超低频波通常包含不同极化的混合。

为了使讨论简单，让我们考虑偶极赤道上的不同极化模式，其中 e_ν 是径向单位矢量 e_r，然后我们可以使用圆柱坐标。在圆柱形对称几何中，总电场可以用圆柱形谐波展开为

$$E(r, \phi, t) = E_0(r, \phi) + \sum_{m=0}^{\infty} \delta E_{rm} \sin(m\phi \pm \omega t + \xi_{rm}) e_r + \qquad (4-107)$$
$$\sum_{m=0}^{\infty} \delta E_{\phi m} \sin(m\phi \pm \omega t + \xi_{\phi m}) e_\phi$$

这里 $E_0(r, \phi)$ 是随时间变化的对流电场，m 是方位角模数，δE_{rm} 是环向模式的振幅，$\delta E_{\phi m}$ 是极向模式的振幅，ξ_{rm} 和 $\xi_{\phi m}$ 代表它们各自的相位滞后。

请注意，波场通常以指数基函数 $\exp(i(m\phi - \omega t))$ 来展开。在这样的扩展中，方位角模数 m 是一个从 $-\infty$ 到 ∞ 的整数。由于 ϕ 向东增加，负的 m 对应于向西传播的波相，正的 m 对应于向东传播的波相。在扩展式（4-107）中，相反的传播方向对应于 $\pm \omega t$ 的两个符号。

文献中的术语各不相同。通常只使用根据电场分量划分为环向和极向模式，极化模式包括压缩和非压缩极化。有时平行传播的（非压缩）极化模式被称为极向阿尔文模式，以区别于压缩振荡。此外，由于观测到的振荡通常同时具有环向和极向电场分量以及所有三个磁场分量环向电场分量 δE_ν 和压缩磁场分量 δB_μ 的组合有时被认为是另一种压缩模式。然而，它是环向和压缩极化的冗余组合。

图 4-7 显示了 THEMIS-A 卫星观测到的同时表现出所有极化的 Pc5 波的两个例子。在这两种情况下，波动都发生在太阳风压力增强之后。在事件 A 中，航天器位于 $L \approx 10$ 的后午夜扇（约 03 MLT），在事件 B 中位于 $L \approx 9$ 的黄昏侧侧面（约 18 MLT）。这两个事件都有明显的所有三个极化都叠加在一起的超低频范围波动。在这两个事件中，环向模式的振幅都是最大的。这与 Hudson 等（2004）的统计结果一致，即黎明和黄昏扇区的 Pc5 波更倾向于环向极化。

小方位角模数 m 的超低频波主要是环向极化，而大 m 的波主要是极向极化。对于 $m = 0$ 和 $|m| \to \infty$ 的极限情况，偶极场位形下的理想 MHD 解分别产生纯环向和纯极向模式。对于有限的 m，不同的极化模式是耦合的，环向波和极向波都可以有小的和大的 m。

将超低频波划分为环向波、极向波和压缩波更加复杂，因为通常发现磁场和密度振荡的相位是相反的（Zhang 等，2019），这表明它们将是慢模波，或者，在各向异性的压力情况下，如第 4.4.1 节所述的镜像模波。由于波的传播方向和速度难以观测，因此在这两者之间进行经验判断是很有挑战性的。

磁层磁场线与电离层相连的地方里部分环向阿尔文波被反射，部分通过中性大气传输到地面。这使得使用具有适当采样率的地基磁强计可以对磁层超低频振荡进行远程观测。

与单点空间观测相比，地基测量对某一特定波事件提供了更广泛的纬度和纵向覆盖。例如，纵向分离的磁强计可以用来确定方位角波数（m），只要它们的距离小于振荡的方位角波长的一半。然而，这些波在从电离层传播到地面时是衰减的，这掩盖了它们的特性。

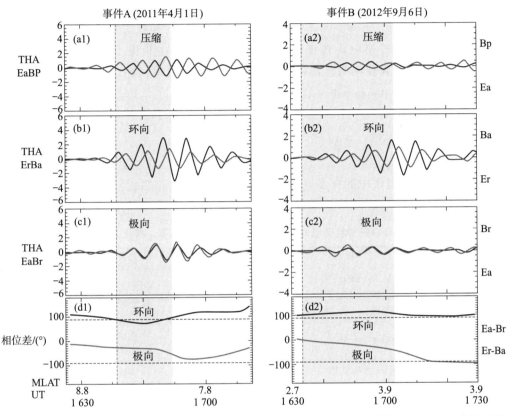

图 4 - 7　磁场（蓝色）和电场（红色）分量在磁场对齐的坐标中。数据已被带通滤波，以匹配观测到的 Pc5 范围内的超低频波频率，$0.9 \sim 2.7\ \text{mHz}$（事件 A）和 $1.8 \sim 2.5\ \text{mHz}$（事件 B）。这里的分量是：P 沿背景磁场方向，r 指向（几乎）径向外侧，a 指向方位东侧（来自 Shen 等（2015），经美国地球物理学会许可转载）（见彩插）

　　为了说明问题，让我们假设电离层在偶极场通量管的两端是一个完全导电的边界。这样的通量管是一个平行传播波的波导，其导电端板在电动力学中被称为谐振腔（resonance cavity）。完美的导电性意味着波的电场在端板处消失，因此只有选定的波长才满足麦克斯韦方程组的要求。如果从一个半球到另一个半球的场线长度是 l，那么允许的波长是 $\lambda_{\parallel} = 2l/n$，其中 n 是一个整数。因此，这些场线共振（field line resonances，FLRs）的特征频率（eigenfrequencies）是

$$f = \frac{n v_A}{2l} \tag{4-108}$$

　　最低频率（$n = 1$）对应于一个在偶极赤道上有最大振幅的半波，奇数谐波（$n = 3$，5，…）也是如此。偶数谐波（$n = 2$，4，…）则在赤道上有最小值。通过对磁场和等离

子体密度的观测，可以估计出特征频率并与观测到的振荡频率相关。图 4-7 中环向模式的径向电场分量和方位磁场分量之间有 90°的时间滞后，这表明观测到的环向振荡是一个驻留场线共振，正如从谐振腔中的驻留电磁波理论所预期的那样。

另一个谐振腔可能会在昼侧磁层顶和近赤道电离层之间形成垂直传播的波，导致驻留的空腔模式振荡（cavity mode oscillations，CMO），电场同样在边界处消失。当从外部激发的压缩波在昼侧磁层顶向内传播时会衰减。空腔模式在共振 L 壳层（resonant L—shells）上达到峰值，其频率与环向（剪切）波的场线共振相匹配，剪切模式被放大，而压缩模式则被削弱（Kivelson 和 Southwood，1986）。

4.5　波模式的总结

为了继续研究辐射带中的众多波模式，表 4-2 简要地总结了对我们的论述最重要的波模式。

表 4-2　内磁层中与辐射带粒子动力学有关的关键波模式的频率、极化方式和主要波法向角

波模式	频率	极化方式	波法向角
哨声模合声波	0.5～10 kHz 低频带：$0.1f_{ce}$～$0.5f_{ce}$ 高频带：$0.5f_{ce}$～$1.0f_{ce}$	右旋圆极化	约 0°，近赤道 在较高纬度更加倾斜
等离子体层嘶声波	约小于 100 Hz[①]	右旋圆极化	约 0°，近赤道 在较高纬度更加倾斜
磁声波	几 Hz 到几百 Hz	线性 X 极化	约 90°，限制在赤道附近
电磁离子回旋波（EMIC）	0.1～5 Hz H^+ 频带：$<f_cH^+$ He^+ 频带：$<f_cHe^+$	左旋圆极化	H^+ 频带：约 0°，在较高纬度更加倾斜 He^+ 频带：约 0°，随纬度和 L 增加而更加倾斜
Pc4 与 Pc5 超低频波	1.7～22 mHz	环向与极向混合极化	从场向对其环向到垂直于压缩振荡

---

① 较高频率的嘶声波（从 100 Hz 到几千赫兹）强度较低，与辐射带动态关系不大。

第 5 章　内磁层中波的驱动因素与性质

不同的波模式是如何驱动的，这是空间等离子体物理学中的一个核心问题。一个实际问题是，通常在观测中只能识别出驱动因素的间接证据。等离子体环境复杂多变，背景或初始条件的微小差异可能会导致截然不同的观测结果。在本章中，我们将讨论引起辐射带粒子加速、传输和损失的波的驱动因素，而第 6 章将详细讨论这些影响。我们注意到，虽然这种划分方式在教科书中是可取的，但它有点刻意，因为波的增长及其后果往往需要一起研究。例如，哨声波可以从回旋共振相互作用引起的热波动开始增长，直到达到略微稳定的状态或者非线性增长开始占主导。增长的波开始与不同的粒子布居相互作用，导致波的衰减或进一步增长。然而，与支撑波的低能背景粒子布居相比，高能辐射带粒子的通量较小。因此，尽管波可能对更高能量的粒子布居体产生巨大影响，但它们对整体波活动的影响通常很小。因此，这两章应该一起研究。

我们的重点是与辐射带演化最相关的波。如果读者有兴趣更加全面地了解空间等离子体波及其不稳定性，可以参考一般的教科书（Koskinen，2011；Treumann 和 Baumjohann，1997）。

5.1　波的增长和衰减

在 4.2.2 节中，我们发现，通过加热等离子体布居，麦克斯韦等离子体中的小振幅静电朗缪尔波会衰减。我们称这样一种等离子体在粒子分布中的小扰动下是稳定的。为了激发磁层中的等离子体波，需要一种外部源，例如极低频发射器、雷击、行星际激波冲击磁层顶或者由不稳定粒子分布或磁场位形引起的内部等离子体不稳定性。

为了使等离子体不稳定，该系统必须包含转化为波能的自由能。自由能可能储存于磁场位形（例如薄电流片的磁张力）、各向异性等离子体压力或等离子体粒子相互流动等。因为不同的自由能来源会导致截然不同的结果，所以确定自由能的来源至关重要。

等离子体扩散方程为 $\omega(k) = \omega_r(k) + i\omega_i(k)$ ，式中 ω_r 与 ω_i 分别为波频率的实部与虚部，k 是波向量。该方程的求解取决于局部等离子体参数。在辐射带中，等离子体条件随空间和时间变化，使得波环境复杂多样。

在稳定的等离子体中，扰动最终会被抑制（$\omega_i < 0$）。对于较小的衰减率（$|\omega_i| \ll \omega_r$），微扰是等离子体的正常模式。有时衰减作用如此强，以至于振荡产生过阻尼。波动仍然存在，但波能量很快被等离子体粒子吸收。一个众所周知的例子是电离层中的衰减离子声波模式，它决定了非相干散射雷达接收信号的频谱形状。

如果 $\omega_i > 0$，波将会增长并导致不稳定性。如果不进行实际计算，就不可能知道波的振幅能增加多少。由于波能量从计算增长率的位置传输，这就变得更加复杂，有必要应用射线追踪技术来跟踪波模式的空间演化［Horne（1989）详细描述了广泛使用的射线追踪流程的一个示例］。内磁层中的波增长通常受到粒子加速的准线性限制。然而，波的增长可能会持续到非线性效应开始限制增长率的状态。如果没有任何东西能阻止这种增长，那么这个系统就会朝着一个重大的构型变化发展，大规模的磁重联就是这种变化的一个重要例子。

5.1.1　宏观不稳定性

构型空间中的宏观不稳定性可能比速度空间的微观不稳定性更容易理解。例如，我们可以把地球的磁力线想象成一个巨大乐器的弦。当外部扰动作用于该系统时，它会尝试恢复其原始构型，启动压缩磁声波模式，这种波模式反过来可以激发场线本征频率处的场向剪切阿尔文波，即场线共振（第4.4.2节）。

然而，对宏观不稳定性的定量描述绝非易事。正如 Krall 和 Trivelpiece（1973）所陈述，"流体理论虽然有很大的实用价值，但在很大程度上依赖于用户的巧妙使用"。在无碰撞的空间等离子体中，矩方程的截断（如磁动流体力学）涉及几个临界近似值（如Koskinen，2011），在不稳定等离子体条件下就可能失效。一个众所周知的现象是磁重联，在磁层背景下，它是薄电流片的一种不稳定性体现。在无碰撞的空间等离子体中，磁重联通常被描述为近乎理想磁流体动力学（MHD）中电流薄片的撕裂。然而，宏观磁力线的切割和重联本质上是一个微观过程，允许等离子体粒子和磁场相互"解冻"。

另一个例子是磁层顶发生的开尔文-亥姆霍兹流体动力学不稳定性（KHI）的磁流体动力学版本。这种不稳定性是由太阳风快速流和边界磁层侧慢速流之间的速度切变驱动的，这导致了表面振荡现象，类似于风吹过水面引起的水面振荡。这些振荡可能导致微扰，微扰可以作为磁流体动力学波传播到磁层。磁层边界上的宏观过程需要某种类型的黏性，类似于1.4.1节中 Axford 和 Hines（1961）提出的磁层对流黏性相互作用模型中的阻力。磁层顶等离子体条件下的黏性不能是碰撞引起的，相反，它必须由波粒相互作用来提供，从而将宏观不稳定性与微观过程联系起来。

5.1.2　速度空间不稳定性

从静电近似的第4.2节中线性化弗拉索夫理论开始讨论速度-空间不稳定性是具有指导意义的。容易证明在此框架内任何单调递减（$\partial f/\partial v < 0$）的分布在小扰动下都是稳定的。

图5-1是平缓凹凸分布的双峰分布函数的一个示例。它由麦克斯韦背景（密度 n_1、温度 T_1）和麦克斯韦光束（n_2、T_2）组成，麦克斯韦光束相对于背景以速度 V_0 移动。我们再次仅考虑电子，并假设离子形成冷背景，那么电子分布函数就是

$$f_{e0} = \frac{n_1}{n_e}\left(\frac{m_e}{2\pi k_B T_1}\right)^{3/2}\exp\left(-\frac{m_e v^2}{2\pi k_B T_1}\right) + \frac{n_2}{n_e}\delta(v_x)\delta(v_y)\left(\frac{m_e}{2\pi k_B T_2}\right)^{1/2}\times$$

$$\frac{1}{2}\left\{\exp\left(-\frac{m_e(v_z-V_0)^2}{2\,k_B T_2}\right) + \exp\left(-\frac{m_e(v_z+V_0)^2}{2\,k_B T_2}\right)\right\} \tag{5-1}$$

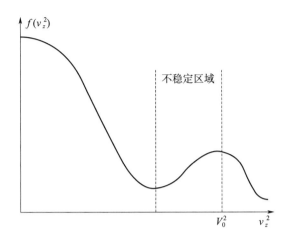

图 5-1　包含潜在不稳定区域的平缓起伏分布函数，该区域中 $\partial f/\partial v > 0$。为了避免由隆起而引起的电流，假设电子分布在 $v_z = 0$ 左右对称，因此速度轴为 v_z^2。这样的话，这个例子仍然是严格静电的

我们继续假设 $n_e = n_1 + n_2 \gg n_2$，$T_2 \ll T_1$，$v_0^2 \gg 2\,k_B T_1/m_e$，也就是说，光束的密度和温度比背景小得多，光束的速度比背景的热速度快。

在没有隆起的情况下，问题的解就是衰减朗缪尔波。现在，$K(\omega,k)$ 的计算略微繁琐，但在分析上仍然可以采用与第 4.2.2 节相同的策略。由于凸起部分的"平缓"（$n_1 \gg n_2$ 且 $T_1 \gg T_2$），频率的实部可以用尔波的频率近似计算

$$\omega_r \approx \omega_{pe}(1 + 3\,k^2\lambda_{De}^2)^{1/2} \approx \omega_{pe}\left(1 + \frac{3}{2}k^2\lambda_{De}^2\right) \tag{5-2}$$

根据隆起和背景的相对数量密度和相对温度，可以依据朗道解修正虚部

$$\omega_i \approx -\sqrt{\frac{\pi}{8}}\,\frac{\omega_{p1}}{|\,k^3\lambda_{D1}^3\,|}\exp\left(-\frac{1}{2\,k^2\lambda_{D1}^2} - \frac{3}{2}\right) +$$

$$\frac{n_2}{n_1}\left(\frac{T_1}{T_2}\right)^{3/2}\frac{k^3}{k_z^3}\left(\frac{k_z V_0}{\omega_r} - 1\right)\exp\left\{-\frac{T_1/T_2}{2\,k^2\lambda_{D1}^2}\left(1 - \frac{k_z V_0}{\omega_r}\right)^2\right\} \tag{5-3}$$

式中第一项表示由单调递减的背景分布引起的朗道阻尼。第二项是从隆起点（$v_z > V_0$）开始向右趋于稳定（衰减），该区域分布逐渐减小，但对于从隆起点到左侧上升的斜坡区域，其等离子体振荡可能是不稳定的（$\omega_i > 0$）。不断增长的朗缪尔波的波矢量靠近光束的运动方向（z 轴），在磁化等离子体中，光束通常沿着背景磁场方向。

这种不稳定性要求光束的正梯度贡献能够克服背景阻尼，称为平缓隆起（或平缓光束）不稳定性。如果隆起过于平缓，则其强度不足以克服背景阻尼来引起不稳定性。确定分布是否稳定的唯一方法是计算频率的虚部。回顾一下，即使波保持衰减（$\omega_i < 0$），正常模式仍然存在。正常模式的作用就是将光束的动能转化为背景和光束布居的温度。这逐渐导致背景和光束之间槽的填充，形成一个略微稳定的非麦克斯韦分布。

还有另外两种波模式值得一提，它们的增长率可以在静电近似中找到：离子声波（IAC）（即方程的短波解）及静电离子回旋波（EIC）。它们的不稳定性可以由磁化等离子

体中被场向电子束携带的磁场场向电流驱动,例如在极光区域内部及其上方存在这种现象。由于这些静电模式在辐射带物理学中不太重要,我们参考 Koskinen (2011) 的第 7 章对静电模式进行进一步讨论。

类似于第 4.2.3 节中关于朗道阻尼的讨论,衰减或增长可以用以下几种情况进行说明:粒子沿着分布函数的斜坡下滑、从等离子体波中获得能量或者将能量耗散到等离子体波中。如果隆起中的粒子数量增加,或者如果隆起在速度空间中变得更窄(背景更冷),或者如果隆起的速度(V_0)增加,则不稳定性会增强。在后两种情况下,该过程接近冷等离子体理论的双流不稳定性。

在磁化的空间等离子体中,重要的不稳定分布函数是损失锥分布、离子环分布和蝴蝶分布(见 3.4 节),它们具有垂直于磁场的正速度梯度($\partial f/\partial v_\perp > 0$)。回旋速度分布 $f(v_\parallel, v_\perp)$ 也可以表示为动能和俯仰角的函数,即 $f(W, \alpha)$。若 $\partial f/\partial W > 0$ 或 $\partial f/\partial \alpha > 0$,就会发现其不稳定性。例如,在损失锥的边缘,分布函数可能具有很大的正梯度 $\partial f/\partial \alpha$。图 5-2 是一个可能的不稳定蝶形分布的示意图,这个分布是俯仰角的函数。进一步注意,尽管各向异性的双麦克斯韦煎饼分布存在 $\partial f/\partial v_\perp < 0$,它仍可能是不稳定的,因为有 $\partial f/\partial \alpha > 0$。这是第 5.2 节中讨论的一个关键要素。

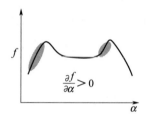

图 5-2 蝴蝶分布函数(自变量为俯仰角 α),图中阴影表示潜在不稳定 $\partial f/\partial \alpha > 0$ 俯仰角区域。蝴蝶分布的相对论电子通量观测的时间序列见图 3-4

5.1.3 波粒相互作用的共振

为了说明辐射带粒子与电磁等离子体波之间的共振相互作用,我们研究了从弗拉索夫理论中发现的共振条件,见式(4-38),其相对论形式为

$$\omega - k_\parallel v_\parallel = \frac{n\omega_{ca}}{\gamma} \tag{5-4}$$

式中 $k_\parallel = k\cos\theta$,$\theta$ 是波线线角(wave normal angle,WNA),也就是背景磁场与波矢量之间的夹角,γ 为洛伦兹因子。

$$\gamma = (1 - v^2/c^2)^{-1/2} = (1 - v_\parallel^2/c^2 - v_\perp^2/c^2)^{-1/2} \tag{5-5}$$

注意,在相对论共振条件下,平行速度出现在波频的多普勒频移项($k_\parallel v_\parallel$)和与 γ 相关的回旋频率项中。

在方程(5-4)中,n 表示热磁化等离子体[式(4-34)]的介电张量中贝塞尔函数的阶数,变化范围从 $-\infty$ 到 $+\infty$。因此,左右极化波都可以与带正电和负电的粒子产生共振。$n = 0$ 对应于朗道共振 $k_\parallel v_\parallel = \omega$，而 $n \neq 0$ 时则对应回旋共振。请注意，对于将要进入朗道共振状态的圆极化波，波需要具备有限波法线角。因为只有波具有平行于磁场的电场分量，才可以加速/减速粒子。因此，朗道共振的影响越重要，波传播得就越倾斜。

方程（5-4）表明，对于回旋共振，波的多普勒频移频率（$\omega - k_\parallel v_\parallel$）必须与粒子的回旋频率 ω_{ca}/γ 或其高次谐波相匹配。如果粒子运动在赤道处镜像（$v_\parallel = 0$），并且/或者波的传播完全垂直于背景磁场（$k_\parallel = 0$），那么波的频率需要与粒子的回旋频率精确匹配。

因为哨声波的频率低于并且 EMIC 波的频率远低于局部电子回旋频率，所以多普勒频移和洛伦兹因子在满足共振条件中的重要性是显而易见的。在外电子带中，电子回旋频率在 $5\sim 10\ \mathrm{kHz}$ 范围内。请注意，超相对论电子的洛伦兹因子约为 5，仅此一项不足以产生频移以满足共振条件。因此，多普勒频移和洛伦兹因子都是必不可少的，尤其是在电子与 EMIC 波的相互作用中。

我们常常需要寻找到使辐射带粒子与特定频率和相位速度的波产生共振的速度。考虑具有固定 ω 和 $k_\parallel$ 的波，ω 和 $k_\parallel$ 满足所讨论波模式的扩散方程。那么非相对论情况下的共振速度为

$$v_{\parallel,\mathrm{res}} = (\omega - n\omega_{ca})/k_\parallel \tag{5-6}$$

因此，共振只取平行方向的速度分量。在（$v_\parallel$，$v_\perp$）平面，若共振条件与相关波的扩散方程一致，共振条件对垂直速度（$v_\perp$）无限制，共振粒子可以在一条直线上的任意处，这条直线称为共振线。因此，粒子能量处于较大范围内，共振都有可能发生。

对于相对论粒子（此处给定 $n = 1$），回旋共振速度可以通过下式求解

$$v_{\parallel,\mathrm{res}} = -\frac{\omega}{k_\parallel}\left(1 - \frac{\omega_{ca}}{\omega}\frac{1}{c}\sqrt{c^2 - v_{\parallel,\mathrm{res}}^2 - v_{\perp,\mathrm{res}}^2}\right) \tag{5-7}$$

平行速度与垂直速度是相互耦合的，相对论共振条件在（$v_\parallel$，$v_\perp$）平面定义了一个半椭圆而不是共振线，半椭圆称之为共振椭圆，能够限制共振能量。在非相对论的情况下，对于频率为 ω 的波，现在有一个平行共振速度范围，而不是一个具有特定值的 $v_{\parallel,\mathrm{res}}$。由于辐射带中自然波的频率带宽有限，因此速度空间中存在的共振椭圆体积也是有限的。在朗道相互作用的情况下，共振条件总是 $v_{\parallel,\mathrm{res}} = \omega/k_\parallel$，共振与 $v_\perp$ 无关这一结论对于相对论粒子也是如此。

接下来，我们考虑波粒之间的几个小的共振相互作用，这种相互作用可能导致波的衰减或放大。相互作用的综合效应称为速度空间中粒子分布的扩散。

Kennel 和 Engelmann（1966）用图简单阐明了非相对论粒子的扩散过程。令 $\Delta W = \hbar\omega$ 为粒子在与波的短暂相互作用中获得或失去的能量量子。平行方向动量变化可以表示为 $m\Delta v_\parallel = \hbar k_\parallel$，则有 $\Delta W = m\Delta v_\parallel \omega/k_\parallel$。另一方面，假设单个相互作用产生的能量增量与粒子的总能量相比很小，能量的变化表达式可以展开为 $\Delta W = m(v_\parallel \Delta v_\parallel + v_\perp \Delta v_\perp)$。将这两个能量变化表达式结合起来得到

$$v_\parallel \Delta v_\parallel + v_\perp \Delta v_\perp = \Delta v_\parallel \omega/k_\parallel \tag{5-8}$$

其积分结果如下

$$v_\perp^2 + (v_\parallel - \omega/k_\parallel)^2 = 常数 \tag{5-9}$$

根据方程（5-9）可以定义（$v_\perp$，$v_\parallel$）平面中的一个圆。圆心位于坐标（0，$\omega/k_\parallel$）。对于给定的 $v_{\parallel,\,res}$，圆半径随着 $v_\perp$ 的增大而增大。对于相对论粒子，相应的方程再次定义了椭圆（Summers 等，1998）。这些圆（或椭圆）被称为单波特征。在朗道共振中，单波特征是平行方向上的一条直线。

当单波特征穿过共振椭圆或非相对论情况下的直共振线时，就会发生共振。该特征定义了粒子在（$v_\perp$，$v_\parallel$）平面中相互作用时的运动方向。在朗道共振中，扩散发生在 $\pm v_\parallel$ 方向上，这与静电弗拉索夫理论相似。在回旋共振中，粒子沿单波特征朝任意方向随机移动，扩散方向为单波特征的切向。因此，共振相互作用可以改变粒子的俯仰角和能量。粒子的净通量朝着沿单波特征呈递减分布函数的方向。如果通量朝着能量增加的方向发展，比如麦克斯韦分布，这种情况下粒子获得能量，而波则会衰减。相反的情况是，例如第 5.1.2 节末讨论的不稳定分布，波的增长是以粒子能量损耗为代价的。

再次回顾，辐射带中的自然波具有有限的频率带宽。因此，存在一系列相邻的单波特征，即使偏离了先前相互作用的单波特征，粒子仍可与之共振。这一表述适用于小振幅（线性）波，因为假设每次相互作用中的 ΔW 都很小[①]。

图 5-3 展示了在外辐射带的靠近赤道区域，由电子与哨声波的共振相互作用引起的扩散。彩色分布函数值表示从磁尾注入的各向异性布居。由于俯仰角的各向异性，单波特征 R_1 穿越共振椭圆，对应共振速度 $v_{\parallel,\,2}^{res}$，朝着小俯仰角方向扩散，并且能量减小。因此，哨声波被放大了，这在下面的 5.2 节中有所讨论。在更高能量（>300 keV），分布函数不再是各向异性的，并且特征 R_2 朝着更高能量方向扩散，对应 6.4.5 节中讨论的辐射带电子的哨声模式加速情况。

5.2　哨声模和 EMIC 波的驱动因素

早在 20 世纪 60 年代，有学者就已经认识到由内磁层中各向异性速度分布函数驱动的电磁右极化哨声波和左极化 EMIC 波的核心作用［例如 Kennel（1966）；Kennel 和 Petschek（1966）以及其中的文献］。即使当时观测受限，但对等离子体理论的理解仍有可能得出一些结论，这些结论后来被更广泛详细的观测所证实。

下面我们将讨论电子和质子的各向异性如何驱动不稳定性，从而在背景内磁层等离子体中产生哨声模合声波和 EMIC 波。亚暴期间，从磁尾注入的粒子以绝热方式移动到内磁层中更强的磁场时，自然会出现各向异性的电子和质子分布。由于存在漂移电子感应加速机制，磁矩（μ）守恒使得 $W_\perp$ 增加。同时，南北半球之间的弹跳路径变短，由于存在费米加速，纵向不变量（J）的守恒使得 $W_\parallel$ 增加。在近似偶极场中，B 与 L^{-3} 成正比，而弹跳运动的长度与 L 成正比。因此，在向地运动中，μ 的守恒对分布函数在垂直方向上的

---

① 沿单波特征的扩散类似于磁化等离子体中用于求解弗拉索夫方程的特征法（第 4.2.4 节）。在这两种情况下，假设每一步的变化（ΔW 或 Δf）都很小。

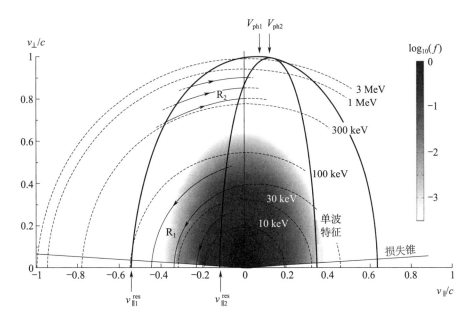

图 5-3　哨声波的共振椭圆与单波特征。虚线表示常值能量面，色度表示热/超热电子的煎饼分布函数。红线表示共振椭圆，对应 $0.1f_{ce}$（较窄椭圆）到 $0.5f_{ce}$（较宽椭圆）。椭圆向右的位移是由多普勒频移 $k_{\parallel}v_{\parallel}$ 引起的。黑线为选取的单波特征，箭头表示扩散方向（来源于 Bortnik 等（2016），经牛津大学校长许可转载）（见彩插）

拉伸作用更明显，而 J 的守恒对分布函数在平行方向上的拉伸则较弱，从而得到一个煎饼分布函数（$T_{\perp} > T_{\parallel}$）。

5.2.1　各向异性驱动哨声波

遵循 Kennel 和 Petschek（1966）的经典介绍，我们首先考虑冷等离子体哨声模式解，即频率范围 $\omega_{ci} \ll \omega < \omega_{ce}$ 内的平行传播 R 模式。在这种近似下，我们可以忽略离子对方程（4-62）的贡献。我们主要对电子等离子体频率大于回旋加速频率的外辐射带区域感兴趣（例如，在 $L = 5$ 时，ω_{pe}/ω_{ce} 的值约为 4）。在这些条件下，频率的实部可以近似为

$$\frac{c^2 k_{\parallel}^2}{\omega^2} \approx \frac{\omega_{pe}^2}{\omega(\omega_{ce} - \omega)} \tag{5-10}$$

为了简化讨论，我们考虑非相对论近似（$\gamma = 1$）情况下，与回旋频率的基础（$n = 1$）谐波的相互作用。将式（5-10）代入共振速度 $v_{\parallel,res} = (\omega - \omega_{ce})/k_{\parallel}$，那么共振能量变为

$$W_{e,res} = \frac{1}{2}m_e v_{\parallel,res}^2 = W_B \frac{\omega_{ce}}{\omega}\left(1 - \frac{\omega}{\omega_{ce}}\right)^3 \tag{5-11}$$

式中，$W_B = B^2/(2\mu_0 n_0)$，是每个粒子的磁能，也就是磁能密度除以粒子数密度 n_0。注意，当 $\omega < \omega_{ce}$ 时，波需要朝向电子传播使得 $k_{\parallel}v_{\parallel} < 0$，从而通过多普勒频移提高波频率，使其与 ω_{ce} 匹配。此外，式（5-11）表示频率最低时共振能量最大，当 $\omega \to \omega_{ce}$，能量减小并趋近于 0。在典型的内磁层条件下，共振能量在 $1 \sim 100$ keV 范围内。

令 $F_e(v_\parallel, v_\perp)$ 表示归一化的平衡分布函数。经过推导，弗拉索夫理论解在共振速度下的增长率可以写成

$$\omega_i = \pi\omega_{ce}\left(1 - \frac{\omega}{\omega_{ce}}\right)^2 \Delta_e(v_{\parallel,res})\left(A_e(v_{\parallel,res}) - \frac{1}{(\omega_{ce}/\omega) - 1}\right) \tag{5-12}$$

式中

$$\Delta_e(v_{\parallel,res}) = 2\pi\frac{\omega_{ce} - \omega}{k_\parallel}\int_0^\infty v_\perp dv_\perp F_e(v_\perp, v_\parallel)\Bigg|_{v_\parallel = v_{\parallel,res}} \tag{5-13}$$

$$A_e(v_{\parallel,res}) = \frac{\displaystyle\int_0^\infty v_\perp dv_\perp\left(v_\parallel\frac{\partial F_e}{\partial v_\perp} - v_\perp\frac{\partial F_e}{\partial v_\parallel}\right)\frac{v_\perp}{v_\parallel}}{2\displaystyle\int_0^\infty v_\perp dv_\perp F_e}\Bigg|_{v_\parallel = v_{\parallel,res}} \tag{5-14}$$

$$= \frac{\displaystyle\int_0^\infty v_\perp dv_\perp \tan\alpha\frac{\partial F_e}{\partial\alpha}}{2\displaystyle\int_0^\infty v_\perp dv_\perp F_e}\Bigg|_{v_\parallel = v_{\parallel,res}}$$

因子 $\Delta_e(v_{\parallel,res})$ 是接近共振的总电子分布的比例的一种度量。因为当 $\omega < \omega_{ce}$，Δ_e 总是正的。回顾一下，虽然共振只取平行方向上的速度分量 $v_{\parallel,res}$，但电子可以在 $(v_\perp, v_\parallel)$ 平面的共振线上拥有任意垂直速度。这导致了对上述所有垂直速度的积分。如果波的频带很宽，就像自然产生的哨声波一样，这种情况下大多数电子分布都可以与波相互作用。

相反，A_e 是各向异性的一种度量。它取决于恒定能量下 F_e 对俯仰角的梯度。对于煎饼分布、损失锥分布和蝴蝶分布，α 存在一些区域，使 $\partial F_e/\partial\alpha > 0$。

ω_i 的正（增长）负（衰减）取决于式（5-12）右侧括号内最后一项。当下式满足时，波就是增长的

$$A_e > \frac{1}{(\omega_{ce}/\omega) - 1} \tag{5-15}$$

其他情况下，波就是衰减的。这一条件也可以用共振能量来表示

$$W_{e,res} > \frac{W_B}{A_e(A_e + 1)^2} \tag{5-16}$$

在双麦克斯韦分布［式（3-56）］情况下，A_e 与 $v_{\parallel,res}$ 无关，可以简化为

$$A_e = \frac{T_\perp - T_\parallel}{T_\parallel} \tag{5-17}$$

假设存在一个 $T_\perp > T_\parallel$ 的煎饼分布，这种分布通常可以在等离子体层顶外的辐射带区域观测到，如果各向异性足够强，且满足式（5-15）或式（5-16）的条件，那么哨声模式就会增长。最小共振能量可以通过观测来确定。布居的各向异性越明显，最小共振能量就越低。

哨声模式的不稳定性条件仅取决于各向异性 A_e，而实际增长率或衰减率取决于 A_e 和共振电子的比例 Δ_e。另外，式（5-15）表明，波频率越接近回旋频率，由于 $\omega \to \omega_{ce}$ 使共振阻尼增加，就需要越强的各向异性来驱动波。

这里我们只考虑了与背景磁场平行传播的波。如 Kennel（1966）所述，波的增长率随着波法线角的增加而减小。因此，需要足够长时间的回旋共振来产生斜哨声波。垂直传播时［WNA ≈ 90°，即磁声（X 模式波）］共振能量为零。如第 5.3.2 节所述，磁声模式的不稳定性，可以由垂直方向上带有自由能的质子环分布所驱动（$\partial f/\partial v_{\perp} > 0$）。

5.2.2　哨声模合声波

在等离子体层顶之外观测到的哨声模式波称为合声波。它们不同于由闪电产生的具有递减频率-时间谱的哨声波（第 4.3.2 节）。合声波由千赫兹范围内的短的、多数上升调的以及右手极化辐射波组成。当通过音频扬声器播放时，信号类似于鸟巢的"黎明合声"。根据文献 Ratcliffe 和 Storey（1953）的附录，这些"黎明合声"早在 20 世纪 30 年代就已被听到。

到 21 世纪初，合声波已被证明能够将辐射带电子加速到相对论能量，另一方面，它又可以将一小部分粒子散射到大气损失锥中。加速和扩散过程将在第 6 章中讨论。在这里，我们通过从文献 Bortnik 等（2016）复制的图 5-4 来讨论波的主要观测特征。

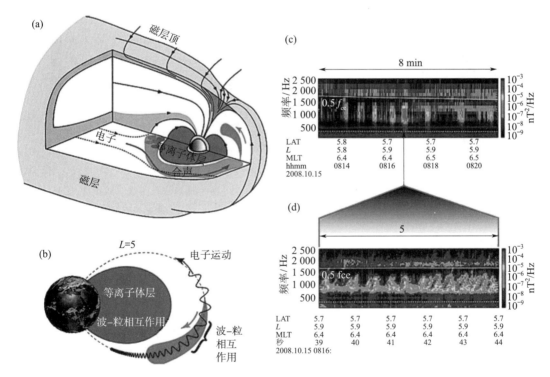

图 5-4　合声波的主要观测特征。（a）从午夜到黎明再到中午，波主要出现在赤道附近。（b）波从赤道传播，但从电离层反射之前会衰减。（c）这些波在两个不同的波段中呈现为短暂的爆发，峰值约为 $0.5 f_{ce}$。（d）单脉冲由短上升调组成，使激发过程具有啁啾特征［来源于文献 Bortnik 等（2016），经牛津大学出版社许可转载］

图 5-4（a）表明，从午夜左右到黎明再到中午，等离子体层外赤道附近更容易观测

到合声激发。这与合声波由磁尾注入的能量范围在 $1 \sim 100$ keV 的各向异性电子布居驱动的概念相吻合，因为这些电子沿着等离子体层顶向东漂移。

目前已发现这些波传播远离赤道［图 5 - 4 (b)］，但不会返回赤道。这表明合声波与剪切阿尔文波不同，它不会从电离层反射回来，而是通过赤道附近的波粒相互作用发生衰减。

波的衰减和增长取决于波的法线角。图 5 - 5 基于 Cluster 的观测（左）和射线追踪分析（右），该图显示，在赤道附近，合声波的传播平行或几乎平行于背景磁场，而倾斜角随着地磁纬度的增加而增加。由于大部分自由能集中在赤道附近，因此合声波靠近赤道面，其中约 90° 处的电子被俘获，各向异性最强，使平行传播波的回旋共振增长最大化。Bortnik 等（2007）的射线追踪研究结果表明，主要的衰减机制可能是 1 keV 左右的超热电子的朗道阻尼。由于倾斜角越大，朗道阻尼作用越明显，因此这种衰减作用随着纬度增大而增。

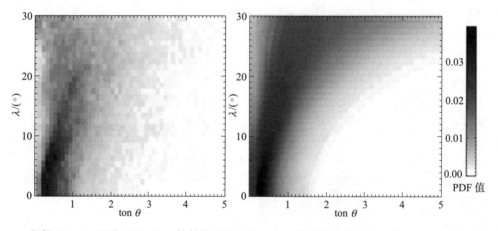

图 5 - 5　根据 Cluster 观测（左）和三轴射线追踪方法（右）得到的概率分布函数（PDF），该函数以波法线角 θ 和地磁纬度 λ 为变量。观测的波法线角大多数小于 45°（$\tan\theta < 1$）［来源于文献 Breuillard 等（2012），知识共享署名 3.0 许可］

图 5 - 4 的频谱图（c）和（d）阐明了观测到的合声波的激发特征。有两个不同的频带：低频带范围 $0.1 f_{ce} < f < 0.5 f_{ce}$、强度较低的高频带范围 $0.5 f_{ce} < f < f_{ce}$。上面的频谱图表明以 $10 \sim 20$ s 的短脉冲出现，而下面的频谱图则说明了短于 1 s 的上升调啁啾信号如何组成单个脉冲，这些啁啾信号为合声波的激发提供了类合声的音调。

5.2.3　合声波激发的双频结构

自 20 世纪 60 年代后半期的 OGO 1 号卫星和 OGO 3 号卫星实施观测以来［Burtis 和 Helliwell（1976）；Burtis 和 Helliwell（1969）］，合声波的激发划分为两个频段（图 5 - 4）一直是一个长期存在的问题。学者给出了多种解释，从各频段的不同驱动因素到非线性的波-粒或波-波耦合现象（Li 等，2019）。已有学者假设存在两种不同的各向异性热电子分布，并使用粒子云网格法进行等离子体模拟，证明了频率在 $0.5 f_{ce}$ 处有振幅间隙的双频哨声波的增长（Ratcliffe 和 Watt，2017），但尚不清楚如何形成这两种布居。

一阶回旋共振 $\omega - k_\parallel v_c = \omega_{ce}$ 和朗道共振 $\omega - k_\parallel v_L = 0$ 的相互作用可能在两个独特的能量域中产生电子各向异性，这是一种可能且非常简单的解。式中，v_c 和 v_L 代表回旋和朗道共振的平行速度。如果 v_c 和 v_L 的大小相同，但方向相反，在 $\omega = 0.5\omega_{ce}$ 时，两个条件均满足。因此，实际上哨声模式下的电子得以增长，朗道共振在 $\omega = 0.5\omega_{ce}$ 时使波衰减。衰减作用使电子在背景磁场的方向上加速，降低了朗道共振能量附近的电子各向异性强度。

Li 等（2019）使用数值模拟研究了这一机制，数值仿真与范艾伦探测器对电子和高分辨率波的观测一致。在研究这些事件过程中，电子数据显示出了两种各向异性的电子分布：一种在 $0.05 \sim 2$ keV 范围内，另一种在 > 10 keV 范围内。数值模拟中的初始自由能来源于从等离子体片注入的不稳定煎饼电子分布 ［图 5 - 6（a）］。首先，单频段哨声模式开始增长 ［图 5 - 6（b）］，但在 $\omega = 0.5\omega_{ce}$ 处开始出现朗道阻尼，并开始形成两种不同的各向异性分布 ［图 5 - 6（c）］。在数值模拟中，出现回旋共振的能量范围为 $0.22 \sim 24$ keV，而出现朗道共振的能量范围为 $1.3 \sim 2.1$ keV。在它们形成后，两类各向异性布居分别起作用：低能电子驱动高频哨声模式，而高能粒子布居驱动低频哨声模式 ［图 5 - 6

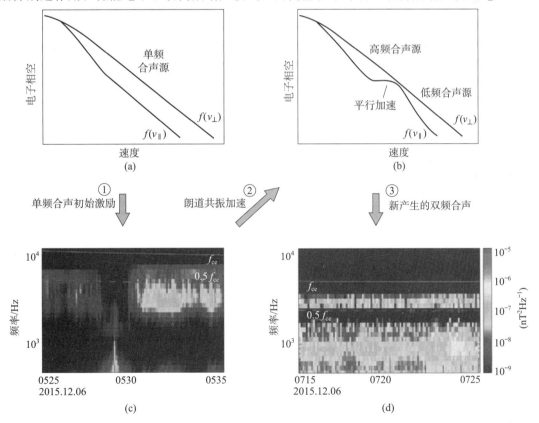

图 5 - 6　基于范艾伦探测器测量数据与数值模拟的低频带与高频带合声波激发场景。注意，（b）和（d）的频谱图是航天器朝着远离地球的方向移动时，在大约 2 h 内拍摄的 ［来源于 Li 等（2019），知识共享署名 4.0 国际许可］

（d）］，这与共振能量和频率［式（5-11）］的关系一致。通过观测高低频带的独立演化，进一步为这两类独立过程提供了支撑证据，尤其是上升调啁啾的不同外观。

5.2.4　啁啾的形成和非线性增长

第5.2.1节讨论的线性理论并未解释合声波激发的特征性上升调啁啾的形成。其短时间尺度和大振幅表明这是一个非线性过程。

Omura 等（2012）回顾了基于相空间中电子空穴非线性形成的理论和模拟工作。一旦各向异性驱动的相干波增长到有限振幅，围绕共振速度的波势就能够俘获一小部分共振电子，并扭曲未俘获共振电子的轨迹。因此，（r，v）相空间会形成一个"空穴"或一个"隆起"（图5-7）。扭曲的电子轨迹与共振电流相对应，共振电流通过两个分量改变波场：波电场方向的 J_E 和波磁场方向的 J_B。结果表明，J_E 引起波振幅的增长，而 J_B 引起合声元素的频率漂移和音调上升[①]。

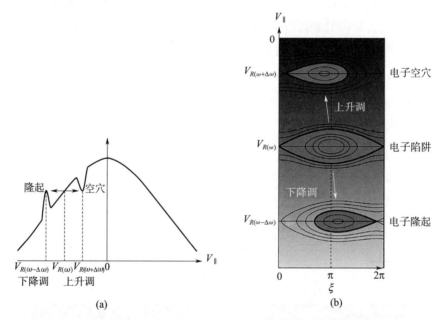

图5-7　电子"空穴"和"隆起"形状，（a）一维分布函数 $F(v_{\parallel})$ 中的形状；（b）相空间（$v_{\parallel}$，ξ）中的形状，ξ 是共振电子的垂直速度与波磁场之间的角度［来源于 Omura 等（2015），经美国地球物理联合会许可再版］

从范艾伦探测器的 EFW 仪器获得的连续滤波器组数据为重建大振幅哨声波的频率和振幅提供了可能。Tyler 等（2019）根据5年的范艾伦探测器数据进行了首次统计分析。他们寻找振幅大于 5 mVm⁻¹ 的波，比平均合声波振幅大1~2个数量级。这一阈值避免了数据集被振幅小得多的等离子体嘶声激发污染的风险。从午夜前到黎明再到中午。1%~4% 的时间观测到超过该水平的大振幅哨声波，大多在 0~7 MLT 之间，通常在 L=3.5 以

---

① 有关详细计算，参考文献 Omura 等 2012 年的作品及其中的参考文献。

上。观测到的波包的这种分布符合如下假设，即它们是从最初的各向异性驱动的线性哨声波增长而来的。

合声元素的非线性增长可以持续到非常大的振幅。例如，哨声模式激发出异常强的电场，其强度约为 240 mVm^{-1}，STEREO 航天器在到达最终轨道的过程中穿越辐射带时，S/WAVES 仪器观测到了这种电场（Cattell 等，2008）。

对大振幅波包展开详细研究时，需要在时域中进行高频采样，并将波形传输到地面。因此，在磁层的任何特定区域的相关观测都很少。图 5-8 是另一个内磁层大振幅哨声波包的例子，被 Wind 航天器上的时域采样器捕获。其波形表明，振幅在几十毫秒内增长和衰减，这使得采样数据难以直接与当地电子数据进行比较，因为粒子仪器通常没有那么高的采样分辨率。

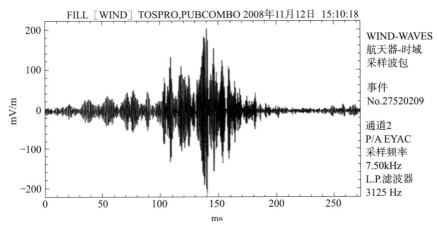

图 5-8　Wind 航天器在穿过磁层期间观测到的大振幅哨声波包示例
［摘自 Kellogg 等（2011），经美国地球物理联盟许可转载］

5.2.5　合声波的空间分布

图 5-9 显示了 $L^* \leqslant 10$ 处，高、低频段合声波的平均强度分布图，该分布图是从靠近赤道的几组卫星数据编译得到的（Meredith 等，2020；Meredith 等，2012）。合声激发的高度下限与等离子体层顶高度一致，一直到外辐射带的外缘都可以观测到。由于合声激发是由磁暴和亚磁暴期间，从等离子体片注入的各向异性电子驱动的，因此合声波的激发和其强度强烈依赖于磁层活动，图 5-9 中的磁层活动用 AE 这一指标来表示。显然，高频合声波的 L 范围比低频合声波窄。低频合声波峰值强度约为 2 000 pT^2，与之相比，高频段激发的合声平均峰值强度明显更小，通常为几百 pT^2。

虽然在所有磁地方时都观测到了合声波，尤其是低频激发合声波，但其强度明显依赖于磁地方时，随着地磁活动的增加，这种依赖性变得更加明显。从午夜前（约 23 MLT）到中午，合声波出现最频繁、强度最强。Meredith 等（2020）也证明，与高磁纬度地区相比，合声波在赤道附近出现的频率要高得多，强度也更大。这种趋势对于很少在高纬度探测到的高频合声波尤为明显。卫星观测和射线追踪研究（Bortnik 等，2007）也表明，在黎明时，合声波可以传播到更高的纬度，在昼侧达到 $25° \sim 30°$，或者更高，相比之下，夜侧只能达到 $10° \sim 15°$。

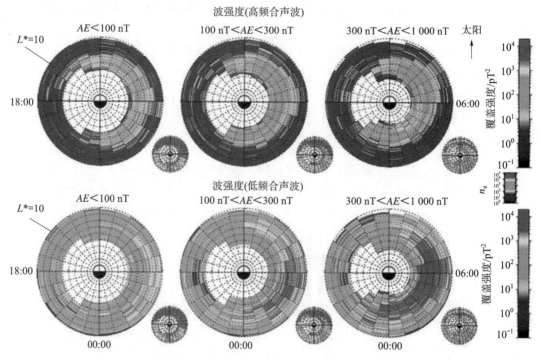

图 5-9　赤道 $|\lambda_m| < 6°$ 附近高低频段合声波平均强度的全球分布图，该图是 L^* 与 MLT 的函数。子分布图显示了采样分布。计算分布图的数据库来源于 Dynamics Explorer 1、CRRES、Cluster、双星 TC1、THEMIS 和范艾伦探测器等多种探测器观测数据（来源于 Meredith 等，2020，经美国地球物理联盟许可转载）

可以通过几 keV 能量范围内的电子引起的朗道阻尼和以几十 keV 电子为主的回旋共振放大作用相结合来解释这些特征。接近午夜时，地磁活动的合声增强可以通过增强的亚暴注入和增强对流来解释，这两种关键机制都会产生各向异性电子布居以激发合声波。磁层对流还会传输引起朗道阻尼的电子，从而限制合声波传播到更高的磁纬度。随着这些电子向昼侧漂移，它们被波粒相互作用散射，并且低能电子比高能电子散射得更快。因此，接近中午时，由于朗道共振电子的数量较少，合声波可以传播到更高的纬度。

部分高纬度合声波也可能在当地产生，例如，通过与低能电子（几百 eV 到几 keV）、电子束或非线性波-波耦合过程的波粒相互作用过程而产生。此外，从午夜到中午的漂移过程中，电子向大气损失锥的散射会增加各向异性，并导致局部产生昼侧合声波。

5.2.6　各向异性驱动 EMIC 波

各向异性离子驱动的左旋极化 EMIC 波的增长率推导，与 5.2.1 节中讨论的各向异性哨声波相同。从一个小的离子布居开始讨论，这里重点关注接近但低于离子回旋频率 ω_{ci} 的一个频率，该频率需要对色散方程近似，不同于方程（5-10），表示如下

$$\frac{c^2 k_\parallel^2}{\omega^2} \approx \frac{\omega_{pi}^2}{\omega_{ci}(\omega_{ci}-\omega)} \tag{5-18}$$

由于存在近似关系 $\omega \approx \omega_{ci}$，上式分母中用 ω_{ci} 做乘数，而不像方程（5-10）中的分母用 ω 做乘数。将上式再次代入共振速度的表达式，则共振能量表示如下

$$W_{e,\text{res}} = \frac{1}{2} m_e v_{\parallel,\text{res}}^2 = W_B \frac{\omega_{ci}}{\omega}\left(1-\frac{\omega}{\omega_{ci}}\right)^2 \tag{5-19}$$

增长率表示为

$$\omega_i = \frac{\pi \omega_{ci}}{2}\frac{\omega_{ci}}{\omega}\frac{(1-\omega/\omega_{ci})^2}{(1-\omega/(2\omega_{ci}))}\Delta_i(v_{\parallel,\text{res}})\left(A_e(v_{\parallel,\text{res}}) - \frac{1}{(\omega_{ci}/\omega)-1}\right) \tag{5-20}$$

上式中 Δ_i 与 A_i 与 5.2.1 节中的定义方式相同。与电子模式的主要区别是，离子模式接近离子回旋频率的范围更窄，离子可以引起更加明显的波增长。EMIC 波的共振能量阈值为

$$W_{i,\text{res}} > \frac{W_B}{A_i^2(A_i+1)} \tag{5-21}$$

内磁层中，合声波的频率为几千 Hz，EMIC 波的频率约小于 1 Hz。合声波一旦被超热各向异性电子激发，就可以与能量约大于 30 keV 的辐射带电子产生共振，而电子与 EMIC 波的回旋共振相互作用则需要 MeV 量级的能量。根据第 6 章中讨论的高能粒子布居分布函数的实际形状，这些相互作用可以导致波的衰减或进一步增长。

5.2.7　多离子种类和 EMIC 波

内磁层等离子体包含质子、He^+ 和 O^+ 离子的可变混合物。多离子色散方程在每种粒子的回旋频率处有共振。因此，EMIC 波出现在不同的频段：氢频带波的激发出现在氦和质子的回旋频率之间，氦频带波的激发出现在氧和氦的回旋频率之间（图 4-5）。有时也观测到低于氧回旋频率的氧频带波的激发。

电离层冷离子的存在降低了 EMIC 波的激发阈值，促进了波的增长。冷离子有时确实被称为 EMIC 波的"生成催化剂"（Young 等，1981）。EMIC 波是在给定磁通管的赤道附近最小磁场区域中激发出来的，该区域是各向异性热离子集中的区域。波产生后沿磁场向增强磁场传播。射线追踪研究进一步表明，在等离子体层外，EMIC 波的增长率要比在等离子体层内大得多。

Keika 等（2013）对 1984—1989 年 AMPTE/CCE 观测到的 EMIC 波进行了综合统计分析。如图 5-10 所示，多在 $L=4$ 以上的区域，在所有磁地方时都观测到了 EMIC 波，在 $L=6$ 以上的区域，中午-下午扇区观测到的 EMIC 波居多。Meredith 等（2003）利用 CRRES 观测得到了类似的结果，Chen 等（2019）分析了范艾伦探测器 64 个月的观测结果，后者没有达到 AMPTE/CCE 探测器那么远，但可以对波的性质进行更详细的分析。

Keika 等（2013）发现，与合声波类似，EMIC 波的 MLT 分布取决于地磁活动。在平静期，EMIC 波分布更加对称，接近中午时出现峰值。在地磁活跃的条件下，这种现象最常见于中午附近和黄昏扇区，在这些区域，He^+ 带中的波具有最强的集中性。在下午时

分，带有冷离子的等离子体层羽流（第 1.3.2 节）与各向异性的较热环电流离子区域重叠。换言之，在午后扇区，冷热离子布居是共存的。热布居离子提供自由能量来激发 EMIC 波，而冷布居离子则促进波的增长。EMIC 波振幅也随着地磁活动的增强而增大，并表现出与出现率相似的 MLT 依赖趋势。EMIC 波的振幅在 He$^+$ 频段是最大的。

根据统计结果，Keika 等（2013）认为氦频带对离子注入更为敏感，而氢频带会受益于太阳风对磁层的压缩作用。这种压缩作用增强了漂移壳分裂和 Shabansky 轨道的形成（第 2.6.2 节），这两种情况都会导致温度各向异性（$T_\perp > T_\parallel$），并在昼侧局部驱动 EMIC 波（参看 Usanova 和 Mann（2016）以及其中的参考文献）。

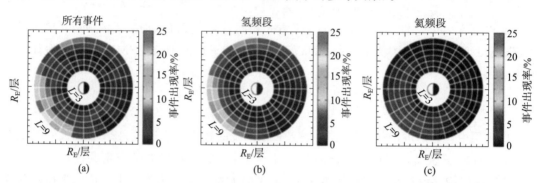

图 5-10　在 4.5 年期间的 AMPTE/CCE 数据期间，所有 EMIC 波事件（左）、氢频带事件（中）和氦频带事件（右）的出现率。请注意，与图 5-9 不同，本图中的正午时分在左侧
［摘自 Keika 等（2013），经美国地球物理联盟许可转载］

5.3　等离子层嘶声和磁声噪声

在等离子体层内部，影响电子动力学的主要波模式是等离子体层嘶声和赤道磁声噪声。在大范围能量下将电子散射到大气损失锥并形成槽区，嘶声波显得至关重要。而磁声波可以与高能电子共振，并将能量从环电流质子转移到辐射带电子。虽然嘶声波被限制在等离子体层内，但磁声噪声可以发生在等离子体层的内部和外部。

5.3.1　等离子体层嘶声波的驱动

等离子体层嘶声波是一种哨声模波的激发，其名称来源于早期对无结构谱性质的观测，类似于在等离子体层内的所有磁地方时发现的可听见的嘶声（Thorne 等，1973）。激发频率从几十赫兹到几千赫不等，远低于超过 10 kHz 的局部电子回旋频率。然而，使用范艾伦探测器的 EMFISIS 仪器进行的高时间分辨率观测（Summers 等，2014）表明，嘶声波并不像之前认为的那样没有结构，而是包含类似于等离子体层顶之外的哨声模合声波包的准相干上升和下降音调（第 5.2.2 节）。

图 5-11 显示了基于两年多的范艾伦探测器数据的等离子体层嘶声分布。嘶声波出现在所有磁地方时，但波振幅明显在昼侧最大。昼侧的波振幅也随着地磁活动水平提高而显

著增加。在地磁平静期，振幅从几个 pT 到几十 pT 不等，而在磁暴期间，振幅增加到 100～300 pT。图 5-11 还表明，嘶声波在低磁纬度主要沿平行于磁场的方向传播，在高纬度则变得更加倾斜。

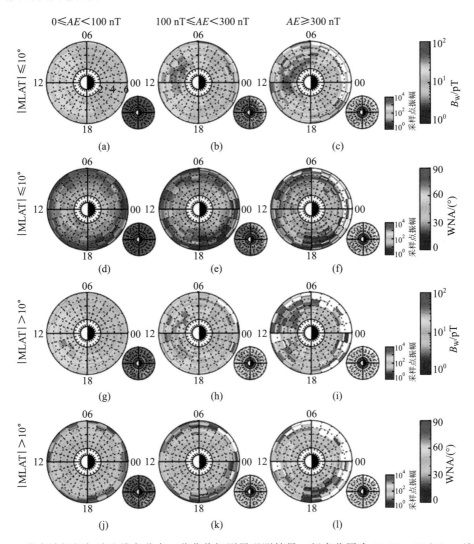

图 5-11　嘶声波振幅与波法线角分布（范艾伦探测器观测结果，频率范围为 10 Hz～12 kHz，地磁活动条件以 AE 为指标）。第一行图表明中波磁场振幅，第二行图表示中赤道附近（λ ≤ 10°）的中间波法线角，第三行图与第四行图分别是更高磁纬度区域对应的波磁场振幅和中间波法线角。小图给出了每幅图中的采样分布［来源于 Yu 等（2017），美国地球物理联盟许可转载］

等离子体嘶声波的起源尚不清楚，已提出的生成机制包括：地球闪电生成、等离子体层内的局部生成以及合声波穿透等离子体层生成。

嘶声波高频部分（1～5 kHz）的发生、地理分布与闪电相关（Meredith 等，2006），而在低频（0.1～1 kHz）下，未发现此类相关性。此外，闪电与磁层活动无关，而等离子体层嘶声波则与磁层活动相关。高频嘶声波功率比低频嘶声波的功率小一个量级。因此，闪电引起的嘶声波激发可能对辐射带动力学的影响很小。

由于早期的射线追踪研究表明，哨声模合声波不可能显著穿透等离子体层顶。Thorne 等（1973）主张嘶声波是通过一种类似回旋共振不稳定性局部生成的，因为等离子体层顶外激的发哨声波是增长的（第 5.2.1 节）。然而，各向异性超热等离子体不会穿透等离子体层，后来的研究表明，等离子体层中仍然保持小的线性增长率。

虽然线性增长似乎不太可能，但范艾伦探测器的 EMFISIS 仪器观测的高分辨率矢量波形采样（图 5-12）显示，嘶声波具有复杂的准相干精细结构，具有离散的上升调和下降调。频谱强度在最低频率处达到峰值，振幅随频率的增加而减小。这些结构类似于等离子体层顶外哨声模合声波的啁啾，但它们只持续几毫秒，相当于大约 10 个波周期，而合声啁啾的时间尺度为 100 个波周期。

准相干结构可以用一种相似的非线性增长机制来解释，正如在第 5.2.4 节合声波啁啾部分中的讨论（Nakamura 等，2016；Omura 等，2015）。当共振电子与波的相互作用超过临界波幅时，速度空间中会形成电子隆起和空穴（图 5-7），这会导致音调下降和上升。嘶声波中的不同相干音调与不同共振速度下的不同频率波相对应。受非线性增长影响的种子波可能来源于上述任何一种源或局部热波动。由于非线性增长率远大于线性增长率，在等离子体层中局部产生嘶声波可能是一种可行的选择。

对嘶声波精细结构的观测并不排除合声-嘶声之间的联系，在卫星观测中有间接证据［例如，Bortnik 等（2008）b；Santolík 等（2006）以及其中的参考文献］。Bortnik 等（2008）b 的射线追踪研究重新提出了合声波穿透的假设。图 5-13 显示了在合声频率下限范围内，赤道上的 $L=5$ 处激发的波的追踪示例。初始波法线角从 $-70°\sim +20°$，负角度对应向地倾斜角。在夜侧，发现波法线角为负几十度的波能够穿透等离子体层，而在昼侧，这一现象可能的波法线角则可能对应更大范围，从大约 $-60°\sim -30°$。这是由于能量约为 1 keV 电子的昼侧通量显著减小，将使波产生朗道阻尼。在等离子体层内部，波在离地球更近的高纬度区域（$\lambda \approx 30°\sim 40°$）发生反射，它们的频率会低于当地的截止频率。

合声波有特定的进入等离子层的入口点，但经过几个周期的反射后，它们很快就会随机化。这与低分辨率观测中嘶声波的非结构化外观一致，如图 5-13 底部子图所示。该图还显示，等离子体层外的合声波比等离子体层中的嘶声波具有更大的波功率。

一旦波穿透等离子体层，它们就会从等离子体层顶处的大密度梯度折射，然后被困在等离子体层内。与等离子体层外的合声波相比，等离子体层中嘶声波的朗道阻尼作用较弱，这是由于其中冷电子数密度高且朗道共振电子通量较小。因此，这些波可以在长时间内反复通过赤道地区传播。当波接近赤道时，它们变得更加场对齐，在这一区域它们可以通过与电子的回旋共振逐渐放大。

嘶声波振幅的昼夜不对称性（图 5-11）与射线追踪结果、合声穿透作为嘶声起源的假设一致。类似于合声波，这也与嘶声波随着地磁活动的增强而增强一致。此外，昼侧磁层的压缩会在远离赤道的地方产生局部磁场极小值（图 2-9），在赤道处，合声波的增长率增加，并且从那里传播到等离子体层顶的距离较短，从而在进入等离子体层之前将朗道

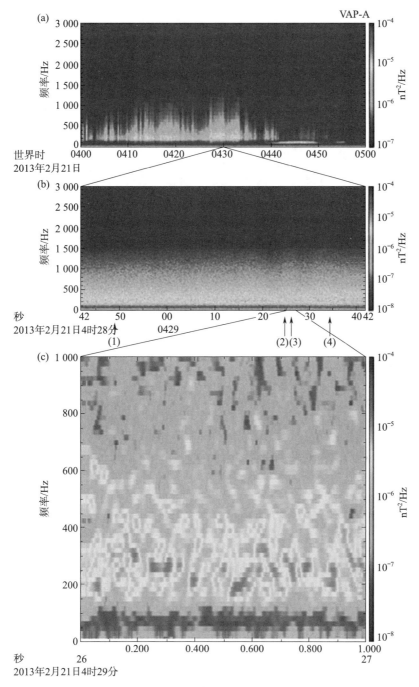

图 5-12　由连贯的上升和下降调组成的等离子体层嘶声波示例

［来源于 Summers 等（2014），经美国地球物理联盟许可转载］

阻尼降至最低（Tsurutani 等，2019）。

合声波穿透等离子体层顶取决于波法线角和波矢量的倾角，后者必须自然地朝向地球。Hartley 等（2019）利用范艾伦探测器上的 EMFISIS 仪器观测数据，研究了合声激发

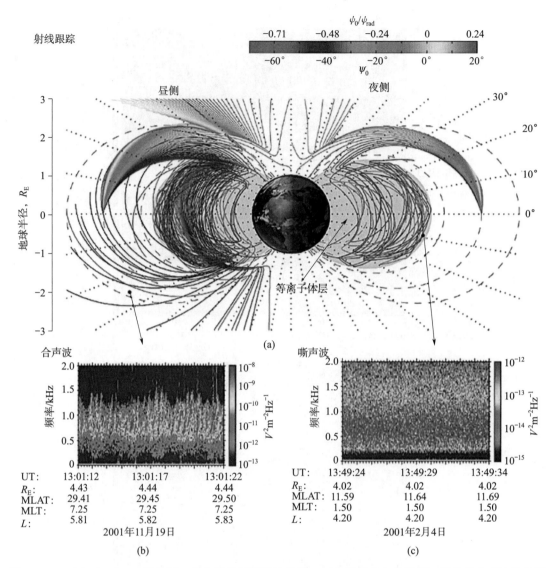

图 5-13　（a）在 $0.1 f_{ce}$ 条件下，从赤道以不同波法线角 ψ_0（负值对应向地传播）激发的合声波的射线追踪结果。底部的两图显示了典型的例子：（b）等离子体层外昼侧的合声波；（c）等离子体层内夜侧的嘶声。观测数据来源于 Cluster［摘自 Bortnik 等（2008）b，经 SpringerNature 许可转载］

波矢量朝着有利于穿透方向的频次。他们发现，波矢量倾角实际上主要朝向背地方向。他们利用射线追踪法进行计算，结果表明只有非常小部分的波功率（通常小于 1%）会传播到等离子体层。唯一的例外是，非常靠近上午扇区的等离子体层羽流处激发的波，在他们的模型中，处于 $L=5$ 和 $MLT=14$ 的位置。在羽流区域，发现大约有 90% 的低频合声波功率会传播到等离子体层。在另一项研究中，Kim 和 Shprits（2019）表明，基于范艾伦探测器四年的观测数据，与等离子体层本身的嘶声波类似，羽流中的嘶声波振幅从几 pT 到 100 pT 以上。事实上，羽流可能为嘶声波穿透等离子体层提供了一个有效的入口，但这是否足够，目前尚不清楚。

　　THEMIS 仪器在 2007 年至 2017 年期间，当一个航天器在等离子体层内而另一个在等离子体层顶外时，对低频带合声波与嘶声波进行了观测。Agapitov 等（2018）利用这些观测数据对合声波和嘶声波的广泛相关性进行分析，发现了它们相互关联的更多迹象。他们考虑了两分钟的事件时间间隔，这些事件中要求波幅大于 1 pT，航天器之间的距离大于 $2R_{\mathrm{E}}$ 但 MLT 小于 3 h。在嘶声前 10 s 内观测到合声波，或在合声观测的后 10 s 内观测到嘶声时，计算它们的相关性。他们发现，存在 71 000 个时间间隔，合声波和嘶声波功率动力学之间的相关系数大于 0.5，通常是大于 0.7 的。最佳相关性出现在中午到下午的扇区，与合声波在等离子体层羽流扇区更有利于穿透等离子体层这一事实相符合。尽管穿透波的能量量值可能很小，Agapitov 等（2018）认为，它可能通过上述非线性机制为波的局部放大形成一个胚胎源。

5.3.2　赤道磁声波噪声

　　在质子回旋频率（ω_{cp}）和低混共振频率（$\omega_{LHR} \approx \sqrt{\omega_{ce}\omega_{cp}}$）之间的频率范围内垂直传播的波，被限制在地磁赤道几度范围内，这种波首先在 OGO 3 卫星观测数据中被发现，并被命名为赤道噪声（Russell 等（1970））。这种激发具有离子伯恩斯坦模式的不同频段的特征，这些频率是质子回旋频率的倍数（图 5-14）。波模式是热等离子体，相当于线性极化冷等离子体 X 模式，其传播几乎垂直（WNA≈89°）于背景磁场。该模式是磁流体动力学快磁声模式的一种扩展，频率大于 ω_{cp}（图 4-6），观测到的波动通常被称为赤道磁声噪声。虽然这些波显然与离子动力学相关联，但它们对辐射带电子也很重要，因为它们可以通过朗道共振、回旋共振和弹跳共振与高能电子产生共振，这在第 6 章中有所陈述。

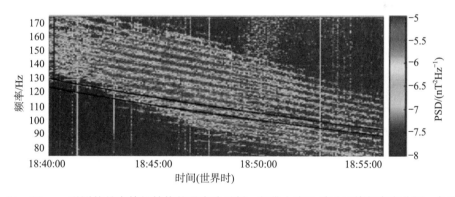

图 5-14　Cluster 观测的具有精细结构的磁声波示例。频带由当地质子回旋频率来分隔。条纹下降趋势是由于航天器的运动朝着磁场减小的方向（Balikhin 等（2015），知识共享署名 4.0 国际许可）

　　现在简要讨论 Horne 等（2000）和 Chen 等（2010）之后磁声波生成的研究。这种不稳定性预计是由质子环分布［例如，Thomsen 等（2017）以及其中的参考文献］引起的，质子环分布能量在 10 keV 左右，具有垂直于磁场的正斜率（图 5-15）。在线性区域，增长率与波和质子之间的所有谐波共振相互作用的总和成正比。

$$\omega_i \propto \sum_n \int_0^\infty \left(J_n^2(x) \frac{\partial f(v_\parallel, v_\perp)}{\partial v_\perp} \right) \bigg|_{v_\parallel = v_{\parallel \text{res}}} \mathrm{d}v_\perp \tag{5-22}$$

式中，$J_n(x)$ 是 n 阶 Bessel 函数，$x = k_\perp v_\perp / \omega_{cp}$ 与 $f(v_\parallel, v_\perp)$ 是质子分布函数〔详细计算见 Chen 等（2010）〕。在共振速度 $v_{\parallel \text{res}}$ 处的积分计算如下

$$v_{\parallel \text{res}} = \frac{\omega}{k_\parallel} \left(1 - \frac{n\omega_{cp}}{\omega} \right) \tag{5-23}$$

不稳定性要求 $\partial f / \partial v_\perp > 0$。当 $v_\parallel$ 具有小值时，正梯度最大化，因为 f 随着 $v_\parallel$ 增大而减小。相应的垂直速度称为环速度。磁声波具有非常小的 $k_\parallel$ 值，为了获得足够小的共振速度，主要的共振发生在质子回旋频率的整数倍处，即 $\omega \approx n\omega_{cp}$。

随着 $k_\perp$ 的增加，磁声模式接近低混共振频率，其中 $\omega / k_\perp$ 是减小的。磁声波的有效增长进一步要求 Bessel 函数 J_n 最大化，其梯度 $\partial f / \partial v_\perp > 0$。$J_n$ 的参数可以写成

$$x = \frac{\omega}{\omega_{cp}} \frac{v_\perp}{v_A} \tag{5-24}$$

其中，v_A 是局部阿尔文速度。在高次谐波处（$n > 10$），当 $x \approx n$ 时，J_n 最大化，对应接近阿尔文速度的垂直速度。如果环速度大于 v_A，波就会增长。对于较小的 n，Bessel 函数峰值就会出现在 $\partial f / \partial v_\perp < 0$ 的区域，这种情况下波就是衰减的。如果要获得增长波的解，那么环速度必须超过阿尔文速度且裕度较大。因此，控制磁声波增长的一个重要因子就是环速度与阿尔文速度的比值。

图 5-15 展示的高能质子相空间密度是 2001 年 4 月 22 日在 $L = 5$ 处的地磁暴主相的模拟结果。在夜侧（右侧）的分布是双麦克斯韦分布，带有一个损失锥。在昼侧（左侧）的分布显示了一个环，在约 20 keV 处有一个清晰的峰值。中间显示了典型环向相空间密度（以垂直速度为变量的函数）示意图，体现出了相空间密度达到峰值时（环速度）的速度以及具有最小值时（倾角速度）的速度。

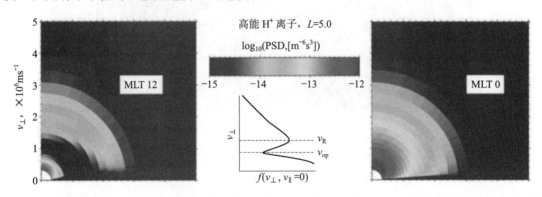

图 5-15　质子环分布。所有轴上的速度刻度与左垂直轴上的速度刻度相同。在昼侧，质子环相空间密度的梯度（$\partial f / \partial v_\perp$）（左侧和中间）为正，而在夜侧（右侧），梯度仅在大气损失锥的边缘为正
〔来源于 Chen 等（2010），经美国地球物理联合会许可转载〕

离子分布的形成可以从以下角度理解，夜侧等离子体片 $\boldsymbol{E} \times \boldsymbol{B}$ 中低能质子的漂移，如图 2-3 所示。高能质子（约大于 10 keV）受梯度和曲率效应的影响，主要在黄昏时从尾

部向昼侧漂移。梯度和曲率漂移率与质子能量成正比，与低能质子相比，在黄昏和中午时，高能质子的相空间密度增加了。此外，能量较低的质子会与外层中性物质发生电荷交换碰撞，从而耗尽质子分布的核心。图 5-15 中间的图表明，在环速度以下 $\partial f / \partial v_\perp$ 是正的。因此，仍存在激发磁声波的自由能。环速度上方和分布函数波谷处速度下方的负梯度有助于波的衰减。因此，产生磁声波的自然位置靠近磁赤道，那里的波俯仰角接近 90°，因此 $v_\parallel$ 是比较小的，可以使 f 的正梯度最大化。

图 5-16 显示了范艾伦探测器观测的质子环出现的全球空间分布，以及等离子体层内外磁声波的出现和强度（波幅）。在整个昼侧磁层的一个相对较宽的 L 范围内可以观测到质子环和磁声波，包括等离子体层内外。从中午到黄昏时分，质子环和最强波出现最频繁，L 覆盖范围最大。一个例外是在低 L 值的午前扇区的等离子层之外，这些波很可能是在等离子体层顶之外产生的，因为在等离子体层中，阿尔文速度远低于环速度。

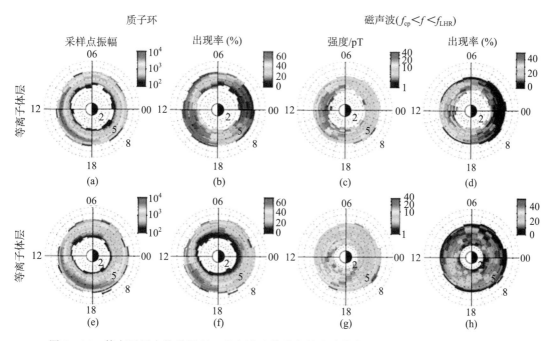

图 5-16　等离子层内外质子环、磁声波及其强度的全球分布（基于范艾伦探测器 3 年的观测结果）[来源于 Kim 和 Shprits（2018），经美国地球物理联盟许可转载]

5.4　超低频 Pc4～Pc5 波的驱动因素

虽然驱动哨声波、EMIC 波和 X 模波的微观不稳定性通常可归因于粒子分布函数的特定性质，但在 Pc4～Pc5 范围内驱动超低频波的问题更为复杂。

5.4.1　外部与内部驱动因素

磁层超低频波既可以由太阳风-磁层顶相互作用在外部产生，也可以在磁层内部产生，频率覆盖范围很广。Pc5 波的振荡频率对应于最长的波长，可以描述为内磁层准极区中的传播波或驻波。激发机制影响 ULF 波的极化、方位角模数（m）、振幅和频率。方位大尺度（小 m）波被认为主要来源于外部，而方位小尺度（大 m）波更可能由内部机制激发。然而，这一划分标准并不总是适用的 [例如，James 等（2016）以及其中的参考文献]。

对外部驱动因素的深入讨论超出了本书的范围 [有关综述，请参阅 Hwang 和 Sibeck（2016），以及其中的大量参考资料]。事实上，上游太阳风和磁鞘中的许多不同扰动都会动摇磁层磁场，导致磁层中的传播或驻留 ULF 振荡。明显的因素包括冲击磁层顶的太阳风压脉冲、磁层两侧磁层顶上足够大的速度切变引起的开尔文-亥姆霍兹不稳定性（KHI）（Chen 和 Hasegawa，1974），以及通过昼侧磁层顶的通量转移事件（FTE）（Russell 和 Elphic，1979）。此外，磁鞘和磁鞘上游的激波前兆区包含了多种不稳定性，包含从离子回旋运动到大尺度镜像模式不稳定性，这些不稳定性可能导致波穿透到磁层。

上游参数之间的相互依赖性使不同太阳风扰动与磁层波动之间的关联变得模糊（例如 Bentley 等，2018）。此外，昼侧磁层顶起到了低通滤波器的作用，可以在短于几分钟的时间尺度内抑制磁鞘中的大幅度瞬态压力脉冲（Archer 等，2013）。因此，几种不同的效应可以导致类似的环向、极向或压缩 ULF 波从磁层顶向内激发（图 5-17）。

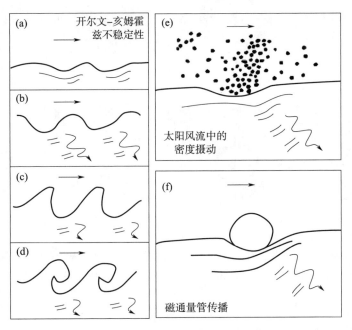

图 5-17　磁层顶上可以驱动 Pc4～Pc5 频率范围内的全球磁层 ULF 振荡的不同机制的示意图。子图（a）～（d）显示了开尔文-亥姆霍兹表面波向非线性涡旋的深化过程，子图（e）显示了太阳风压脉冲，子图（f）显示了磁层顶的磁通管 [来源于 Bentley 等（2018），经美国地球物理联合会许可重印]

图 5-18 描绘了扰动如何从昼侧磁层顶向内进行的基本场景。上游太阳风扰动激发的向内传播的快速压缩磁声波遇到了越来越大的阿尔文速度。当波的频率与场线的本征频率 $f = n v_A / (2l)$ [方程（4-108）] 匹配时，该波就与环向剪切阿尔文波耦合。这导致波导

中的场线共振（FLR），其反射边界位于北电离层和南电离层（4.4.2 节）。由于场线的长度（l）与 L 成正比，因此本征频率随 L 壳层的减小而增加。当压缩模式馈送环向振荡时，它就会逐渐衰减。类似的情况也适用于黎明和黄昏扇区，其中初始扰动更有可能由 KHI 引起，KHI 也可能直接驱动环向模式。

　　尽管腔模及其谐波的本征频率在 Pc3～Pc4 频率范围内，而不是在 Pc5 频率范围（例如 Takahashi 等，2018），太阳风扰动仍可能导致径向压缩波的腔模振荡（CMO）（4.4.2 节）。

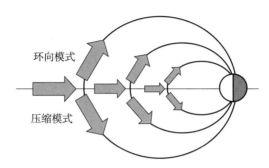

图 5-18　在昼侧磁层顶激发的快速压缩磁声波与环向剪切阿尔文波形成场线共振的耦合示意图

　　最大振幅的 ULF 波与最强的行星际激波有关（Hao 等，2014）。这些波可以在大 L 壳层范围和大频率范围内发生，从而影响各种能量的辐射带电子。然而，由激波引起的 ULF 波会很快衰减，很可能是能量为几 keV 的离子引起朗道阻尼（Wang 等，2015）。

　　太阳风动压振荡也可以直接驱动地球磁层的振荡。磁层顶的反应是收缩和松弛，从而导致磁层中的压缩磁场振荡。太阳风密度/动压和磁层磁场中超低频 Pc5 范围内波动功率之间的相关性可以解释这种情况。在一些实验研究和模拟中发现，当太阳风压的振荡频率与地磁力线的局部本征频率匹配时，会出现场线共振（FLR）（Claudepierre 等，2010）。如果上游振荡的周期大于阿尔文波通过内磁层的传播时间（约 3 min）和压力扰动通过地球传播所需的时间（约 5 min），那么磁层内的扰动就是准静态的，导致了一种称为磁层强迫呼吸的现象（Kepko 和 Viall，2019）。

　　通常认为内部驱动的 Pc5 波不稳定性是以下因素：1）向西漂移的环电流离子；2）由亚暴偶极化或爆发性整体流从磁尾注入的离子。一种可能的不稳定机制是离子和 ULF 波模式之间的弹跳-漂移共振。

$$\omega - l\omega_{bi} - m\omega_{di} = 0 \qquad (5-25)$$

式中　ω_{bi}，ω_{di}——离子的弹跳频率与漂移频率；

　　　　l，m——波的纵向模数和方位角模数（Southwood 等，1969）[①]。

　　注意，驱动 Pc5 波的超热离子布居与驱动 EMIC 波的离子相同，并且可能具有显著的各向异性（$T_\perp > T_\parallel$ 或 $P_\perp > P_\parallel$），能够驱动镜像模式波，镜像模式的磁场和密度振荡的相位相反（第 4.4.1 节）。镜像模式不稳定性的阈值必须根据动力学理论计算，计算结

———————————————

　　① 在第 6 章中，我们讨论了电子扩散和传输背景下的弹跳和漂移共振。

果如下

$$\sum_\alpha \frac{\beta_{\alpha\perp}^2}{\beta_{\alpha\parallel}} > 1 + \sum_\alpha \beta_{\alpha\perp} \qquad (5-26)$$

其中 β_α 是 beta 参数，表示每类等离子体的等离子体压和磁压之比。Chen 和 Hasegawa（1991）在实际磁层等离子体条件下进行了理论动力学处理，假设有一个核心（约 100 eV）和高能（约 10 keV）部分，并得出结论，镜像不稳定性是驱动 ULF 波的重要内部机制。因此，局部不稳定性可以解释慢模式 ULF 振荡通过朗道机制对抗其衰减。

图 5-19 显示了 Xia 等（2016）研究的 2013 年 7 月 6 日弱磁暴期间观测到的 ULF 波事件的案例。在图中垂直虚线所示的时间，范艾伦探测器 B 靠近磁赤道，位于夜侧扇区（MLT≈21：40）且 $L≈5.5$。此时存在明显的压力各向异性（ $P_\perp > P_\parallel$ ），总磁场和等离子体密度反相振荡。像往常一样，波具有混合极化。波的平行（极向）分量比径向（压缩）分量大，方位分量是最小的。因此，该波以极向模式为主，具有与各向异性驱动的漂移镜像不稳定性一致的镜像模式压缩。

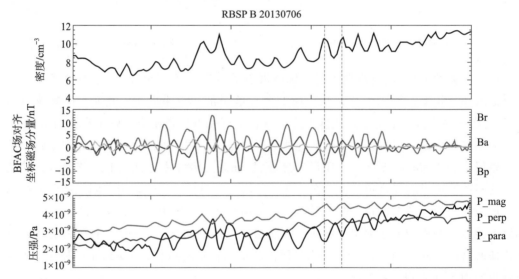

图 5-19　范艾伦探测器 B 对极向模 ULF 波的观测，磁场和密度波动反相振荡。顶部子图显示密度波动，中间子图显示磁场对齐坐标（蓝色：径向，绿色：方位，红色：平行）中的磁场分量。在底部子图中，黑线描绘了磁压，它与平行（蓝色）和垂直（红色）等离子体压力明显是反相的。垂直虚线用于引导读者观察［摘自 Xia 等（2016），经美国地球物理联合会许可转载］（见彩插）

James 等（2016）利用 IMAGE 卫星的远紫外成像仪、多个地基磁强计阵列和 SuperDARN 相干电离层雷达网的观测数据，研究了与亚暴相关的 ULF 波。雷达的优点是，它们测量电离层中的大规模等离子体波动，却只有小部分波功率通过电离层传输到地面。在 James 等（2016）详细研究的三次事件中，波的性质在事件内部和事件之间差异很大，在离亚暴电离层位置的不同距离处也有差异。他们发现这些波是极向模式的，其方位角波数从－9 到－44，表明波的相位向西传播，这与磁层中作为波驱动因素的质子西向漂移是一致的。根据共振条件可以估计质子的能量在 2～66 keV 范围内。

众所周知，从航天器观测数据中确定方位角模数非常困难。在计算观测到的振荡之间的相位差时，为了避免出现 2π 模糊性（多重覆盖），需要在同一 L 壳层上，且至少由两个足够靠近的航天器进行测量。Murphy 等（2018）对近距离 MMS 航天器获得的 ULF Pc4～Pc5 波的观测数据进行了详细分析，数据来源于 2016 年 9 月 25 日至 10 月 10 日期间的太阳风高速流。由于卫星轨道是大椭圆轨道，卫星在近地点（$1.2R_E$）附近速度非常高，以至于这项分析的观测数据仅限于 $4R_E$ 之外，但可以到达夜侧扇区的磁层顶，在这一区域，观测位置就处于远地点附近。ULF 波功率在靠近磁层顶和内磁层中赤道距离（6～8）R_E 处达到峰值。

Murphy 等（2018）计算了在研究期间观测到的离散 ULF 波的方位角模数。图 5-20 显示了距离（4～14）R_E 处的 m 分布。发现模数为正（表示波向东传播）和负（表示波向西传播），达到了 ± 100，但大多在 $|m| < 20$ 范围内。在赤道距离高达 $8R_E$ 处，模数主要为正，且小于 20；距离介于 $8R_E$ 和 $11R_E$ 之间时，模数主要在 -5～-40 之间；距离在 $13R_E$ 以上靠近磁层顶附近处，大部分模数再次成为正值，且小于 20。正模数表明存在外部驱动因素，负模数则对应内部驱动因素。后者与内部驱动因素一致，即质子在夜间通过地球并驱动向西传播的 ULF 波，这与前文提到的 James 等（2016）的研究结果类似。

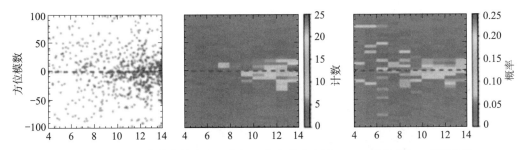

图 5-20　左：方位模数的分布；中间：分布的直方图；右：概率分布。横轴是以 R_E 为单位的地球中心距离 [来源于 Murphy 等（2018），知识共享署名许可]（见彩插）

5.4.2　超低频波的空间分布

超低频振荡从磁层顶到电离层广泛存在，波特性在不同太阳风条件和磁层活动下存在巨大不同，这些都对制作波的全面分布图构成了挑战。此外，可靠地确定极化需要同时观测足够数量的电场和磁场分量，最好是所有分量。通常测量磁场分量就足够了，但需要测量电场的极化，尤其是在赤道附近，在这一区域，基本（$n=1$）场线共振磁场有一个节点，这个节点就是观测中弱磁场的特征。因此，基于不同卫星和地面观测的不同研究得出了不同、有时相互矛盾的结论。

Hudson 等（2004）a 基于 CRRES 超过 14 个月的观测数据，研究了 $L=4$～9 范围内的 ULF 振荡，振荡发生时间接近第 22 个太阳活动周期的最大值。在 $L=8$ 以内，磁层的黄昏侧和黎明侧发现了环向 Pc5 振荡，主要出现在 L 值的最大处。根据观测到的局部等离子体频率，发现波在基频 $f = v_A/(2l)$ 处为驻留场线共振（standing field line resonance）。发现极向（包括压缩）模式出现在黄昏至午夜扇区，主要发生在 $L=5$ 到 $L=8$ 之间。这与上面讨论的磁尾注入离子驱动的不稳定性是一致的。CRRES 的轨道决定了它无法在昼侧进行足够多的采样，因此本研究未涵盖重要的昼侧压缩模式。

已从 THEMIS 任务中获得了关于 Pc4～Pc5 振荡的最全面的图片。如图 4-7 所示，THEMIS 的磁强计和电场仪使得我们对不同极化分量进行完整描述成为可能。此外，在 2007 年 10 月之后，该航天器的轨道构型允许它在 13 个月内几乎覆盖赤道的所有地方时，距离最远可以达到约 $10\,R_E$。

Liu 等（2009）对 2007 年 11 月至 2008 年 12 月观测到的 Pc4～Pc5 事件进行了统计研究。总观测时间超过 3 000 h。在确定的波事件中，9 805 个在 Pc4 范围内，50 184 个在 Pc5 范围内。在这两个频率范围内，环向事件的数量略大于极向事件的数量（Pc4：51%，Pc5：59%）。

极向模式（包括压缩模式）和环向模式发生率的空间分布如图 5-21 所示。Pc4 事件在径向距离为 $(5\sim6)\,R_E$，从子夜后（主要为环向）到正午（主要为极向）期间最为频繁，而 Pc5 事件在距离 $(7\sim9)R_E$ 范围内最为频繁。极向事件主要发生在昼侧，这与上游太阳风扰动一致。黄昏侧极向 Pc5 事件的增多反过来又与环电流离子和/或从尾部新注入的离子通过弹跳-漂移共振产生的内部驱动相一致。

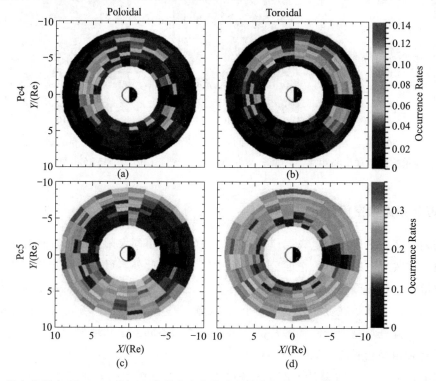

图 5-21　极向和环向 ULF Pc4 和 Pc5 事件发生率的空间分布。在 4～9 R_E 的径向上，容器宽 0.5 R_E，在当地时间为 15 min。（摘自 Liu et al. 2009，经美国地球物理联合会许可转载）

　　环向 Pc4 和 Pc5 模式的不同径向分布可能与场线共振频率对场线长度的反向依赖性有关。靠近黎明和黄昏扇区域的环向 Pc5 事件的高发率表明，这些波可能是由磁层两侧的开尔文-亥姆霍兹不稳定性直接驱动的。Liu 等（2009）认为，在黄昏扇区，极向和环向 Pc4 事件的发生率相对较低的原因是，在低磁层活动期间，等离子体层顶进一步向外扩展。

　　Liu 等（2009）也研究了波功率的分布。总体而言，Pc5 频段的波功率高于 Pc4 频段。在这两个频段，功率都随着地心径向距离的减小而减小。

第6章 粒子源与损失过程

地球内磁层中带电粒子的主要来源是太阳和地球电离层。此外，银河系宇宙辐射是内辐射带中质子的重要来源，大约每 13 年，当地球和木星通过行星际磁场连接时，在近地空间观测到少量来源于木星磁层的电子。太阳风和电离层等离子体粒子的能量远小于辐射带中的粒子能量。一项主要的科学任务是，理解观测到的粒子布居达到相对论能量的传输和加速过程。同样重要的是了解带电粒子的损耗。外电子带的巨大可变性是来源和损失机制之间不断变化的平衡的一种表现，而内电子带则更加稳定。

在前面的章节中，我们已经遇到了带电粒子加速和损耗的各个方面，例如电子感应加速和费米加速（第 2.4.4 节）、弹跳和漂移损失锥（第 2.6.1 节）、磁层顶阴影（第 2.6.2 节），以及第 4、5 章中波的增长和衰减的基础。在本章中，我们介绍了扩散和传输的准线性理论的一般框架，并更详细地讨论了不同粒子种类的来源和损失。在本章末尾（第 6.7 节），我们指出，不同的机制不仅会对辐射带粒子产生附加影响，还会产生协同影响，例如，大振幅 ULF 波引起的哨声波或 EMIC 波的非线性调制。

6.1 粒子散射和扩散

带电粒子对电场和磁场时空上的变化的响应是确定的，根据刘维尔统计物理学定理，在没有外部源和损耗的情况下，相空间密度沿粒子的动态轨迹守恒。然而，由于对电磁场和电磁波以及粒子布居的观测是不完美的，用经验方法来确定给定位置的相空间密度的时间演化 $\partial f / \partial t$ 会受到限制。粒子仪器有限的角度分辨率、能量分辨率和时间分辨率使它们对相位混合不敏感[①]。因此，我们无法从观测数据区分在回旋、弹跳或漂移运动中具有不同相位的单个粒子，并且在大多数情况下，经验信息仅限于辐射带的相位平均化描述。另一方面，相位混合使得理论描述容易得多，也就是允许使用扩散形式来描述粒子分布的时间演化。正如 Michael Schulz（1974）所述："因此，无法通过观测来区分粒子相位是一种简化的优点。"

扩散是描述相空间密度演化的统计学概念。在 5.1.3 节中已经提到过，扩散过程是粒子沿单波特性的随机游走。虽然人们习惯于谈论粒子扩散，但单个粒子实际上并不扩散。由于时空不均匀性、波-粒相互作用和碰撞，导致它们在相空间中散射。在波粒相互作用中，共振散射是最有效的，但不是扩散的唯一原因。

波粒相互作用既可以作为辐射带中粒子的来源，也可以作为粒子的损失原因。例如，

---

① 相位混合类似于朗道阻尼过程中弹道项中初始扰动的隐藏（见第 4.2.3 节）。

低能电子的加速可以被认为是高能电子的来源。波粒相互作用造成的损失是由于粒子的俯仰角减小到足够小而沉降到大气中。

在第 5 章中，我们讨论了朗道和回旋共振 $\omega-k_{\parallel}v_{\parallel}=n\omega_{ca}/\gamma$ 中波的增长和衰减。朗道共振（$n=0$）增加或减少粒子的平行方向能量，取决于接近共振速度 $v_{\parallel,\text{res}}=\omega/k_{\parallel}$ 的粒子分布函数的形状，这导致相空间密度的能量和俯仰角发生扩散。在朗道共振中，垂直动量不变，因此第一绝热不变量 $\mu=p_{\perp}^{2}/(2mB)$ 是守恒的，但第二个绝热不变量 $J=\oint p_{\parallel}\,\mathrm{d}s$ 并不守恒。

回旋共振（$n\neq0$）打破了 μ 的不变性，进而打破了 J 和 Φ 的不变性，并再次导致俯仰角和能量的扩散。由于回旋共振发生在比方位漂移小得多的时间和空间尺度上，它对 Φ（或 L^{*}）的影响微不足道，因此，在俯仰角扩散计算中不需要考虑这些影响。

在辐射带中，回旋共振与哨声模合声波和等离子体层嘶声波在千赫兹量级频率下的相互作用，以及与 EMIC 波在 1 Hz 左右的相互作用，是将带电粒子散射到大气损失锥的最有效机制。单个波-粒子相互作用不会对俯仰角和能量造成太大的改变，除非波幅增长到非线性范围（参见第 6.4.4 节，图 6-4 中的讨论）。由于辐射带中赤道损失锥的宽度只有几度（图 2-6），赤道俯仰角较大的粒子在接近损失锥边缘之前必然会经过多次散射，并可能沉降到大气中。因此，俯仰角散射通常是一个缓慢的过程，在数天到数百天的时间尺度内消耗辐射带粒子，这取决于波模式和粒子能量。此外，对于 $\omega<\omega_{ce}$ 的哨声波，当 $v_{\parallel}\to0$，共振就会消失。因此，为了限制比观测到的更多的近赤道镜像电子，需要额外的机制将电子散射到更小的俯仰角。辐射带和环电流离子与 EMIC 波的散射也是如此。

在理论研究中，通常认为粒子恰好在赤道处反射（$\alpha=90°$），本书中也经常这样考虑。对于这类粒子，没有弹跳运动[①]，且 $J=0$。这是一个稍微非凡的特例，因为内磁层从来都不是如此对称的，这种情况下粒子的运动将保持严格垂直。由于温度有限，在平行方向上存在热速度和热波动，一旦粒子获得平行动量，就会受到镜像力的影响。然而，这并不能为几乎赤道对称的镜像粒子找到足够有效的散射机制。

电子从接近 90° 的俯仰角被散射到具有更大的平行速度，平行速度较大时，哨声模式起主要散射作用。一种机制被用来解释这种现象，即电子弹跳运动和赤道磁声波之间的共振，已在 5.3.2 节中介绍。从定义上，弹跳运动需要 μ 是守恒的，且弹跳频率 ω_{b} 必须小于 ω_{ce}。如果波频率是 ω_{b} 的整数倍，共振作用就能打破 J 的不变性，并导致俯仰角与能量的散射。

通过在平行运动方程中添加一个与时间有关的力场 $F_{\parallel}(s,t)$，就可以研究弹跳共振散射，s 是沿磁场线的坐标

$$\frac{\mathrm{d}p_{\parallel}}{\mathrm{d}t}=-\frac{\mu}{\gamma}\frac{\partial B(s)}{\partial s}+F_{\parallel}(s,t) \tag{6-1}$$

其中 μ 是相对论绝热不变量 $p_{\perp}^{2}/(2mB)$（例如，Shprits（2016）以及其中的参考文献）。

---

① 回顾一下，对于"赤道镜像"粒子，弹跳时间也是定义明确且有限的，如第 2.4.2 节所讨论。

平行力 $F_\parallel$ 可能是由于静电波产生的，或者在赤道磁声噪声情况下，由斜（WNA $\approx 89°$）X 模波的平行电场分量产生。

另一种打破 J 不变性的机制可能来源于压缩 ULF 的波动，它会影响弹跳路径的长度。在这种情况下，净平行加速可以描述为由于镜像力与弹跳运动共振而产生的费米加速。正如 Dungey（1965）所指出的，弹跳运动与方位漂移有关。将方位波动扩展为 $\exp(-i\omega t + im\phi)$，则共振条件可以用弹跳和漂移频率表示为

$$\omega - l\omega_b - m\omega_d = 0 \qquad\qquad (6-2)$$

其中 l 是波的纵模数（纵向波数），m 是波的方位角模数。

我们可以考虑与给定 m 的 ULF 波模式相关的弹跳共振，令 ϑ 表示球坐标的共纬度，根据定义，赤道处的共纬度为 90°。给定径向距离 r 和共纬度时，将方位角波数定义为 $k_\phi = m/(r\sin\vartheta)$，平均化弹跳漂移速度定义为 $v_\phi = \omega_d r\sin\vartheta$，那么共振条件可改写为如下类似于回旋共振的情况

$$\omega - k_\phi v_\phi = l\omega_b \qquad\qquad (6-3)$$

其中，$k_\phi v_\phi$ 类似于回旋共振相互作用中的多普勒频移项 $k_\parallel v_\parallel$。由于方程中消去了共纬度，因此共振条件就与纬度无关。

最后，第三个不变量 Φ，它与 L^* 成反比，被弹跳平均化漂移共振所破坏

$$\omega - m\omega_d = 0 \qquad\qquad (6-4)$$

当前两个绝热不变量守恒时，漂移共振与俘获粒子的交叉场运动有关。这会导致粒子能量的变化，并将粒子分布传播到不同的漂移壳，这通常被称为径向扩散［有关综述，请参阅 Lejosne 和 Kollmann（2020），以及其中的参考文献］。在辐射带研究的早期，已经引入了径向扩散的概念，以解释外部辐射带的存在（Parker，1960）。"径向"有点误导，因为 L^* 并不是空间坐标，但与粒子漂移壳所包围的磁通量成反比，仅对应于纯偶极场中的赤道径向距离 LR_E。漂移共振需要足够低的波频率来匹配电子漂移运动的时间尺度。通过比较表 2-2 和表 4-1 可知，ULF Pc4～Pc5 波可以与约 1 MeV 以上的电子发生共振相互作用。与低能电子布居产生共振也是可能的，但需要较大的方位角波数，这通常是外部激发极向波的情况（第 5.4.1 节）。我们将在第 6.4 节中进一步讨论径向扩散，包括通过漂移壳传输粒子的其他方式，例如，与昼侧磁层顶激波压缩或亚暴膨胀阶段相关的感应电场。

表 6-1 总结了第 5 章中讨论的不同波与辐射带带电粒子产生共振的条件和主要特征。这些波通常共存于内磁层中，并以多种方式影响粒子布居。例如，一些共振会增加/减少粒子的垂直能量（回旋共振和漂移共振），而另一些共振（朗道共振和弹跳共振）会增加/减少电子的平行能量和速度。为了获得更高阶（$|n| > 1$）的回旋共振，多普勒频移波频率 $\omega - k_\parallel v_\parallel$ 不能变得太大，以至于在内磁层的等离子体条件下，色散方程将不再满足。

表 6 - 1　内磁层中波与辐射带粒子之间的不同共振作用总结

共振类型	具体描述
回旋共振［方程(5-4),$n \neq 0$］	波与粒子回旋运动产生的共振,改变沿单波特性的粒子动量
	非相对论性:共振仅依赖于粒子的平行速度;$(v_\parallel, v_\perp)$ 空间中的共振直线
	相对论性:通过洛伦兹因子作用,共振依赖于平行和垂直速度;$(v_\parallel, v_\perp)$ 空间中的共振椭圆
朗道共振［方程(5-4),$n = 0$］	与磁场平行的电场对粒子加速/减速,使平行速度或能量增加/减小
	需要有限的波法线角,波越倾斜越有效
弹跳共振［方程(6-3)］	波的频率时粒子弹跳频率整数倍时产生共振
漂移共振［方程(6-4)］	波的频率时粒子绕地球漂移频率整数倍时产生共振

6.2　波粒相互作用的准线性理论

相空间密度的时间演化通常使用扩散方程来描述,该方程还可以包括波粒相互作用或库仑碰撞以外的效应。在本节中,我们将介绍准线性理论框架下的扩散方程,这是在数值模拟和建模研究中处理内磁层中的波-粒相互作用的标准方法。一个重要的因素是找到与波-粒子相互作用有关的波性质（例如振幅、波法线角、强度和 MLT 分布）。这些性质通常必须根据各种观测结果进行经验估计。

准线性理论是介于线性化弗拉索夫理论（第 4.2 节）和激波、大振幅波、波-波耦合、强等离子体湍流等非线性等离子体物理学之间的理论框架。在准线性理论中,波模式与线性等离子体理论相同,但考虑了粒子分布函数的缓慢时间演化。对线性波的限制是一个明显的限制,不能严格解决等离子体扰动增长到大振幅的问题。准线性计算有效性的实际限制很难评估。例如,目前尚不清楚哨声波的小尺度非线性合声元素对大尺度扩散过程的影响。

和往常一样,并没有处理非线性等离子体方程的通用方法,非线性过程在实践中必须逐个案例分别考虑。通常,最好的办法是计算大量随机激发的带电粒子在预设非线性涨落下的轨道。如果可以通过数值模拟或观测经验确定扩散系数,则可以将其代入扩散方程中,并用于计算相空间密度的时间演化方程,即使基础粒子散射是由非线性相互作用引起的。

6.2.1　福克-普朗克理论的要素

基本任务是找到带电粒子分布函数 $\partial f / \partial t$ 在存在等离子体波的相空间中给定位置处时间演化的描述,包括粒子间碰撞（若需要时）。虽然内磁层中离子体几乎是无碰撞的,但除了各种波粒相互作用外,库仑碰撞和电荷交换碰撞经常需要在环电流和辐射带动力学的计算中考虑,可以在弗拉索夫方程的右边引入碰撞项 $(\partial f / \partial t)_c$,重新写成 Boltzmann 方程的形式。福克普朗克（Fokker - Planck）方法是一种常见的方法,尽管不是唯一的方法，可以用来确定摩擦和扩散效应（玻尔兹曼方程的右侧），它也可以应用于等离子体波和带电粒子之间的"碰撞"。

为了正式介绍福克-普朗克方法，我们考虑函数 $\psi(v，\Delta v)$ 给出的粒子速度 v 发生偏转或散射的概率，偏转或散射是由于碰撞或与波电场的相互作用而产生速度增量 Δv。在时刻 t 之前，对 Δt 时间段内所有可能发生的偏转进行积分，就可以写出分布函数如下

$$f(\boldsymbol{r}，\boldsymbol{v}，t) = \int f(\boldsymbol{r}，\boldsymbol{v} - \Delta v，t - \Delta t)\psi(\boldsymbol{v} - \Delta v，\Delta v)\mathrm{d}(\Delta v) \tag{6-5}$$

在福克-普朗克方法中，假设 ψ 与时间 t 无关。因此，散射过程对早期的偏转没有记忆，可以将该过程描述为相空间中的马尔可夫随机游走过程。

接下来将式（6-5）中的积分项泰勒展开为小速度增量 Δv 的幂次

$$f(\boldsymbol{r}，\boldsymbol{v}，t) = \int \mathrm{d}(\Delta v)\left[f(\boldsymbol{r}，\boldsymbol{v}，t - \Delta t)\psi(\boldsymbol{v}，\Delta v) - \Delta v \cdot \frac{\partial}{\partial v}[f(\boldsymbol{r}，\boldsymbol{v}，t - \Delta t)\psi(\boldsymbol{v}，\Delta v)] + \right.$$
$$\left. \frac{1}{2}\Delta v\Delta v : \frac{\partial^2}{\partial v \partial v}(f(\boldsymbol{r}，\boldsymbol{v}，t - \Delta t)\psi(\boldsymbol{v}，\Delta v)) + \cdots\right] \tag{6-6}$$

式中，符号"："表示两个双值张量的标量积，即 $\boldsymbol{aa} : \boldsymbol{bb} = \sum_{ij}a_i a_j b_i b_j$。所有偏转的总概率是 $\int \psi(\Delta v)\mathrm{d}\Delta v = 1$，由碰撞造成的 f 的变化率为

$$\left(\frac{\partial f}{\partial t}\right)_c \equiv \frac{f(\boldsymbol{r}，\boldsymbol{v}，t) - f(\boldsymbol{r}，\boldsymbol{v}，t - \Delta t)}{\Delta t}$$
$$\approx -\frac{\partial}{\partial v} \cdot \left(\frac{<\Delta v>}{\Delta t}f(\boldsymbol{r}，\boldsymbol{v}，t)\right) + \frac{1}{2}\frac{\partial^2}{\partial v \partial v} : \left(\frac{<\Delta v \Delta v>}{\Delta t}f(\boldsymbol{r}，\boldsymbol{v}，t)\right) \tag{6-7}$$

式中，平均 $<\Delta v>$ 与 $<\Delta v \Delta v>$ 定义为

$$<\cdots> = \int \psi(\boldsymbol{v}，\Delta v)(\cdots)\mathrm{d}(\Delta v) \tag{6-8}$$

将第二项与更高阶项略去。注意到方程（6-7）右侧的两项中的分母都是 Δt。在随机游走中，均方位移随时间线性增加。

将式（6-7）作为碰撞项代入 Boltzman 方程，就可以得到福克-普朗克方程。方程（6-7）右侧第一项描述了粒子由于碰撞引起的加速/减速（$\propto <\Delta v>/\Delta t$），在经典电阻介质中相当于动摩擦力。第二项是扩散项，包含扩散系数 $D_{vv} \propto <\Delta v \Delta v>/\Delta t$。请注意，扩散作用可以改变粒子速度的大小和方向。前者对应能量扩散，后者在磁化等离子体中对应于俯仰角扩散。

D_{vv} 的 SI 单位为 $\mathrm{m}^2\mathrm{s}^{-3}$，因为扩散发生在速度空间中。在辐射带的扩散研究中，常用的坐标是漂移壳、动量和俯仰角，它们有不同的单位。扩散方程通常需要归一化，使所有扩散系数具有相同的单位，例如动量 $^2\mathrm{s}^{-1}$ 或 s^{-1}。

到目前为止，我们得到的只是一个形式方程，而困难的是确定概率函数 ψ 的正确形式。通过库仑碰撞引起的扩散在几本高等等离子体物理教科书（Boyd 和 Sanderson，2003）中已有详细介绍，我们不详细介绍这方面的细节。我们的重点是由波粒相互作用和

磁场的大尺度不均匀性引起的扩散。

6.2.2　准线性理论中的弗拉索夫方程

虽然福克–普朗克理论本质上是一个描述碰撞的理论，但波粒相互作用也可以在准线性方法的框架内用相同的公式表示，也就是分别考虑分布函数的缓慢演化部分和波动部分。

（1）静电近似中的扩散方程

准线性理论的关键假设是：分布函数 $f(\boldsymbol{r}, \boldsymbol{v}, t)$ 的时间演化比波粒子相互作用时的振荡要慢得多。非磁化等离子体中静电波的分离是最透明的，这与第 4.2 节中弗拉索夫方程的朗道解相似。

把 f 看作一个慢变部分 f_0 和波动部分 f_1 之和，其中 f_0 是波动部分的平均值。简单起见，我们进一步假设 f_0 在空间上是均匀的，表示如下

$$f(\boldsymbol{r}, \boldsymbol{v}, t) = f_0(\boldsymbol{v}, t) + f_1(\boldsymbol{r}, \boldsymbol{v}, t) \tag{6-9}$$

现在弗拉索夫方程就可以写成

$$\frac{\partial f_0}{\partial t} + \frac{\partial f_1}{\partial t} + \boldsymbol{v} \cdot \frac{\partial f_1}{\partial \boldsymbol{r}} - \frac{e}{m} \boldsymbol{E} \cdot \frac{\partial f_0}{\partial \boldsymbol{v}} - \frac{e}{m} \boldsymbol{E} \cdot \frac{\partial f_1}{\partial \boldsymbol{v}} = 0 \tag{6-10}$$

其中，通过麦克斯韦方程可知，电荷密度波动与电场波动相关

$$\nabla \cdot \boldsymbol{E} = -\frac{e}{\varepsilon_0} \int f_1 \, \mathrm{d}^3 v \tag{6-11}$$

假设 f_1 与 $\boldsymbol{E}$ 中的波动近似正弦波，则 f_1（包括 $\boldsymbol{E}$）中线性函数的平均值在波动周期内消失。式（6-10）的平均值 $< \cdots >$ 表示为

$$\frac{\partial f_0}{\partial t} = \frac{e}{m} \left\langle \boldsymbol{E} \cdot \frac{\partial f_1}{\partial \boldsymbol{v}} \right\rangle \tag{6-12}$$

此方程描述了 f_0 的时间演化。

从方程（6-10）中减去方程（6-12），可以得到快变项 f_1

$$\frac{\partial f_1}{\partial t} + \boldsymbol{v} \cdot \frac{\partial f_1}{\partial \boldsymbol{r}} - \frac{e}{m} \boldsymbol{E} \cdot \frac{\partial f_0}{\partial \boldsymbol{v}} = \frac{e}{m} \left(\boldsymbol{E} \cdot \frac{\partial f_1}{\partial \boldsymbol{v}} - \left\langle \boldsymbol{E} \cdot \frac{\partial f_1}{\partial \boldsymbol{v}} \right\rangle \right) \tag{6-13}$$

准线性近似中，我们忽略了右侧的二阶非线性项，因为它比左侧的线性项小，得到

$$\frac{\partial f_1}{\partial t} + \boldsymbol{v} \cdot \frac{\partial f_1}{\partial \boldsymbol{r}} - \frac{e}{m} \boldsymbol{E} \cdot \frac{\partial f_0}{\partial \boldsymbol{v}} = 0 \tag{6-14}$$

这在形式上与线性化的弗拉索夫方程相同，只是现在根据方程（6-12）可知，f_0 是与时间有关的。

从此处开始，我们继续用与推导朗道解相同的方法。为了简单，假设在复拉普拉斯变换的时域中只有一个极点，对应于复频率 ω_0，我们找到分布函数在 $\boldsymbol{k}$ 空间中的波动部分

$$f_1(\boldsymbol{k}, \boldsymbol{v}, t) = \frac{\mathrm{i} e \boldsymbol{E}(\boldsymbol{k}, t)}{m(\omega_0 - \boldsymbol{k} \cdot \boldsymbol{v})} \cdot \frac{\partial f_0}{\partial \boldsymbol{v}} \tag{6-15}$$

其中

$$E(k,t) = \frac{\mathrm{i}ek \exp(-\mathrm{i}\omega_0 t)}{\varepsilon_0 k^2 (\partial K(k,\omega)/\partial\omega)|_{\omega_0}} \int \frac{f_1(k,v,0)}{(\omega_0 - k \cdot v)} \mathrm{d}^3 v \qquad (6-16)$$

在此式中，$K(k,\omega)$ 是弗拉索夫理论中的绝热函数［式（4-4）］。

最后，将式（6-15）与式（6-16）代入式（6-12），在 r 空间进行傅里叶反变换，由扩散方程可以给出 f_0 的时间演化如下

$$\frac{\partial f_0}{\partial t} = \frac{\partial}{\partial v_i} D_{ij} \frac{\partial f_0}{\partial v_j} \qquad (6-17)$$

其中，下标 $\{i,j\}$ 指速度矢量的笛卡儿分量和扩散张量 D 的元素。这里假设对重复指标求和。张量元素 D_{ij} 是扩散系数，表示如下

$$D_{ij} = \lim_{V \to \infty} \frac{\mathrm{i}e^2}{m^2 V} \int \frac{\langle E_i(-k,t) E_j(k,t) \rangle}{(\omega_0 - k \cdot v)} \mathrm{d}^3 k \qquad (6-18)$$

其中 $\langle E_i(-k,t) E_j(k,t) \rangle / V$ 表示静电场的谱能量密度，V 表示等离子体体积。

请注意式（6-18）中的电场分量是在傅里叶变换构型空间中给出的。在下面的例子中，我们经常用非笛卡儿速度坐标来表示相空间密度，例如 $f(p,\alpha)$ 或 $f(\mu,K,L^*)$。在实际应用中，必须根据 r 空间中观测到的或模拟电场的振幅和极化来计算扩散系数，然后就可以将扩散方程转换到合适的坐标系中。

现在如果我们可以确定一个给定的波模式（ω_0,k）的电场波动谱，就可以计算分布函数 f_0 在速度空间中的扩散。

（2）磁化等离子体的扩散方程

内磁层等离子体嵌入磁场中，其波动是电磁化的，这使得对扩散方程的处理在技术上比静电情况更加复杂。Kennel 和 Engelmann（1966）提出了磁化等离子体中由小振幅波引起的速度空间扩散的基本准线性理论，这一理论在 Michael Schulz（1974）以及 Lyons 和 Speiser（1982）的专著中进行了深入讨论。

Kennel 和 Engelmann（1966）将 f_0 在电磁波作用下的扩散方程写为

$$\frac{\partial f_0}{\partial t} = \frac{\partial}{\partial v} \cdot \left(D \cdot \frac{\partial f_0}{\partial v} \right) \qquad (6-19)$$

其中，扩散张量 D 定义为

$$D = \lim_{V \to \infty} \frac{1}{(2\pi)^3 V} \sum_{n=-\infty}^{\infty} \frac{q^2}{m^2} \int \mathrm{d}^3 k \frac{\mathrm{i}}{\omega_k - k_\parallel v_\parallel - n\omega_c} (a_{n,k})^* (a_{n,k}) \qquad (6-20)$$

这里 V 是等离子体体积，求和包含了所有谐波数，向量 $a_{n,k}$ 包含波电场的振幅和极化信息，星号 $*$ 表示复共轭，ω_k 是波矢量 k 对应的复频率，$\parallel$ 指背景磁场的方向。很明显，振幅和极化的精确经验测量对于用数值方法计算扩散张量的分量是至关重要的。

Kennel 和 Engelmann（1966）进一步表明，对于所有波模式，扩散使得等离子体处于略微稳定的状态。在他们的证明中并没有做出小增长率的假设。因此，该结论既适用于非共振绝热扩散，如磁层磁场的大尺度波动，也适用于频率虚部极限 $\omega_{ki} \to 0$ 处的共振扩散。在共振扩散的极限处，式（6-20）分母中的奇异性被狄拉克变量 δ 所取代，对于整数 n，有

$$\omega_{kr} - k_{\parallel} v_{\parallel} - n\omega_c = 0 \tag{6-21}$$

这一共振条件类似于第 5 章。在满足准线性逼近条件的前提下，该理论描述了朗道共振（$n = 0$）和回旋谐振（$n \neq 0$）引起的扩散。

在辐射带中，粒子分布函数可以假设为回旋的，这促成了二维速度空间（$v_\perp$，$v_\parallel$）中准线性理论的形成。这就是一个简单的坐标变换过程［如 Lyons 和 Williams（1984）中的第 5 章］，将扩散方程在（v，α）空间中写成

$$\begin{aligned}
\frac{\partial f}{\partial t} &= \nabla \cdot (\boldsymbol{D} \cdot \nabla f) \\
&= \frac{1}{v\sin\alpha} \frac{\partial}{\partial \alpha} \sin\alpha \left(D_{\alpha\alpha} \frac{1}{v} \frac{\partial f}{\partial \alpha} + D_{\alpha v} \frac{\partial f}{\partial v} \right) + \\
&\quad \frac{1}{v^2} \frac{\partial}{\partial v} v^2 \left(D_{v\alpha} \frac{1}{v} \frac{\partial f}{\partial \alpha} + D_{vv} \frac{\partial f}{\partial v} \right)
\end{aligned} \tag{6-22}$$

其中，下标 0 被去掉，缓慢[①]演化方程的速度分布函数用 f 表示。注意，这里的扩散方程中所有扩散系数都以"速度^{2}s^{-1}"为单位。非相对论方程（6-22）可以用 $p = |\boldsymbol{p}| = \gamma m v$ 代替 v，得到相对论公式。在计算扩散系数时，洛伦兹因子仅作为回旋频率的相对论修正。然而相对论情况下的计算更为复杂，因为共振线变成共振椭圆（详见第 5.1.3 节）。

扩散方程（6-22）表达了一个众所周知的事实，即波粒相互作用在速度绝对值大小（或动能 $W = mv^2/2$）和俯仰角上都能引起扩散。Kennel 和 Engelmann（1966）指出粒子主要在俯仰角上扩散。只有速度与波相速度同量级或略低于波相速度的粒子，其能量散射率才可与俯仰角散射率相当。

扩散的方向取决于靠近粒子速度的粒子分布函数的形状。例如，当超热电子分布的各向异性放大外辐射带的哨声波时（5.2.1 节），超热电子就会向更小的俯仰角和更低的能量散射。另一方面，辐射带电子（100 keV 及以上）分布有 $\partial f/\partial W < 0$，其速度分布各向同性更强，能量的散射会导致电子加速，这是以损失波功率为代价的。

6.2.3　不同坐标下的扩散方程

在辐射带物理学中，六维相空间 $f(\boldsymbol{r}, \boldsymbol{p}, t)$ 中的相空间密度通常是作用量积分 $\{J_i\} = \{\mu, J, \Phi\}$ 以及对应的回旋、弹跳和漂移角 $\{\varphi_i\}$ 的函数。如果作用量积分是一个绝热不变量，则对应的相角是循环坐标，相空间密度与该相角无关。在完全绝热的情况下，所有的作用量积分都是守恒的，相空间是三维的，且 $f = (\mu, J, \Phi)$。

当一个或多个作用量积分的绝热不变性被打破时，不同相位角的粒子对扰动的响应不同。例如，与哨声波电场相同相位的回旋共振电子被散射的效率最高，导致散射电子的回旋相位聚束。然而，在准线性近似中，粒子在相空间中的随机游走导致相位混合，在几个振荡周期后，观测数据中无法区分各个相位。在哨声波的情况下，相位混合使相位角在几毫秒内随机化，这远低于大多数粒子仪器的时间分辨率。

---

① "缓慢"是相对于波动而言的。

在绕地球的漂移运动中，相位混合要慢得多。例如，与亚暴有关的粒子从磁尾注入内部磁层，以及由于行星际激波冲击昼侧磁层顶而产生的能量急剧升高，这些事件发生的速度比绕地球的漂移快得多，打破了第三绝热不变量。漂移周期从几分钟到几小时（表 2 - 2），在粒子谱中高能粒子束作为漂移回波，可以很容易地观测到。第 7 章中的图 7 - 6 和图 7 - 8 是两个在激波驱动加速后的漂移回波示例。

相位混合有利于在扩散研究中使用均相相空间密度 $\bar{f}(\{J_i\}, t)$。由于平均过程中相位信息丢失，因此在绝热不变性被破坏时，$\bar{f}$ 不符合刘维尔定理。然而，福克-普朗克方程仍然可以用于准线性近似。现在考虑外部源和损失，动力学方程可以写成

$$\frac{\partial \bar{f}}{\partial t} + \sum_i \frac{\partial}{\partial J_i}\left[\left\langle \frac{\mathrm{d}J_i}{\mathrm{d}t}\right\rangle_v \bar{f}\right] = \sum_{ij} \frac{\partial}{\partial J_i}\left[D_{ij}\frac{\partial \bar{f}}{\partial J_i}\right] - \frac{\bar{f}}{\tau_q} + \bar{S} \qquad (6-23)$$

其中 $\langle \mathrm{d}J_i/\mathrm{d}t\rangle_v$ 是摩擦传输系数，D_{ij} 是扩散张量元素。损失和来源项（$\bar{f}/\tau_q$ 和 $\bar{S}$）代表直接损失过程的平均持续周期（例如，磁层顶阴影或电荷交换），以及 $\bar{f}$ 的漂移平均化外部源。从此处开始，为了简化，略去 f 和 S 上方的符号。

通常把动力学方程写成基本作用量积分 $\{J_i\}$ 以外的坐标 $\{Q_i\}$。在辐射带研究中，经常用 K 代替 J，用 L 或 L^* 代替 Φ。动力学方程的一般坐标变换为

$$\frac{\partial f}{\partial t} + \frac{1}{J}\sum_i \frac{\partial}{\partial Q_i}\left[J\left\langle \frac{\mathrm{d}Q_i}{\mathrm{d}t}\right\rangle_v f\right] = \frac{1}{J}\sum_{ij}\frac{\partial}{\partial Q_i}\left[J\widetilde{D}_{ij}\frac{\partial f}{\partial Q_j}\right] - \frac{f}{\tau_q} + S \qquad (6-24)$$

其中 $J = \det\{\partial J_k/\partial Q_l\}$ 是坐标 $\{J_k\}$ 到 $\{Q_l\}$ 转换的雅克比行列式，$\widetilde{D}_{ij}$ 表示转换后的扩散系数。例如，从 $\{J_i\}=\{\mu, J, \Phi\}$ 到 $\{Q_i\}=\{\mu, K, L\}$ 的转换雅克比矩阵行列式为 $J = (8m\mu)^{1/2}(2\pi B_E R_E^2/L^2)$，其中 B_E 是地球表面的赤道磁场。

忽略摩擦项，假设 μ，K 为常数，$J \propto L^{-2}$。这样就得到了径向扩散方程

$$\frac{\partial f}{\partial t} = L^2 \frac{\partial}{\partial L}\left(\frac{D_{LL}}{L^2}\frac{\partial f}{\partial L}\right) + S - \frac{f}{\tau_q} \qquad (6-25)$$

在本书中，径向扩散指辐射带粒子在漂移壳上运动的统计学效应，同时前两个绝热不变量是守恒的。

在辐射带的研究中，通常认为相空间密度是俯仰角、动量和漂移壳的函数。在这种情况下，扩散方程的详细公式略微复杂（Michael Schulz，1974）

$$\frac{\partial f}{\partial t} = L^2 \frac{\partial}{\partial L}\bigg|_{\alpha,p}\left(\frac{D_{LL}}{L^2}\frac{\partial f}{\partial L}\bigg|_{\alpha,p}\right) +$$
$$\frac{1}{G(\alpha)}\frac{\partial}{\partial \alpha}\bigg|_{p,L}G(\alpha)\left(D_{\alpha\alpha}\frac{\partial f}{\partial \alpha}\bigg|_{p,L} + pD_{\alpha p}\frac{\partial f}{\partial p}\bigg|_{\alpha,L}\right) + \qquad (6-26)$$
$$\frac{1}{G(\alpha)}\frac{\partial}{\partial p}\bigg|_{\alpha,L}G(\alpha)\left(pD_{\alpha p}\frac{\partial f}{\partial \alpha}\bigg|_{p,L} + p^2 D_{pp}\frac{\partial f}{\partial p}\bigg|_{\alpha,L}\right) + S - \frac{f}{\tau_q}$$

这里 α 表示赤道处的俯仰角，$G = p^2 T(\alpha)\sin\alpha\cos\alpha$，$T(\alpha)$ 是弹跳函数（方程（2 - 76）或方程（2 - 77））。D_{LL} 是 L^* 中的扩散系数（清晰起见，将星号 * 去掉）。$D_{\alpha\alpha}$，$D_{\alpha p}$，D_{pp} 分别是俯仰角、混合俯仰角-动量、动量对应的系数。式（6 - 26）中，所有扩散系数的单位都是 s^{-1}。由于时间和空间尺度的巨大差异，忽略了 L 与 (α, p) 的交叉扩散。因为回

旋与朗道共振过程是在动量和俯仰角上使粒子散射，所以没有理由将（α，p）空间中的扩散系数对角化。

6.3　环电流与辐射带离子

内磁层中存在两个部分空间重叠的高能离子布居。强时变环电流主要由向西漂移的离子携带，能量范围为 $10 \sim 200\ keV$，在（$3 \sim 4$）R_E 处达到峰值，最远处可达 $8R_E$。内辐射带中可变性小得多的质子布居位于向地 $3R_E$ 处，主要由 $0.1 \sim 40\ MeV$ 的质子组成，其高能尾部最高可达 $1 \sim 2\ GeV$。

虽然环电流不是本书的重点，但载流离子的基本动力学与辐射带粒子动力学是相似的。因此，本节首先简要回顾环电流的特性。如第 1 章所述，环电流是造成地面赤道磁场北向分量时间扰动的主要原因，但不是唯一原因。这些扰动被用来计算 Dst 和 $SYM - H$ 指数，反过来，它们是磁暴强度常用的度量指标。由于离子的能量密度远大于电子的能量密度，净电流主要由向西漂移的离子携带。磁暴期间 Dst 和 $SYM - H$ 的变化是电流载流子能量密度变化的一个特征。

6.3.1　环电流离子的来源

环流的最终来源是电离层和太阳风。电流的主要载流子是高能质子和 O^+ 离子。虽然单电荷氧一定来源于电离层，但质子可能有两种来源。表 6 - 2 总结了基于 AMPTE/CCE 和 CRRES 卫星观测的地磁平静期和磁暴期环流离子的相对丰度。这些收集的数据来源于相对较少的磁暴期观测，这些数据应该是具有指示性的。一如既往，个别磁暴表现出与典型值的巨大偏差。

电离层和太阳风中的离子能量小于环电流载流子的能量。虽然太阳风的质子布居已经在 keV 范围内，但电离层等离子体必须从几 eV 的能量开始一直加速。电离层离子的流出主要发生在极光区和极冠区。离子首先被输送到磁层尾部，然后才被输送到磁层内部，同时逐渐被激活。

表 6 - 2　根据 AMPTE/CCE 和 CRRES 观测，在平静时期和不同风暴活动水平下，
环流中 $L = 5$ 不同离子种类的相对丰度和总离子能量密度（Daglis 等，1999）

离子源与种类	平静期次数	小与中等强度磁暴	强磁暴
太阳风 H^+（%）	$60 \gtrsim 60$	~ 50	$\lesssim 20$
太阳风 He^{++}（%）	~ 2	$\lesssim 5$	$\gtrsim 10$
电离层 H^+（%）	$\gtrsim 30$	~ 20	$\lesssim 10$
电离层 O^+（%）	$\lesssim 5$	~ 30	$\gtrsim 60$
太阳风总计（%）	~ 65	~ 50	~ 30
电离层总计（%）	~ 35	~ 50	~ 70
总能量密度/（keV cm^{-3}）	~ 10	$\gtrsim 50$	$\gtrsim 100$

　　流出的电离层等离子体的加速和加热过程分几个步骤进行［详见文献 Hultqvist 等 (1999) 的第 2 章］。地面雷达和穿越极光磁场线的卫星观测到电离层亚暴的增长和扩张阶段 O$^+$ 离子流出加剧。因此，表 6-2 中，在强磁暴时刻观测到大通量的 O$^+$ 并不奇怪。在电离层，电场波动已经产生了一定量的加热。离子获得的能量越多，镜像力就越能有效地推动它们向上。进一步的加速是由磁场对齐的 1～10 kV 电势结构提供的，它使极光电子向下加速，离子向上加速。随着不同种类的粒子沿着磁场上下移动，并在磁场中漂移，极光带上方的区域拥有大量不同的等离子体波，其中许多可以促使电离层等离子体的能量达到 keV 范围。

　　在磁尾电流片中，有 $\boldsymbol{J} \cdot \boldsymbol{E} > 0$，根据电动力学 Poynting 定理，这意味着能量从电磁场转移到带电粒子。离子穿过垂直于片（B_n）的有限但很小的磁场分量的电流片时，会沿着电场的方向传输一段时间并获得能量（Lyons 和 Speiser，1982）。这是一个与俯仰角和能量有关的非共振扩散的例子，由于第一绝热不变量被打破，导致了粒子运动的混沌化（Büchner 和 Zelenyi，1989；Chen 和 Palmadesso，1986）。

　　图 6-1 说明了低能离子如何从高纬度覆盖层进入夜侧磁层，首先被输送到遥远的尾部，然后在磁镜之间弹跳时，通过大规模对流从磁尾部向地球传输。粒子离地球越近，穿越电流片就会越频繁。由于远尾处的拉伸最强烈，粒子运动最混乱，因此，粒子进入远尾处的等离子体片时，离子的加速是最有效的。Ashour-Abdalla 等 (1993) 的数值试验-离子模拟研究表明，在尾部首次遇到距离大于 $80R_E$ 的电流片时，能量为 0.3 keV 的粒子仅通过这一过程就能获得 50 倍的能量。

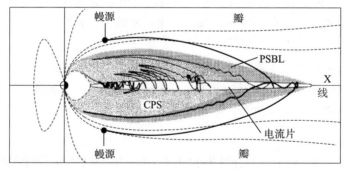

图 6-1　初始条件略微不同的两个太阳风粒子通过高纬度覆盖区进入磁层到内等离子体片的传输示意图。粒子轨迹的差异说明了初始条件的敏感性，这是混沌运动的特征。X 线是 Dungey 循环的远重联线（第 1.4.1 节）。缩写 CPS 和 PSBL 指的是中心等离子体片和等离子体片边界层［Ashour-Abdalla 等 (1993)，经美国地球物理联合会许可转载］

　　电流片的磁场北向分量在向地方向上是增加的，电流片在近地空间加热效率降低。绝热平流到内磁层的粒子也通过漂移电子回旋加速机制获得能量（第 2.4.4 节）。然而，这不足以解释 100 keV 以上的离子能量，还需要波粒相互作用使能量达到 100 keV 以上。先进扩散准则必须处理共振和非共振源和损耗过程［例如，Jordanova 等 (2010)，以及其中的参考文献］。

　　亚暴极化也可以通过瞬态感应电场促进离子加速，可能在离子能量达到 100 keV 的过程中发挥了重要作用［例如，Ganushkina 等（2005）；Pellinen 和 Heikkila（1984）］。感应电场可以导致 O^+ 比 H^+ 的优先加速，因为 O^+ 的所有绝热不变量都可以被破，而 H^+ 的磁矩保持不变，这一结论已经在试验–粒子模拟中得到证明（Delcourt 等，1990）。

6.3.2　环电流离子的损失

　　环电流的强度由电流载流子源和损耗之间的平衡决定。损耗一直在发生，但在磁暴主相期间，新的电流载流子的注入使损耗得以减缓。环电流的增强是一个相对较快的过程，而损耗则需要耗费更多的时间，这在磁暴主相期间 Dst 指数的快速负向演化和恢复相电流的缓慢衰减中体现得很明显（图 1–7）。

　　最初 Dessler 和 Parker（1959）提出，高能离子的主要损耗是由于环电流离子和中性氢原子之间的电荷交换碰撞，这些碰撞发生在地球无碰撞外逸层的延伸部分，这一部分被称为地冕。一个典型的电荷交换过程是一个带正电的离子和一个中性原子之间的碰撞。在这一碰撞过程中，离子从原子中俘获一个电子。在这个过程之后，离子的电荷状态减少了，中性粒子变成了带正电的离子。

$$X^{n+} + Y \rightarrow X^{(n-1)+} + Y^+ \qquad (6-27)$$

　　在环电流的高度，地冕几乎完全由氢原子组成，但对于低海拔的离子镜像，与较重原子的电荷交换也需要包含在详细的计算中。

　　中性地冕的温度约在 0.1eV 量级。因此，在与环流离子进行电荷交换后，出现的粒子是一个能量非常低的离子和一个高能中性原子（ENA）。高能中性原子在碰撞时向入射离子方向移动，离开环电流区。电荷交换并不会直接减少当前载流子的数量，而是将电荷从漂速快的离子转移到漂速极慢的离子。这些离子不再是有效的电流载流子，相反，它们成为热背景等离子体的一部分。

　　电荷交换作为损耗机制，其效率取决于电流载流子的寿命，而寿命与电荷交换截面成反比。截面无法从理论上进行计算，也很难用经验来确定，因为外逸层真空比在实验室中创造的真空要好得多。此外，需要考虑地冕的密度分布以及入射离子的 L 壳层和俯仰角，因为在不同高度离子镜像会遇到不同的外层密度。

　　库仑碰撞和波粒相互作用对去除环电流载流子也有作用。库仑碰撞在能量较低（$<$ 10 keV）时效率最高。然而，电荷交换和库仑碰撞联合起来并不能去除足够多的能量大于几十 keV 的离子，而超过 100 keV 时，它们则导致了比观测到的更平坦的俯仰角分布（更小的损失锥）（Fok 等，1996）。另一方面，环电流嵌入在一个由 EMIC 波组成的域内，等离子体层的嘶声波和赤道磁声波可以将高能量的环电流离子散射到大气损失锥。

　　在环电流数值模型中考虑波粒相互作用，面临的一个挑战是，波增长和衰减的建模必须与粒子布居的演化自洽。例如，在求解热等离子体色散方程和动力学方程的同时，需要计算 EMIC 波的增长率。波振幅可以根据增长速率，利用经验关系式来估计。随后，将波粒相互作用对离子的影响视为一个扩散过程，其中扩散系数是使用计算的波振幅确定的

（Jordanova 等，2010）。

6.3.3　辐射带离子的来源与损失

内辐射带在短时间尺度扰动下是相对稳定的。内辐射带的高能粒子以 MeV 量级的质子为主，能量甚至可以达到 GeV。对于更高的能量的粒子，其回旋半径与背景磁场的曲率半径相当，粒子不会再被困在磁瓶中。质子的停留时间很长，从接近大气损失锥的数年时间（大的绝热指数 K），到赤道镜像粒子的数千年时间（$K \approx 0$）。粒子频谱显示了十年时间尺度（太阳活动周期）到百年时间尺度（地磁场长期变化）的变化（Selesnick 等，2007）。

当被俘获离子能量大于 100 keV 时，尽管它的频谱似乎可以很顺利地从环电流转变为辐射带能量，但离子的历史是各不同的。能量高达 100～200 keV 的环电流载流子来源于能量低得多的电离层和太阳风，被磁层中的各种过程加速和传输。能量高达几十或几百 MeV 的辐射带离子的产生需要不同的机制。

内辐射带质子的两个主要来源是太阳高能粒子（SEP）事件和宇宙射线反照率中子衰变（CRAND）机制。对于能量低于 100 MeV，$L \gtrsim 1.3$ 的情况，质子主要来源于太阳高能粒子，而在海拔 2 000 km 以下和能量更高的地方，质子主要来源于 CRAND。

太阳耀斑和日冕物质抛射产生大通量高能质子，其中大部分被地磁场屏蔽在 $L \approx 4$ 以上区域。到达磁层带有俯仰角的太阳高能粒子已经在大气损失锥内直接损失，而大多数离子只是被磁场偏转，并从近地空间逃逸。在强烈的太阳粒子事件中，太阳质子和更重的离子会被注入 L 壳层 2～2.5 区域（例如 Hudson 等（2004）b，其中参考文献），它们从那里通过径向扩散向内传输。然而，磁层最深处的被困粒子既难以进入与也难以逃离，只有小部分进入的质子被俘获。在 $L=2$ 处，10 MeV 质子的俘获效率约为 10^{-4}，而100 MeV 质子的俘获效率仅为 10^{-7}（Selesnick 等，2007）。

太阳风暴在辐射带离子动力学中发挥双重作用，它们提供间歇性的源布居并驱动磁层中的扰动，这种扰动有助于粒子的俘获。然而，来源于太阳爆发的高能太阳粒子到达地球的速度比相关的 ICME 要快。因此，如果太阳高能粒子到达时的磁层受到扰动，则俘获效率更高，例如前期的 ICME 或快速太阳风流引起的扰动。

从北极和南极冰的富 NO_3 层的增强，可以得到十年到百年尺度的新鲜太阳质子注入的时间序列。能量大于 30 MeV 的质子穿透地球大气层，增强了对流层中反常硝酸盐（包括 NO_3）的产生。分子随后沉降到地面，并被保存在极地冰中（Mccracken 等，2001）。

CRAND 机制作为内辐射带的质子源，是 Singer（1958）在早期对俘获辐射观测之后不久提出的。它是由银河系宇宙射线在大气中的轰击产生的，它产生的中子向各个方向移动。虽然中子的平均寿命为 14 min 38 s，在此期间，一个数 MeV 的中子会撞击地面或逃逸到远离地球的地方，但仍有一小部分中子在磁层内衰变为质子。因为银河系宇宙射线频谱是硬的且时间上是恒定的，所以 CRAND 机制产生了一个硬的且稳定的频谱。

在低于 50 MeV 的能量下，观测到的质子频谱太强烈且变化太剧烈，无法用 CRAND 机制解释。图 6-2 展示了 Selesnick 等（2007）的模型研究结果，其中对主要的粒子源和损失项在 1 000 年时间尺度上进行了整合。计算了绝热不变量 K 的几个值在 $L=1.2$ 和 $L=1.7$ 时对应的质子通量。在俘获时间最长的情况下，最接近赤道的质子镜像（最小的 K）的通量最高。在 $L=1.2$ 时，所有能量下的通量都比 $L=1.7$ 时小几个数量级，频谱完全由 CRAND 机制产生的质子所主导。在 $L=1.7$ 时，太阳质子频谱在 100 MeV 以下变得可见。

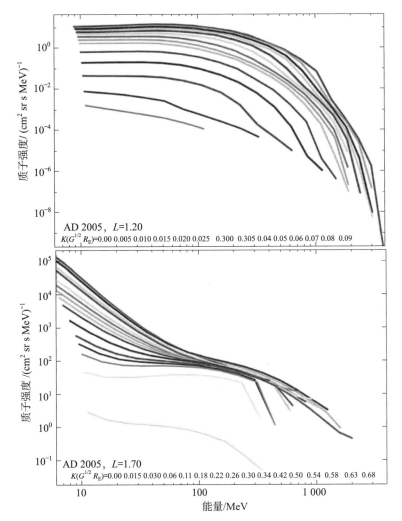

图 6-2　$L=1.2$（上）和 $L=1.7$（下）时高能质子谱的模型计算。不同颜色对应不同的绝热指数 K 值。最上面的曲线对应赤道镜像粒子 K（$K \approx 0$）。上面的图片中最大的 K 是 $0.09G^{1/2}R_{\mathrm{E}}$，下面图中最大的 K 是 $0.58G^{1/2}R_{\mathrm{E}}$，分别对应整个漂移壳镜像点在地球大气层上方的值。注意图中垂直轴的不同尺度［来源于 Selesnick 等（2007），经美国地球物理联盟许可转载］（见彩插）

　　质子带主要能量损失机制是与中性外层原子的电荷交换和非弹性核反应，以及与电离层和等离子体带电粒子的库仑碰撞。此外，虽然与太阳周期有关的漂移壳的绝热压缩或膨胀很小，但它与磁场的长期变化会影响质子在内辐射带中长期停留时的能量。

　　能量在 100 keV 以上时，电荷交换截面迅速减小，这是因为在内质子带的损耗比在环电流的损耗慢得多。库仑碰撞和核反应缓慢地将离子能量从数百 MeV 开始降低，最后使得高能中性原子的产生能够取代损耗过程的作用。

6.4　电子的传输与加速

在范艾伦探测器任务期间和之后，高能电子布居的动态演化，特别是相对论和超相对论电子的动态演化一直是辐射带研究的重点。这有很强的现实动机，因为一些最严重的航天器异常现象原因就是相对论"杀手电子"的通量过大。在本节中，我们讨论电子加速和传输的物理机制，电子损失是第 6.5 节的主题。

6.4.1　超低频波的径向扩散

20 世纪 60 年代提出的传统电子带形成理论是基于非对称准偶极磁场中低频电磁波动引起的向内径向扩散理论。假设电磁波动使第一和第二绝热不变量守恒，而打破第三绝热不变量的守恒性，在辐射带研究中通常用 L^* 表示。在下面的讨论中，为了清晰起见，我们去掉星号，写出扩散方程（6-25），不考虑外部源和损失项

$$\frac{\partial f}{\partial t} = L^2 \frac{\partial}{\partial L}\left(\frac{D_{LL}}{L^2} \frac{\partial f}{\partial L}\right) \tag{6-28}$$

其中电磁波动决定径向扩散系数 D_{LL}。当种子布居从尾部向更大的磁场移动时，由于磁矩 $\mu = p_\perp/(2m_e B)$ 守恒，并且在 ULF 波存在的情况下，通过粒子与电子方位角漂移运动的共振相互作用，可以使粒子获得能量。

实际的挑战是确定扩散系数 D_{LL}。在理论分析中，必须做出许多简化假设和近似。稍微扭曲的偶极场几何形状与标准对流电场模型一起，已经导致了分析的复杂性。此外，电磁波动的强度在不同磁地方时是不同的，并且是磁层活动的函数。另一方面，经验确定扩散系数受到现有观测数据的严重限制，不同的研究得出了不同、有时甚至相互矛盾的结果[例如 Ali 等（2016）以及其中的参考文献]。

基于纯理论论证，Fälthammar（1965）证明了赤道镜像粒子的磁场扰动扩散系数 $D_{LL,eq}^{em}$ 与 L^{10} 成正比。考虑了磁场的小时变扰动，假设磁场扰动的空间不对称性是一个平稳的随机过程。Lejosne（2019）将系数重新推导成如下的形式

$$D_{LL,eq}^{em} = \frac{1}{8}\left(\frac{5}{7}\right)^2\left(\frac{R_E}{B_E}\right)L^{10}\omega_d^2 P_A(\omega_d) \tag{6-29}$$

式中　B_E——赤道处地磁场感应强度；

　　　$P_A(\omega_d)$——非对称压缩磁波动的功率谱密度；

　　　ω_d——角漂移频率。

D_{LL} 随着赤道俯仰角的减小而减小，位于大气损失锥边缘的 D_{LL} 降低到赤道镜像粒子系数的 10% 左右。

对于压缩扰动，扩散系数由感应电场的方位分量决定（$\nabla \times \boldsymbol{E} = -\partial \boldsymbol{B}/\partial t$）。

Fälthammar（1965）分别考虑了静电 ($\nabla \times \boldsymbol{E} = 0$) 扰动，并求出其扩散系数

$$D_{LL}^{es} = \frac{1}{8R_E^2 B_E^2} L^6 \sum_n P_{E,n}(n\omega_d) \qquad (6-30)$$

式中，$P_{E,n}(n\omega_d)$ 为漂移共振频率 $\omega = n\omega_d$ 处电场波动的 n 次谐波的功率谱密度。在静电近似中，磁场线是等电势的，该表达式对所有俯仰角都有效。功率谱密度比值 P_E/P_A 的 SI 单位是速度的平方（$m^2 s^{-2}$）。因此表达式（6 - 29）和（6 - 30）具有相同的物理维度（SI 单位 s^{-1}）。

　　由于电磁波动的来源不同，将其划分为感应和静电扰动，这种划分可以在理论上证明其正当性。然而，这些在卫星观测中很难区分。另一种方法是计算"纯"磁扩散系数 D_{LL}^b，并将静电场和感应电场组合成电扩散系数 D_{LL}^e。Fei 等（2006）采用了这种方法，进一步扩展了 Elkington 等（2003）的早期计算。他们假设电扰动和磁扰动是赤道面非对称准偶极磁场中压缩 Pc5 超低频波的电扰动和磁扰动。

$$B(r,\phi) = \frac{B_0 R_E^3}{r^3} + b_1(1 + b_2\cos\phi) \qquad (6-31)$$

其中 b_1 描述偶极场的整体压缩，b_2 描述方位摄动[①]。

　　Fei 等（2006）的计算是考虑相对论，这很重要，因为径向扩散通常应用于相对论电子。他们计算出了扩散系数，如下

$$D_{LL}^b = \frac{\mu^2}{8q^2\gamma^2 B_E^2 R_E^2} L^4 \sum_m m^2 P_{B,m}(m\omega_d) \qquad (6-32)$$

$$D_{LL}^b = \frac{1}{8B_E^2 R_E^2} L^6 \sum_m P_{E,m}(m\omega_d) \qquad (6-33)$$

式中，m 为方位模数，$P_{B,m}$ 和 $P_{E,m}$ 为磁场的压缩分量和电场方位角分量的功率谱密度。D_{LL}^e 与 Fälthammar 的 D_{LL}^{es}（6 - 30）具有相同的形式，但功率谱密度不同。其中 $P_{E,m}$ 包括整个电场的谱功率，而在式（6 - 30）中，$P_{E,n}$ 仅代表静电波动。

　　Fei 等（2006）声称，在非相对论极限下，他们的系数可降至 Fälthammar（1965）中的系数，并考虑了对电场的不同处理。然而，正如 Ali 等（2016）和 Lejosne（2019）所指出的，D_{LL}^e 与 D_{LL}^b 的总和大约为 D_{LL}^{em} 的二分之一，这是因为 Fei 等（2006）假设电场扰动和磁场扰动是相互独立的。正如 Perry 等（2005）所证明的，电场 E_ϕ 的方位分量和磁场极向分量的时间导数 $\partial B_\theta/\partial t$ 在模型磁场中是反相关的，因为它们应当遵循法拉第定律（$\nabla \times \boldsymbol{E} = -\partial \boldsymbol{B}/\partial t$）。

　　Fei 的扩散系数和 Fälthammar 的扩散系数相差因子 2，这在实际的扩散研究中可能是一个学术问题，因为实际的扩散研究经常涉及磁暴。在这种情况下，磁场模型（6 - 31）过于简单，根据经验确定的扩散系数在不同的研究中差异很大。除了磁场的压缩和拉伸外，随时间变化的环电流也会对电磁场产生影响。对于不同经验导出扩散系数的应用，我们参考 Ozeke 等（2020）对 2013 年和 2015 年的圣帕特里克节（3 月 17 日）两次风暴的研

---

　　①　该模型是 Mead（1964）模型［式（1 - 15）］的简化，因为在磁场的非偶极项中不存在径向依赖性。

究。一个实际困难的例子是，虽然大多数时候 $D_{LL}^b \ll D_{LL}^e$ ，但在磁暴主相，这种大小关系是可以逆转的。

　　由于磁层内部条件的巨大变化性，在个例基础上根据经验确定扩散系数可能是找到与粒子观测一致的扩散率的唯一方法。对于给定的 D_{LL} ，扩散方程（6-28）可以进行快速数值计算，因此可以根据适当的磁层参数寻找最优系数。一种广泛使用的参数化方法是 Brautigam 和 Albert（2000）基于对 1990 年 10 月 9 日磁层风暴的观测结果，他们用 Kp 指数数作为参数，找到了扩散系数

$$D_{LL}(L,t) = aL^b 10^{cKp(t)} \tag{6-34}$$

　　系数 $a = 4.37 \times 10^{-10}$ ， $b = 10$ ， $c = 0.506$ 。可以找到更多基于事件的经验参数化，例如，在上述引用 Ali 等（2016）、Elkington 等（2003）、Ozeke 等（2020）的出版文献以及其中引用的文章中可以找到。很明显，使用不同参数的基于事件的推导会导致不同的结果，但关键的 L 依赖性在大多数情况下接近 Fälthammar 的原始 L^{10} 。

6.4.2　超低频波对电子的加速作用

　　根据 Elkington 等（2003）的研究，我们用离散的超低频波模式来说明电子的漂移共振加速度。他们考虑方程（6-31）表达的模型磁场中的赤道电子。漂移轮廓（2D 漂移壳）由恒定的磁场强度决定，其中 L 参数被替换为

$$\mathscr{L} = \left(\frac{R_E^3}{r^3} + \frac{b_1 b_2}{B_0} \cos\phi \right)^{-1/3} \tag{6-35}$$

　　对于小扰动（ $b_1 \ll B_0$ ），在辐射带内有 $\mathscr{L} \approx L$ 。

　　赤道面上的超低频波电场由式（4-107）给出

$$\boldsymbol{E}(r,\phi,t) = \boldsymbol{E}_0(r,\phi) + \sum_{m=0}^{\infty} \delta E_{rm} \sin(m\phi \pm \omega t + \xi_{rm}) \boldsymbol{e}_r +$$

$$\sum_{m=0}^{\infty} \delta E_{\phi m} \sin(m\phi \pm \omega t + \xi_{\phi m}) \boldsymbol{e}_\phi$$

其中 $\boldsymbol{E}_0(r,\phi)$ 为与时间无关的对流电场。 δE_{rm} 为环向模电场振幅， $\delta E_{\phi m}$ 为极相模的电场振幅， ξ_{rm} 和 $\xi_{\phi m}$ 分别是它们的相位滞后。

　　为了使径向扩散有效，波动应该是全局的，并且与电子的角漂移频率的整数倍频率产生共振

$$\omega - (m \pm 1)\omega_d = 0 \tag{6-36}$$

　　在外辐射带， $m=2$ 模式满足相对论电子基础漂移频率（ $\omega = \omega_d$ ）的共振条件。在 $L = 6$ 时，1~5 MeV 电子的漂移周期为 2.7~12.3min（表 2-2），与 Pc5 波的周期范围相匹配。对于较大的方位角模数，还可能与更高频率的 Pc4 振荡发生共振。对于几十到几百 keV 的电子（在 $L=6$ 时，绕地球的漂移时间为 1~10 h），与 Pc4~Pc5 波发生漂移共振时，方位角模数必须非常大（10~100）。综上所述，Pc4~Pc5 频段内的全球大振幅 ULF 波自然能够导致径向扩散。

　　根据式（2-68）给出了赤道电子的绝热（ μ 守恒）加速度

$$\frac{dW}{dt} = q\boldsymbol{E} \cdot \boldsymbol{v}_d + \mu \frac{\partial B}{\partial t} \qquad (6-37)$$

其中 $\boldsymbol{v}_d$ 是电子绕地球的漂移速度。环向模 δB_ϕ 的磁扰动和极向模 δB_r 的主导磁场分量在赤道上都有一个节点。在这两种情况下，ULF 波的电场在地球周围漂移路径的某些部分中都具有沿电子 GC（千兆周，gigacycle）漂移速度方向的分量，从而导致漂移回旋加速。假设极向模的压缩分量 $\delta B_\parallel$ 很小，回旋加速项 $\mu \dfrac{\partial B}{\partial t}$ 可以忽略，而漂移则是仅由漂移回旋效应引起的。在环向模下定义 $\delta B_\parallel = 0$，图 6-3 展示了一个漂移共振电子（$\omega = \omega_d$）如何被扭曲偶极场中的环向（左）和极向（右）的 $m = 2$ 的超低频波加速。

首先考虑电子与环向模式的相互作用（图 6-3，左）。从黄昏扇区中电子速度向内径向分量 v_r 最大的点开始。这里电子遇到一个向外的电场 δE_r。因此 $dW/dt = q\delta E_r v_r > 0$，电子被加速。半个漂移周期后，电子处于黎明扇区，在该区域，电子有一个最大的向外速度分量，遇到一个向内的电场，然后再次被加速。在这种情况下，黎明和黄昏扇区是能量增加最大的区域。电子实际上在环绕地球的轨道上获得能量，在中午和午夜 $v_r = 0$ 的时候除外。该过程中，磁场非对称压缩是一个重要因素。增加扭曲程度就增加了黎明和黄昏扇区的 v_r，从而增加了能量增益。

有效的漂移加速也可以发生在与极向模式 δE_ϕ 的共振中，其中电场扰动 δE_ϕ 在方位角方向上（图 6-3，右）。在夜侧的电子遇到一个与速度方向相反的电场，并被加速。另一方面，如果电子与波发生漂移共振，它会在昼侧遇到一个与漂移运动方向一致的电场，并损失能量。然而，在压缩偶极子结构中，昼侧的 $|\delta E_\phi v_\phi|$ 比夜侧的小。因此，电子在环绕地球的漂移期间获得了净能量。增加一个静态对流电场 $\boldsymbol{E}_0$，会削弱特定电子的极向模式引起的净加速，这是因为电子在夜侧和昼侧运动时，$\boldsymbol{E}_0$ 与 δE_ϕ 方向相同。

重要的是要认识到图 6-3 中的两个示例仅描述了一个与离散的单频波发生漂移共振的电子。考虑相对于波相位处于不同漂移相位的电子，一些电子获得了能量，另一些电子则失去了能量。其中一些被推到离地球更近的地方，另一些则离地球更远。最终结果是电子的径向扩散和能量扩散（Lejosne 和 Kollmann，2020）。

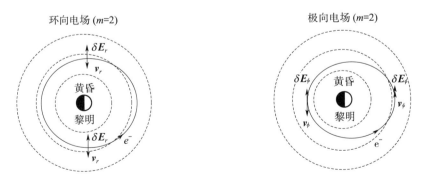

图 6-3　在 $m = 2$ 的环向（左）和极向（右）波电场下电子的漂移共振示意图。正午朝向右边

如果极向模式分布在一个频率范围内，或者一个非静态对流场作用在电子上，电子在

方位角方向上漂移速度的主要分量可能比与相同振幅的纯环向模的相互作用产生的加速作用更加有效。Elkington 等（2003）基于连续频率的数值计算，得出结论，共振机制可以非常有效地导致电子径向传输的向内扩散，使其能量从 100 keV 加速到 MeV 量级。

很明显，电子径向传输和超低频 Pc4～Pc5 波导致的电子加速是密切相关的。虽然扩散传输通常被认为是一个相对缓慢的过程（以天计），但超低频波也可能导致快速径向扩散。Jaynes 等（2018）研究了 2015 年 3 月 17 日磁暴期间辐射带的电子响应。从几百 keV 到相对论能量电子的通量在磁暴达到峰值后很快恢复，而超相对论电子的通量在数天内保持较低水平。虽然电子激发到相对论能量可能与第 6.4.5 节讨论的增强的合声波活动有关，但超相对论电子（高达 8 MeV）的重新出现和向内传输是在观测到合声活动已经消退时发生的，而径向扩散系数的经验估计值意味着快速扩散。因为经验扩散系数是与事件相关的，径向扩散量和加速量也是与事件相关的。

6.4.3　(α, p) 空间中的扩散系数

在俯仰角动量空间中确定扩散系数所面临的挑战与 D_{LL} 中的不同。扩散张量由方程（6-20）给出，但其元素的计算需要使用色散方程的恰当近似和与粒子相互作用的波的振幅和极化的知识。在实际计算中，需要使用波空间分布和特性的真实模型。

我们按照 Lyons 和 Williams（1984），考虑没有外部源和损失情况下的扩散方程（6-22）的相对论表达形式

$$
\begin{aligned}
\frac{\partial f}{\partial t} = &\frac{1}{p \sin\alpha} \frac{\partial}{\partial \alpha} \sin\alpha \left(D_{\alpha\alpha} \frac{1}{p} \frac{\partial f}{\partial \alpha} + D_{\alpha p} \frac{\partial f}{\partial p} \right) + \\
&\frac{1}{p^2} \frac{\partial}{\partial p} p^2 \left(D_{p\alpha} \frac{1}{p} \frac{\partial f}{\partial \alpha} + D_{pp} \frac{\partial f}{\partial p} \right)
\end{aligned} \tag{6-38}
$$

$D_{\alpha\alpha}$，$D_{\alpha p} = D_{p\alpha}$，$D_{pp}$ 是平均化漂移和弹跳扩散系数。

$$
\begin{cases}
D_{\alpha\alpha} = \dfrac{p^2}{2} \left\langle \dfrac{(\Delta\alpha)^2}{\Delta t} \right\rangle \\[2mm]
D_{\alpha p} = \dfrac{p}{2} \left\langle \dfrac{\Delta\alpha \Delta p}{\Delta t} \right\rangle \\[2mm]
D_{pp} = \dfrac{1}{2} \left\langle \dfrac{(\Delta p)^2}{\Delta t} \right\rangle
\end{cases} \tag{6-39}
$$

乘数因子 $p^2/2$，$p/2$，$1/2$ 将所有系数的单位归一化为"动量^{2}s^{-1}"。这些系数可以从给定谐波数 n 和垂直波数 $k_\perp$ 的系数来计算，即计算所有波数的积分和所有谐波的总和，表示如下

$$
\begin{cases}
D_{\alpha\alpha} = \displaystyle\sum_{n=-\infty}^{\infty} \int_0^{\infty} k_\perp \, \mathrm{d}k_\perp D_{\alpha\alpha}^{nk_\perp} \\[2mm]
D_{\alpha p} = \displaystyle\sum_{n=-\infty}^{\infty} \int_0^{\infty} k_\perp \, \mathrm{d}k_\perp D_{\alpha p}^{nk_\perp} \\[2mm]
D_{pp} = \displaystyle\sum_{n=-\infty}^{\infty} \int_0^{\infty} k_\perp \, \mathrm{d}k_\perp D_{pp}^{nk_\perp}
\end{cases} \tag{6-40}
$$

因为共振条件产生平行方向上的狄拉克增量 δ ，所以仅在垂直波矢量上计算积分。

式（6 - 40）是由 Kennel 和 Engelmann（1966）在非相对论近似中导出的扩散张量（6 - 20）的分量，并由 Lerche（1968）推广到相对论粒子。n 和 $k_\perp$ 的扩散系数与纯俯仰角扩散系数有关，对于给定的粒子种类 j ，经过冗长的计算可得到

$$D_{\alpha\alpha}^{nk\perp} = \lim_{V \to \infty} \frac{q_j^2}{4\pi V}\left(\frac{-\sin^2\alpha + n\omega_{cj}/(\gamma\omega)}{\cos\alpha}\right)^2 \frac{\Theta_{nk}}{|v_\parallel - \partial\omega/\partial k_\parallel|} \tag{6 - 41}$$

这里的 V 是等离子体体积，导数 $\partial\omega/\partial k_\parallel$ 在共振平行波数处计算

$$k_{\parallel,\mathrm{res}} = (\omega - n\omega_{cj}/\gamma)/v_\parallel \tag{6 - 42}$$

函数 Θ_{nk} 包含了波电场的振幅和极化信息

$$\Theta_{nk} = \left|\frac{E_{k,L}J_{n+s_j} + E_{k,R}J_{n-s_j}}{\sqrt{2}} + s_j\frac{v_\parallel}{v_\perp}E_{k,\parallel}J_n\right|^2 \tag{6 - 43}$$

这里 L,R 与 $\parallel$ 分别是给定波矢量的波电场的左极化、右极化、平行极化分量。Bessel 函数 $J_n = k_\perp v_\perp \gamma/\omega_{cj}$ ，s_j 是 j 类粒子的符号，最终可以推导出 $D_{\alpha p}^{nk\perp}$ 和 $D_{pp}^{nk\perp}$

$$D_{\alpha p}^{nk\perp} = D_{\alpha\alpha}^{nk\perp}\left(\frac{\sin\alpha\cos\alpha}{-\sin^2\alpha + n\omega_{cj}/(\gamma\omega)}\right) \tag{6 - 44}$$

$$D_{pp}^{nk\perp} = D_{\alpha\alpha}^{nk\perp}\left(\frac{\sin\alpha\cos\alpha}{-\sin^2\alpha + n\omega_{cj}/(\gamma\omega)}\right)^2 \tag{6 - 45}$$

方程中包含 $D_{\alpha\alpha}^{nk\perp}$ 的乘积项均小于 1，这与 Kennel 和 Engelmann（1966）在 6.2.2 节中得出的俯仰角扩散相比于能量（或动量绝对值）扩散更占主导的结论一致。

在实际计算中，波功率分布作为频率的函数，通常近似为高斯分布

$$B^2(\omega) = A^2\exp\left(-\left(\frac{\omega - \omega_m}{\delta\omega}\right)^2\right) \tag{6 - 46}$$

其中 A 为归一化常数，ω_m 和 $\delta\omega$ 为最大波功率的频率和带宽。然而，确定满足电磁色散方程的波扩散系数仍然是一项艰巨的技术任务，需要大量的数值计算（例如，Glauert 和 Horne（2005））。将分析限制在平行传播（$k_\perp = 0$）的哨声波和 EMIC 波上，假设频率为高斯分布，积分可以以闭合形式表示（Summers（2005））。这大大加快了计算速度，但这意味着忽略了对辐射带动力学产生重要影响的斜向波的影响。

正如将在第 6.5 节中讨论的，伴随电子弹跳运动的波粒共振也会导致俯仰角扩散，这对于接近赤道的镜像粒子是很重要的。在这种情况下，扩散系数必须在没有弹跳平均化的情况下计算。Tao 和 Li（2016）针对赤道磁声波、Cao 等（2017）a 针对 EMIC 波以及 Cao 等（2017）b 针对低频等离子体嘶声波给出了这些扩散系数的详细计算过程。

6.4.4　大振幅哨声波与 EMIC 波对电子的扩散作用

当哨声波或 EMIC 波增长到较大振幅时，计算扩散系数的准线性方法将会失效。文献中介绍了通过非线性波粒相互作用估计扩散的不同方案，例如，第 5.2.4 节讨论的电子相空间空穴的形成（Omura 等，2012）和动态系统方法 [Osmane 等（2016）以及其中的参考文献]。在这里，我们提出了一种简单的方法来对波场 $[\boldsymbol{E}_w(\boldsymbol{r},t), \boldsymbol{B}_w(\boldsymbol{r},t)]$ 中的电

子运动方程进行数值积分，该方程是由观测或理论论证确定的。在与纬度相关的背景磁场 $\boldsymbol{B}_0(\lambda)$ 中的相对论运动方程为

$$\frac{\mathrm{d}\boldsymbol{p}}{\mathrm{d}t} = -e\left(\boldsymbol{E}_w + \frac{1}{\gamma m_e}\boldsymbol{p} \times \boldsymbol{B}_w\right) - \frac{e}{\gamma m_e}\boldsymbol{p} \times \boldsymbol{B}_0(\lambda) \tag{6-47}$$

通过发射大量具有不同初始条件的电子来表示原始 $f(\alpha, p)$，可以根据一段时间 Δt 内的平均化 $\Delta \alpha$ 和 Δp 来估计扩散系数。

在实际计算中，式（6-47）可以方便地转换为平行（$p_\parallel$）于 $\boldsymbol{B}_0$ 和垂直（$p_\perp$）于 $\boldsymbol{B}_0$ 的动量耦合微分方程，以及电子垂直速度 $v_\perp$ 与波磁场垂直分量 $\boldsymbol{B}_{w\perp}$ 的相位角 η 的耦合微分方程。回旋平均化之后，忽略二阶项，并假设波是平行传播（$k=k_\parallel$）的，则相对论方程为（Albert 和 Bortnik，2009）

$$\begin{cases} \dfrac{\mathrm{d}p_\parallel}{\mathrm{d}t} = \left(\dfrac{eB_w}{\gamma m_e}\right)p_\perp \sin\eta - \dfrac{p_\perp^2}{2\gamma m_e B_0}\dfrac{\partial B_0}{\partial s} \\[2mm] \dfrac{\mathrm{d}p_\perp}{\mathrm{d}t} = -\left(\dfrac{eB_w}{\gamma m_e}\right)\left(p_\parallel - \dfrac{\gamma m_e \omega}{k_\parallel}\right)\sin\eta + \dfrac{p_\perp p_\parallel}{2\gamma m_e B_0}\dfrac{\partial B_0}{\partial s} \\[2mm] \dfrac{\mathrm{d}\eta}{\mathrm{d}t} = \left(\dfrac{k_\parallel p_\parallel}{\gamma m_e} - \omega + \dfrac{n\omega_{ce}}{\gamma}\right) - \left(\dfrac{eB_w}{\gamma m_e}\right)\left(p_\parallel - \dfrac{\gamma m_e \omega}{k_\parallel}\right)\dfrac{\cos\eta}{p_\perp} \end{cases} \tag{6-48}$$

式中　s——沿磁场的坐标；

　　　梯度（$\partial B_0/\partial s$）——镜像力；

　　　ω_{ce}——背景磁场 $\boldsymbol{B}_0$ 中的电子回旋频率；

　　　n——谐波数。

沿磁场的速度是 $\mathrm{d}s/\mathrm{d}t = p_\parallel/(m\omega_e)$［对应的非相对论方程，见 Bell（1984）和 Dysthe（1971）］。此公式适用于哨声波（$n \geqslant 1$）（Bortnik 等，2008a）和 EMIC 波，在这种情况下，只需考虑一阶共振（$n=-1$）（Albert 和 Bortnik，2009）。

由于电子回旋频率比波频率高，且比 EMIC 波高得多，与 $\sin\eta$ 和 $\cos\eta$ 相关的项在几个回旋周期后平均为零，$\mathrm{d}\eta/\mathrm{d}t$ 可以近似为

$$\frac{\mathrm{d}\eta}{\mathrm{d}t} = \frac{k_\parallel p_\parallel}{\gamma m_e} - \omega + \frac{n\omega_{ce}}{\gamma} \tag{6-49}$$

在共振相互作用中，η 在短时间 Δt 内几乎为常数，式（6-49）简化为我们所熟悉的共振条件。只要与绝热运动相比 $\Delta v_\parallel$ 很小，这种相互作用仍然可以用共振椭圆来描述（第 5.1.3 节）。

然而，当 B_w 增长到足够大时，非线性项（$\propto \sin\eta$）不能忽略，且散射有很大的差异。为了理解大振幅波场情况下的非线性共振相互作用，对方程组（6-48）中最后一个方程求二阶导数，从一开始就代入 $\mathrm{d}v_\parallel/\mathrm{d}t$。这样就得到了一个非线性驱动振子的方程，简单起见，这里假设为非相对论运动（$\gamma=1$）

$$\frac{\mathrm{d}^2\eta}{\mathrm{d}t^2} + k\left(\frac{eB_w}{m_e}\right)v_\perp \sin\eta = \left(\frac{3}{2} + \frac{\omega_{ce}-\omega}{2\omega_{ce}}\tan^2\alpha\right)v_\parallel \frac{\partial \omega_{ce}}{\partial s} \tag{6-50}$$

式中低阶项已被忽略（Bortnik 等，2016）。

相互作用的类型取决于非线性项对方程（6-50）左侧和驱动项对方程（6-50）右侧的相对影响。除了波的振幅外，其结果还取决于粒子的俯仰角（α）和纬度，通过具有纬度依赖性的镜像力而发生相互作用，镜像力正比于 $\partial\omega_{ce}(\lambda)/\partial s$。如果驱动项占主导地位，相互作用保持为线性。注意到赤道处有 $\partial B_0/\partial s \to 0$，对于小的 B_w，非线性相互作用也变得重要（见 6.5.4 节的讨论）。

Bortnik 等（2008）a 将这种方法应用于哨声模合声波模拟研究，使用了典型振幅和非常大的振幅。他们发射了 24 个初相位 η_0 均匀分布在 $0\sim2\pi$ 之间的试验粒子，使其通过一个哨声模波包。波包频率代表哨声模合声元素为 2 kHz，波从地磁偶极场赤道 $L=5$ 处向外传播（图 6-4）。

图 6-4 中的算例 A 和算例 B 中，粒子的初始能量为 168 keV，赤道俯仰角 $\alpha_{eq}=70°$。选择这样的粒子的参数，可以使它们在纬度 $\lambda=-9°$，并在 $\lambda\approx-5°$（算例 A）和 $\lambda\approx-6.5°$（算例 B）处与波发生共振。与单个波包的相互作用时间为 $10\sim20$ ms。

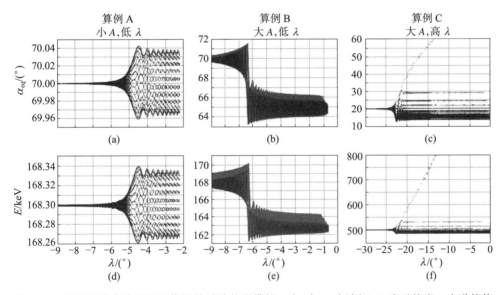

图 6-4　电子与哨声波包相互作用的试验粒子模拟。小/大 A 为波幅，λ 为磁纬度。赤道俯仰角（α_{eq}）和能量（E）的扩散，是由粒子与波相互作用时的不同相位引起的。俯仰角和能量的振荡行为是由于它们的 η 依赖接近于共振 $\mathrm{d}\eta/\mathrm{d}t\approx0$，并且当粒子远离共振点时衰减［来源于 Bortnik 等（2008）a，经美国地球物理联合会许可转载］（见彩插）

在算例 A 中，波幅为 1.4 pT。来源于单个波包的散射如预期的一样小：在赤道俯仰角散射为 $0.03°\sim0.04°$，能量散射在 $30\sim40$ eV 范围内。在多次遇到类似的波包后，结果将与准线性扩散相似。

在算例 B 中，相同粒子与大振幅的波 $B_w=1.4$ nT 之间的相互作用是完全不同的，这一结论对应 Cattell 等（2008）观测结果。所有粒子的赤道俯仰角约下降 $5°$，能量损失约 5 keV。在这种情况下，初始均匀相 η 在相互作用时被波聚集，这种非线性行为被称为相位聚类。

　　在算例 C 中，初始能量为 500 keV 和初始赤道俯仰角为 20°。粒子从 $\lambda \approx 30°$ 发射，在 $\lambda \approx -23°$ 处与大振幅（$B_w = 1.4\text{nT}$）、波法线角为 50° 的波产生共振。在这种情况下，很大一部分粒子在俯仰角和能量下降的情况下再次聚集，而其中一些粒子则散射到更大的俯仰角和更高的能量。其中一个粒子（图 6-4 中的红色轨迹）被困在波势中，并在较长时间内被困在波电场的恒定相位中。因此，该粒子漂移到一个大得多的俯仰角，当粒子达到模拟边界时，总能量增加了 300 keV，这种行为被称为相位俘获。

　　在非线性波势中俘获电子也是 Omura 等（2012）和 Osmane 等（2016）理论的一个重要结果。正如在下一节的结尾所讨论的，非线性哨声波包对相对论电子的有效加速与范艾伦探测器的波粒观测结果一致（Foster 等，2017）。

6.4.5　合声波对电子的加速作用

　　合声波对电子的加速作用不同于超低频波产生的漂移共振导致的加速。合声波通过波和电子之间的回旋共振打破第一绝热不变量来加速电子。通过多普勒频移回旋共振 $\omega - k_\parallel v_\parallel = n\omega_{ce}/\gamma$。变量 ω、$v_\parallel$ 以及 ω_{ce} 经常可以测量得到，但是实践中，$k_\parallel$ 必须通过求解色散方程来确定，而色散方程又取决于等离子体密度和组分。如 5.1.3 节所讨论的，具有特定 ω 和 k 的共振，在（$v_\perp$，$v_\parallel$）平面就是一个共振椭圆，在非相对论情况下，当共振条件仅与电子的平行速度有关时，该椭圆可简化为一条共振线。

　　合声波是一种宽频带激发，因此有一个连续的共振椭圆，在速度空间中存在一个有限的体积，被单波特性分割［方程（5-9）］。只要满足共振条件，就有大量的电子受到影响。共振扩散曲线表明，回旋共振与哨声模合声波的相互作用可以有效地激发电子，将其能量提升到几百 keV 到 MeV 量级（Summers 等，1998）。能量激发发生在赤道附近，那里的合声波几乎与背景磁场平行传播（小的波法线角），这对多普勒频移项 $k_\parallel v_\parallel$ 很重要，频移项必须足够大，才能使波的频率和粒子的（相对论）回旋频率相匹配。

　　Thorne 等（2013）b 给出了一个例子，在外辐射带的中心，通过与哨声波的相互作用，电子产生了强而快的局部加速。他们在范艾伦探测任务的早期，研究了 2012 年 10 月 9 日地磁暴。在黎明到昼侧的扇区，他们观测到强烈的合声波活动。利用福克-普朗克方程（6-26）计算了俯仰角-动量（α，p）空间中的电子扩散。扩散的计算结果与范艾伦探测器的观测数据相吻合。然而作者指出，由于观测的局限性，无法明确究竟是合声波还是其他过程更加重要。

　　与超低频波导致的扩散相似，关键问题是确定扩散系数，现在是俯仰角和动量。该过程必须基于经验或建模好的等离子体和波的性质。尽管地方时的波分布是不均匀的，且随事件而异，但在实践中仍需要进行漂移平均化。因此，净加速的估计是一个挑战。

　　Horne 等（2005）发表了一个例子，在 2003 年秋季所谓的万圣节风暴期间，从几个来源确定扩散系数作为电子加速分析的输入。在电离层顶之外，当 ω_{pe}/ω_{ce} 相对较小（$\leqslant$ 4）时，电子与合声波的相互作用最有效。2003 年 10 月 31 日，在中午前（06—12 MLT）至 11 月 4 日，高密度等离子体球被限制在 $L = 2$ 区域内，而不是 $L = 2.5$ 内。在他们的数值计算中，使用了来源于 SAMPEX 卫星的相对论电子数据、Kp 和 Dst 指数、地面 ULF 观测数据和来源于 Cluster 航天器对千赫兹频率范围波观测数据。他们认为由 ULF 波引起的径向扩散不能解释 2003 年 11 月 1 日以后磁暴后期，L 壳层从 2 到 3 之间 2～6 MeV电子的通量的剧烈增加。相反，基于扩散速率的福克-普朗克计算表明，回旋共振相互作用足以解释在这种异常强的磁暴期间槽区产生非常高电子通量的现象，扩散速率是由 Cluster 航天器在稍高的漂移壳（$L=4.3$）处测量的合声波振幅计算得到的。我们将在第 7.4 节更详细地讨论槽区和万圣节磁暴。

当在准线性扩散的计算中做出线性哨声波的假设时，似乎能够产生观测到的 MeV 电子的加速，而大振幅上升调哨声元素的作用（第 5.2.4 节）则引出了有趣的问题。例如，准线性扩散模型如何很好地代表非线性波粒相互作用的集体效应？

Foster 等（2017）研究了在 2013 年 3 月 17—18 日磁暴主相，电子耗尽后，1～5 MeV 电子的恢复。在 MeV 电子恢复之前，磁暴恢复相由亚暴注入了能量范围从几十到几百 keV 的电子。Foster 等（2017）在 Omura 等（2015）（以及其中的参考文献，见第 5.2.4 节）的理论中，利用范艾伦探测器对上升调哨声波包的观测数据来计算电子能量激发。他们的计算结果如图 6-5 所示，根据结果可知，非线性相互作用是非常有效的。例

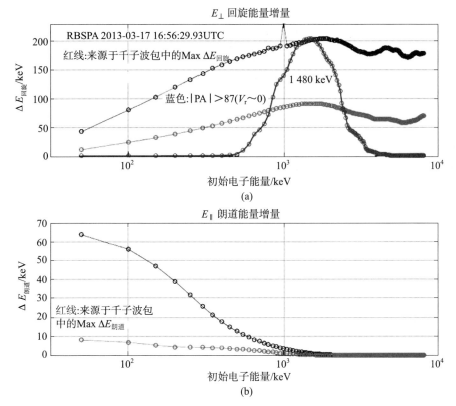

图 6-5　不同初始能量下观测到的上升调哨声波包的能量增量。上图显示了不同初始能量下回旋共振加速，下图为朗道共振加速。黑线表示所有波包的加速总和，红线表示单个波包的最大能量。蓝色曲线显示在俯角＞87°时最有可能加速［来源于 Foster 等（2017），经美国地球物理联盟许可重印］（见彩插）

如，1 MeV 的共振电子在与持续时间为 10～20 ms 的波包的单一相互作用中能够获得100 keV。所观测到的波包的波法线角在 5～20° 之间，在分析中考虑了法线角，还考虑了回旋共振与朗道共振。朗道共振在电子能量低于 1 MeV 时有效，并且可以与能量在100 keV 以下电子的回旋共振相媲美。

6.5　电子损失

在本节中，我们讨论了来源于外辐射带的电子损失过程的基本特征。第 7 章根据最近的观测数据进一步讨论了外辐射带动力学的复杂性。

辐射带电子的主要损失机制是磁层顶阴影和波粒相互作用导致的俯仰角向大气损失锥散射。观测数据表明，外辐射带中的电子通量可以在数天或数小时甚至数分钟的时间尺度内快速耗尽。库仑碰撞也会引起俯仰角散射，但效率低得多。例如，库仑碰撞作用下，100 keV 电子的寿命在 $L=1.8$ 以上区域超过一年，在 $L=5$ 处约为 30 年（Abel 和Thorne，1998）。

实际上，在第 5 章中讨论的所有波模式都会导致外带电子的损耗。主要散射机制取决于电子能量和赤道俯仰角。要把一个电子从辐射带中移走，电子需要靠近损失锥，损失锥在赤道附近仅几度的范围内。此外，回旋共振相互作用在电子的赤道俯仰角接近 90° 时是低效的，这时朗道和弹跳共振过程却可以有效地将电子散射到更小的俯仰角，电子俯仰角较小时，回旋共振就可以代替朗道和弹跳共振相互作用来使电子发生散射。因为准线性域中的单个相互作用只会使俯仰角发生很小的变化（第 6.4.4 节），所以需要大量的相互作用才能使电子的俯仰角发生很大的变化，从而使电子向损失锥移动。然而，与大振幅波的非线性相互作用，即使是一次相互作用，也可能导致俯仰角的显著变化。如果电子与高纬度的波相互作用，在那里损失锥的宽度要宽得多，它更容易把它推出辐射带。

6.5.1　磁层顶阴影

当电子的漂移路径接触到磁层顶时，磁层顶阴影就会导致电子损失。由于电子巨大的回旋半径，即使背景等离子体冻结在磁层磁场中，高能的辐射带电子仍可以穿越磁层顶。图 6-6 说明了造成阴影的不同因素。

在磁层静止期间，到亚太阳磁层顶的标称距离约为 $10R_E$，远远超出典型的辐射带电子漂移壳层（图 6-6 左）。然而，磁层顶内部的局部向内的涟漪和偏移可以允许电子的漂移路径穿过磁层顶，尽管标称距离会超出漂移壳层。例如，在相对平静的条件下，磁层顶的开尔文-亥姆霍兹涡旋和/或通量转移事件可以导致这种局部向内的偏移，从而导致电子损失。

在较大的太阳风动压期间，亚太阳磁层顶可以被压缩到地球静止轨道的距离（$6.6R_E$）以内，如图 6-6 中间所示。这种压缩增强了阴影导致的损耗，就像由于昼侧磁重联而造成的磁场侵蚀一样。在磁暴主相期间，环电流增强，导致电流向地和地球表面上的赤道磁场减弱。赤道面内峰值电流以外的磁场是膨胀的。为了使第三个绝热不变量守恒，电子向外移动，使它们的漂移壳层将相同的通量包裹在它们的漂移路径内，如图 6-6 的右边所示。

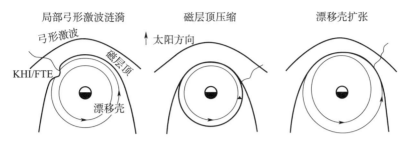

图 6-6　磁暴主相阶段正常磁层（左）和强压缩磁层（中）磁层顶阴影示意图，以及膨胀的漂移壳层示意图（右）。左边的图片提醒我们，磁层顶的局部扰动，如开尔文-亥姆霍兹不稳定性和通量转移事件，也会让辐射带电子逃离磁层。蓝色的痕迹表示穿过磁层顶粒子的漂移壳。该图是 Turner 和 Ukhorskiy（2020）中类似图片的简化（见彩插）

　　如第 2.6.2 节所讨论的，由于磁层昼侧压缩而导致的漂移壳分裂，将大俯仰角的电子转移到最远的地方。因此，这类粒子损失最有效，导致了在大 L 处电子分布函数的蝴蝶类型。电子能量也会影响 MeV 电子阴影损失的有效程度，MeV 电子可以在几分钟内环绕地球漂移（表 2-2），甚至会使电子迷失在短暂的磁层顶向内偏移事件中。能量较低的电子的漂移周期可以是几个小时，如果干扰是短暂的，它只能移除电子布居中的一小部分。

6.5.2　等离子层中哨声波引起的电子损失

　　电子与哨声波的相互作用使电子在能量和俯仰角上发生散射。这是否导致辐射带电子的加速或损失取决于接近共振速度的粒子分布函数的形状。重要的是要记住，在数值和理论研究中，详细的结果取决于所选择的波幅的频率模型和波法线角分布模型，以及背景等离子体和磁场的性质。例如，等离子体层嘶声波的频率小于当地电子回旋频率的 0.1 倍，而在等离子体层顶外，回旋频率较小，合声波的频率在 $0.1\omega_{ce}<\omega<1.0\omega_{ce}$ 的范围内。因此，在波粒相互作用计算中，如果完全色散方程在数值上要求过高，则需要使用不同的近似方法。

　　等离子体嘶声波对于外辐射带靠内部分电子的丢失和内外辐射带之间槽区的形成发挥着关键作用。Lyons 等（1972）根据当时还相对有限的观测数据，计算了扩散系数。他们能够证明嘶声波引入的扩散对内辐射带的核心影响不大，但对内辐射带的外缘影响较大，即槽区的内边缘，内边缘与能量相关，能量最高处最接近地球，这与现代观测结果是相符的，第 7.2 节中有详细的讨论（图 7-2）。

　　扩散系数与波功率成正比，即波幅的平方（6-41），电子估计寿命取决于波功率沿粒子轨道的分布。Lyons 等（1972）使用了 $B_w = 35$ pT 的振幅，发现槽区内的电子寿命为 1～10 天，随着能量的增加而增加，可达 2 MeV。Abel 和 Thorne（1998）使用较小的嘶声波振幅 $B_w = 10$ pT，发现能量在 100 keV～1.5 MeV 内的电子寿命为百天量级，他们发现这一结论与等离子体层内的外电子带中的卫星观测结果一致。如图 5 - 11 所示，嘶声波振幅的变化，从平静磁层条件下的几 pT 到几十 pT，再到磁暴期间的 100～300 pT，这导致等离子体中辐射带电子寿命的巨大变化。

Lyons 等（1972）指出，为了获得正确的电子寿命，在计算扩散系数时，除了要计算足够多的谐波回旋共振项（$n \neq 0$）之和，还必须包含朗道共振（$n = 0$）。这是因为对于较大的波法线角，当哨声模式转变为磁声／X 模式时（图 4 - 3），最小回旋共振速度 $v_{\parallel,\,\mathrm{res}} = n\omega_{ce}/k_{\parallel}$ 变得大于粒子的速度，而后朗道共振开始在散射过程中发挥主要作用。这些结论在后来的几项研究中得到了证实和完善，这些研究利用了更详细和更广泛的现代观测数据［例如，Ni 等（2013）；Thorne 等（2013）b，以及其中的参考文献］。

Ni 等人（2013）研究了回旋和朗道共振项对达到超相对论能量的电子寿命的影响，等离子体层嘶声波和斜磁声／X 模波。扩散系数如图 6 - 7 所示。绿色曲线计算假设哨声波是近似平行传播的，红色曲线假设包含了纬度依赖波法线角模型，表明哨声波在高纬度地区的波法线角更加倾斜（第 5 章），蓝色曲线显示了磁声／X 模波造成的扩散。

图 6 - 7 中一个显著的特征是，在接近垂直的和更小的赤道俯仰角之间，存在一个所谓的非常小的俯仰角扩散系数的"瓶颈"。这是由于回旋-共振散射，在小中俯仰角时占主导地位，在 $\alpha_{eq} \approx 90°$ 时散射效率较低，这时朗道共振就发挥作用了。因此，瓶颈减缓了电子从大俯仰角到大气损失锥的传输。Lyons 等（1972）已经认识到这个问题，他们指出，回旋和朗道共振相互作用不足以有效地将电子从大俯仰角散射到中俯仰角。这导致在近赤道俯仰角处的非相对论电子通量比观测到的大。

根据 Ni 等（2013），回旋共振和朗道共振扩散之间的下降是能量依赖的，并延伸到相对论能量。他们发现，在 2 MeV 以下（图 6 - 7 的前三个图），包含一阶回旋和朗道共振以及准平行传播情况下的计算，与包含高阶项的计算是同样好的近似。在超相对论能量下，现实需要考虑依赖于纬度的波法线角和高频谐波。Ni 等（2013）指出，在 3 MeV 以上，高频谐波甚至在中俯仰角情况下占主导地位。由于几乎垂直传播的磁声／X 模波（图 6 - 7 中的蓝色曲线）所造成的扩散在所有俯仰角下都较弱，在小（40°）和大（80°）俯仰角下，能量较低（<1 MeV）的电子扩散最明显。

Ni 等（2013）估计赤道镜像电子在 500 keV 时的寿命为几天，在 2 MeV 时为几十天，在 5 MeV 时为 100 多天。因此，在那些由于强磁层扰动而使超相对论电子进入槽区的罕见情况下，它们可以被困数周或数月，这种情况将在第 7.4 节中讨论。

克服瓶颈的一种可能方法是由于电子的弹跳周期共振而产生的俯仰角散射（第 6.1 节）。由于电子在等离子体层中的弹跳频率大约是几赫兹（表 2 - 2），这比观测到的嘶声波最低频率（几十赫兹）还要低，相互作用只能发生在（角）弹跳频率的高倍数处（$\omega = l\omega_b$）。Cao 等（2017）b 计算了包含弹跳项且 L 范围在 4～5 之间的扩散系数，其中弹跳项高达 $l = 50$。它们电子能量低于 0.5 MeV 时，其扩散率可以与朗道共振相当。能量高于 1 MeV 时，弹跳共振超过了朗道共振，特别是在中俯仰角约大于 50°时。他们得出结论，朗道与弹跳共振对于将电子从 $\alpha_{eq} \approx 90°$ 俯仰角散射到更小俯仰角是至关重要的。

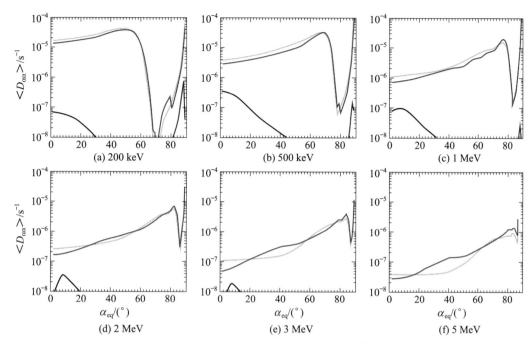

图 6-7　$L=3.2$ 时俯仰角扩散系数算例。不同颜色代表等离子体嘶声波的不同传播方向。绿色曲线代表哨声模式的准平行传播模型，蓝色曲线代表磁声/X 模式的高度斜向传播模型。红色曲线是使用哨声模式的波法线角纬度依赖模型计算的。文中讨论的"瓶颈"指在较小的赤道俯仰角下的回旋共振相互作用和接近 90°俯仰角的朗道相互作用之间扩散速率的下降（Ni 等（2013），经美国地球物理联盟许可重印）（见彩插）

等离子体嘶声波散射引起电子寿命的不同，在高分辨率的观测中得到了证实。Zhao 等（2019）b 研究了 $L \approx 2.6$ 以外的高能电子能谱，发现它们不是随能量单调下降，而是在 2 MeV 左右出现峰值。他们称这种反向或尾部隆起谱类似于基本弗拉索夫理论中常见的缓隆（图 5-1）。然而，在等离子体层中，相对论粒子的能量密度比密度大、质量大的背景等离子体的能量密度小得多，而且这种碰撞太温和了，不足以驱动不稳定性，这是等离子体波的结果，而不是驱动因素。当等离子体的嘶声波将几百 keV 到 1 MeV 的电子散射到大气损失锥，随后大于 1 MeV 电子缓慢向内传输时，在磁暴主相后的几天内形成反向高能谱。嘶声波也能散射能量大于 1 MeV 的电子，但速度非常慢。2015 年 3 月 17 日圣帕特里克日大磁暴（$Dst_{min} = -222$ nT）之后，通过数值模拟频谱演化来求解扩散方程，发现模拟结果很好地再现了观测结果（图 6-8）。

其他可能导致等离子体中俯角扩散的哨声波包括闪电产生的哨声和地面超低频发射机的信号发射。这种由闪电产生的哨声的最大振幅为 3～5 kHz，高于典型的等离子体嘶声波频率。Meredith 等（2009）在他们的扩散计算中加入了一个闪电产生的哨声波谱模型，发现他们引入了一种可能克服瓶颈的方法，即与高俯仰角超相对论电子（2～6 MeV）共振，并将它们散射到较低的俯仰角。

以哨声模式向内磁层传播的最强人工信号来源于美国海军通信发射机，其频率约为

25 kHz。正如第 7.4.2 节所讨论的，信号发射在地球周围形成了一个电波泡，这一因素已经被用来解释超相对论电子很少穿透到低于 2.8 的 L 壳层的原因。

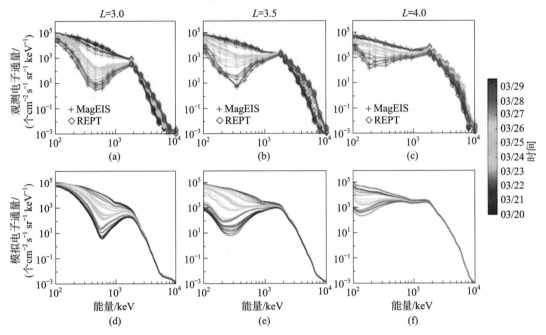

图 6-8　2015 年 3 月 20—29 日观测频谱与模拟频谱演变对比。上面的图显示了范艾伦探测器 A MagEIS 和 REPT 的频谱，下面的图显示了用时变等离子体球嘶嘶模型对赤道俘获电子的福克-普朗克模拟。颜色表示 3 月 20 日（蓝色）至 3 月 29 日（红色）［来源于 Zhao 等（2019）b，经 Springer Nature 许可转载］

6.5.3　合声波与电子微暴引起的电子损失

在等离子体层顶外，哨声模式表现为合声激发。合声波与辐射带电子的基本波粒相互作用与等离子体层中的类似，但这里的背景等离子体温度更高，也更稀薄，而且与等离子体层相比，合声波的频率更接近于当地电子回旋频率。所有这些因素都会影响波的传播特性，以及它们与不同能量和俯仰角的电子相互作用的方式。当超热电子从磁层尾部平流时，它们在速度空间中的分布函数呈各向异性，导致不稳定性，且能量从电子向合声波转移（第 5.2 节）。在较高的能量下，合声波被认为是电子的有效加速器，使电子加速到相对论能量（第 6.4.5 节）。

合声激发也是电子的俯仰角向大气损失锥扩散的重要因素，因为俯仰角扩散系数大于能量扩散系数［式（6-40）］。100 keV 电子的散射在赤道附近是有效的，而 MeV 量级的电子的合声波损失则在高纬度区域（$\lambda \geqslant 15°$），在高纬度区，波传播越来越倾斜［例如，Thorne 等（2005）和图 5-5］。

合声波，特别是低于 $0.5 f_{ce}$ 的低频带合声波的一个特殊特征是，它们由短非线性上升调激发组成（第 5.2.4 节）。这些大振幅波包可能导致短暂的电子微暴。微暴最初是在气球上观测到的，被确定为 200 keV 的电子沉降到大气中的 X 射线轫致辐射（Anderson 和 Milton（1964））。这些微暴后来被几个高空气球和探空火箭上的仪器观测到，并使用快速采样电子探测器向上观测大气损失锥，该航天器在损失锥较宽的低空穿越高纬度电离层。

微暴发生的时间尺度为毫秒，其能量范围从几十 keV 到几个 MeV 不等。在最低能量时，它们与合声波的产生有关，而在更高能量时，已证实微暴能够在一天的时间内清空外部辐射带。电子与小振幅合声波的准线性回旋共振相互作用和与大振幅合声波包的非线性相互作用，都被认为会导致电子的快速俯仰角散射，即使是与单合声波包的短暂相互作用，也会如此（Bortnik 等，2008a）。此外，大振幅倾斜哨声波在地磁高纬度区域引起的非线性朗道俘获，被认为在损失中起重要作用，因为它们有效地增加了损耗锥相对较宽的区域中电子的平行能量［例如 Osmane 等（2016）及其中的参考文献］。

在近磁场结合中同时观测到高分辨率的大振幅合声激发和微暴流沉降的事件数量是有限的。Mozer 等（2018）研究了 2016 年 12 月 11 日的一次事件，当时范艾伦探测器 B 提供了高分辨率波数据。观测到的波幅有时超过 1nT，处于非线性状态。低空 AeroCube 6B 微卫星观测到的 1 s 平均沉降电子通量与范艾伦波磁场之间的互相关系数接近 0.9，在这种背景下属于异常高的相关性。

Mozer 等（2018）计算了平均振幅为 100pT 的标准弹跳平均准线性俯仰角扩散系数。他们发现，一旦数据平均时长超过 1 s，观测到的沉降电子通量与准线性扩散的估计通量非常吻合，这一现象延伸到合声元素和微爆发的几个周期。这一结果表明，考虑数据平均情况下，福克-普朗克方法可以很好地描述电子俯仰角散射，尽管潜在的散射过程可能是电子与哨声模合声波高振幅元素的非线性相互作用。

另一个有趣的并列事件发生在 2016 年 1 月 20 日，CubeSat FIREBIRD Ⅱ 观测到 200 keV 到 1 MeV 电子的微暴，而范艾伦 A 探测器探测到类似节律和持续时间的低频合声波（Breneman 等，2017）。由于微暴是无色散的，因此将散射看作一阶非线性回旋共振。"AeroCube" 和 "FIREBIRD" 的观测结果表明，即使是立方卫星级别的卫星也有很大的科学价值。

日本于 2016 年 12 月发射的 Arase 卫星使其成为可能。Arase 卫星与范艾伦探测器一起，在赤道附近和较高磁纬度同时进行高分辨率磁共轭波和粒子观测。Colpitts 等（2020）于 2017 年 8 月 21 日发表了 Arase 和范艾伦探测器 A 之间并列观测的一个例子（图 6 - 9）。这是首次直接观测到个别哨声波包从低磁纬度（12°）到高磁纬度（21°）的传播。

图 6 - 9 显示了两颗卫星观测到的低频哨声模式的一些合声元素。最下面图的坡印廷矢量（Poynting vector）表明波能量在范艾伦探测器的（$\lambda = 12°$）位置向高纬度方向传播。虚线垂直线表示第一个合声元素到达范艾伦探测器 A 的时间。相同的元素在 0.2 s 后到达 Arase（$\lambda = 21°$），这与 Colpitts 等（2020）提出的射线追踪研究一致。波向高纬度方向传播时，法线角逐渐倾斜，导致波更加有效使相对论电子向损失锥方向散射。

由于观测的局限性，很难确定在等离子体层顶以外的总电子沉降损失在微暴中有多大

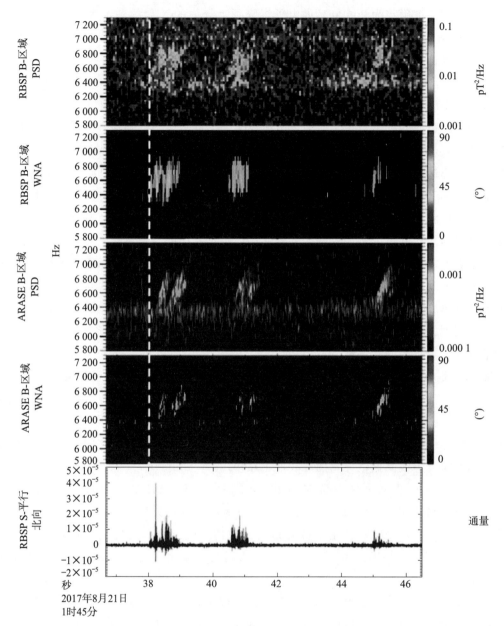

图 6-9　哨声波包从磁纬度 $\lambda = 12°$（范艾伦探测器 A）到 $\lambda = 21°$（Arase）在 10 s 内传播的观测结果。
以上四图显示了范艾伦探测器功率谱密度（PSD 并不是相空间密度！）和波法线角（WNA）以及
Arase 的 PSD 和 WNA，所有这些在频率范围 $5.8 \sim 7.3$ kHz 内，即低频哨声模式范围内（$f_{ce}/2 = 7.9$ kHz）。
最下面的图显示了由范艾伦探测器 A 的电场和磁场数据计算出的坡印廷矢量的磁场对齐分量［来源于
Colpitts 等（2020），经美国地球物理联盟许可重印］

比例。Greeley 等（2019）利用 1996 年至 2007 年 SAMPEX 观测数据研究了电子沉降损失
在磁暴恢复相的作用。他们发现微暴损失与全球范围内 1～2 MeV 电子的损失有高度的相
关性，特别是在由行星际日冕物质抛射（ICME）驱动的风暴中，微暴甚至可能是主要的

损失过程。但流相互作用区（SIR）驱动的风暴相关性较弱（关于不同风暴驱动因素的进一步讨论，见第 7.3 节）。

6.5.4　EMIC 波引起的电子损失

由哨声模合声波引起的相对论电子的准线性俯仰角扩散是一个相对缓慢的过程。另一方面，已经证实电磁离子回旋波会导致靠近等离子体层顶 L 壳层的电子损失增强，在那里经常观测到电磁离子回旋波，特别是在磁暴期间。Summers 等（1998）证明了 EMIC 波会导致几乎纯粹的俯仰角扩散。与合声波相反，EMIC 波并不是有效的电子加速器。

根据共振条件 $\omega - k_\parallel v_\parallel = n\omega_{ce}/\gamma$ ，n 可以是正整数，也可以是负整数（或零），左、右极化波都可以与右旋电子共振。哨声模共振对应于 $n \geq 1$。实际上对于电子与左极化 EMIC 波的共振，只考虑最低阶项（$n = -1$）就足够了，因为与电子回旋频率相比，波的频率要小得多。当然，波传播的相对方向和平行电子速度必须是这样的，即在电子的引导中心框架中，波的旋转方向与电子相同。此外，共振条件要求电子的能量足够高。不仅洛伦兹因子 γ 必须很大，而且平行速度也必须足够大，从而产生多普勒频移，并使其频率接近 ω_{ce}/γ。假设等离子体频率大大高于电子回旋频率（$\omega_{pe}/\omega_{ce} \geq 10$），最小共振能量为 1 MeV 量级或更大（Summers 和 Thorne，2003）。在经常观测到 EMIC 波的午后扇区靠近等离子体层顶的区域，就符合这一条件。

在扩散的数值研究中，应用合适的背景等离子体模型是至关重要的。一个例子是 Jordanova 等（2008）对 2001 年 10 月 21 日强暴磁的研究。该模型包含了所有主要的损失过程，并与含有 77% H$^+$ 、20% He$^+$ 和 3% O$^+$ 的动态等离子体层模型耦合。在 $L = 6.25$ 处，计算得到 He$^+$ 波段在 $L = 4.5$ 处的振幅 $B_w \approx 5\text{nT}$ ，$L = 6.25$ 处 $B_w \approx 10\text{nT}$ 。该分析分别考虑了 EMIC 散射、除 EMIC 波外的所有过程以及包含 EMIC 波的所有散射过程。相对论电子的最高俯仰角扩散系数在 $0.5 \sim 5\text{s}^{-1}$ 范围内，限制在约小于 60° 的赤道俯仰角内。考虑到应用的 He$^+$ 频段频率低于 1 Hz，因此强扩散达到了准线性方法的极限。Jordanova 等（2008）得出结论，EMIC 波的散射增强了能量大于 1 MeV 电子的损失，并能在磁暴主相期间造成显著的电子沉降。这一结论已经在范艾伦探测器时代用观测数据验证过，当时相空间密度的计算精度比以前更高 [例如，Shprits 等（2017）及其参考文献]。

在 EMIC 波与电子相互作用的共振能量理论计算中，式（4 - 63）中的电子项和离子项都必须保留，其推导过程比离子共振能量（式（5 - 19））的推导要复杂一些 [例如，Meredith 等（2003）；Summers 和 Thorne（2003）]。考虑氢频段 EMIC 波几乎平行传播，并假设小浓度的 He$^+$（<10%）和 O$^+$（<20%），Mourenas 等（2016）推导了电子的最小共振能量简化方程

$$W_{\text{res,min}} \approx \frac{\sqrt{1+K}-1}{2} \tag{6-51}$$

其中

$$K = \frac{1}{\cos^2\alpha_{\text{eq}}} \frac{\omega_{ce,\text{eq}}^2}{\omega_{pe,\text{eq}}^2} \frac{\omega_{cp,\text{eq}}^2(1-\omega/\omega_{cp,\text{eq}})(m_p/m_e)}{\omega^2(1-\omega_{cp,\text{eq}}(1-\eta_p)/\omega)} \tag{6-52}$$

这里给出了电子的俯仰角、电子和质子的回旋频率和等离子体在赤道处的频率，η_p 为质子浓度（通常为 $\eta_p > 0.7$）。这些方程的主要信息是最小共振能量近似与 $B/\sqrt{n_e}$ 成正比，与 $\cos\alpha_{eq}$ 和波频 ω 成反比。

根据 CRRES 的观测，Meredith 等（2003）得出电子绕地球漂移大约 1% 时满足 1~2 MeV 电子的最小能量条件。他们指出，虽然 1% 听起来很小，但实际上足以保证明显的扩散，同时，损失的时间范围在几小时到一天。如果相互作用发生在漂移运动的更大范围内，与观测相比，电子消失的速度就会显得太快。

在有利条件下，电子损失也可能更快。Kurita 等（2018）分析了 2017 年 3 月 21 日中度亚暴活动期间范艾伦探测器和 Arase 相互跟踪的观测结果。他们的结论是，在 10 min 甚至更快的时间尺度内，失去在 L 层的相对论电子的范围是 4~5，这只相当于两个漂移周期。从卫星和地面观测估计，EMIC 波活动在磁午夜附近的几个小时内发生。在这种特殊情况下，相互作用可能发生在比 Meredith 等（2003）估计的更长的漂移路径中。

类似于哨声波，由于 EMIC 波引起的回旋共振散射被限制到小中俯仰角，因为当 $\alpha_{eq} \to 90°$ 时最小共振能量增加并超过了电子能量。波法线角大约小于 30°，但如果波幅值足够大，波电场的平行分量可能足以导致电子通过弹跳共振产生俯仰角散射。在高达 $L \leqslant 6$ 的外辐射带，低共振数条件下 H^+ 频段的波可以满足共振条件 $\omega = l\omega_{be}$。Cao 等人（2017a）使用振幅为 1 nT 的斜向 EMIC 波计算了能量 > 100 keV 的俯仰角扩散系数。他们发现，在赤道俯仰角 > 80° 区域，回旋共振扩散作用变弱，弹跳共振扩散起主导作用，接近 90° 超过 $10^{-3}\,\mathrm{s}^{-1}$。在 L=3 处，主弹跳谐波数为 l=2，而在 L=4~5 处，l=1 占主导地位。

Blum 等（2019）利用典型的等离子体、波和粒子观测结果证明，50~100 keV 的电子可以通过与 He^+ 和 H^+ 频带 EMIC 波的弹跳共振相互作用被有效地散射。他们发现，对于赤道俯仰角接近 90° 的电子，俯仰角扩散系数超过 $10^{-3}\,\mathrm{s}^{-1}$。

即使在完全平行传播的波的情况下，EMIC 波与电子之间的非线性相互作用也会导致 $\alpha_{eq} = 90°$（$v_\parallel = 0$）的电子在赤道处发生共振俯仰角散射。要看到这一点，将电子在波场（$\boldsymbol{E}_w$，$\boldsymbol{B}_w$）中的运动方程写成式（6-47）的形式。由于波磁场引起的洛伦兹力 $\propto \boldsymbol{p} \times \boldsymbol{B}_w$，它有一个平行于 $\boldsymbol{B}_0$ 的分量。由式（6-48）可知，非线性项引起的加速度与 $B_w \sin\eta$ 成正比，其中，η 为电子垂直速度 $v_\perp$ 与 $\boldsymbol{B}_{w\perp}$ 之间的相位角。由于回旋频率远高于波频率，η 具有高度振荡性质。对于小振幅波，非线性项迅速平均化，其影响可以忽略不计，只造成 α 在 90° 附近的小幅振荡。但对于较大振幅波，小幅振荡可能会撞击弹跳共振并将电子散射到赤道外运动。

Lee 等（2020）通过对方程（6-47）积分，对初始 $\alpha_{eq} = 90°$ 和不同相位角 η 的 5 MeV 电子，在偶极场 $\boldsymbol{B}_0(\lambda)$ 中进行了测试粒子仿真。在 $B_w/B_0 = 0.05$ 和波法线角为 0° 的情况下，扩散效应对俯仰角的影响较小（约 5°），并在整个仿真过程（1 600 个回旋周期）内保持恒定。将波振幅增加到 $B_w/B_0 = 0.1$，扩散效应也会增加，俯仰角增加值 $\Delta\alpha \approx 20°$。若增加波法线角，同时波电场产生平行方向的力，则会导致俯仰角散射快速增长。因此，与大振幅 EMIC 波的相互作用有助于赤道和近赤道的超相对论电子的俯仰角散射。

6.6　不同加速和损失过程在相空间密度的显示

哨声模合声波的对电子局部加速和 ULF 波驱动电子向内径向传输，可能都有助于电子激发。在地磁活动期间，两种波模式都可以显著增强，但它们之间没有一对一的相关性，使得各个事件彼此不同。一个重要方面也是加速到最高能量的能量依赖性。一种合理的情况是，电子首先通过合声波加速到 MeV 量级能量，然后通过 ULF 波的向内传输进一步加速到超相对论能量［例如，Jaynes 等（2018）；Zhao 等（2019）a］。

然而，这些机制中哪一个更重要，在什么条件下更重要，仍然是一个极具争议的话题，新的观测数据和高精度计算机模拟已经发现支持其中一个或另一个。在相空间密度（PSD，第 3.5 节）作为绝热积分的函数 $f(\mu，K，L^*)$ 的情况下，可以从多卫星观测中以足够的精度和足够的覆盖范围确定，其时间演化可以用于研究完全绝热机制的相对作用（例如，Dst 效应，第 2.7 节）和打破一个或多个绝热不变量过程的相对作用。

在图 6-10 中示意性地说明了该方法，其中 PSD 作为不同过程的时间演化结果，被描述为 L^* 的函数，函数中的 μ 是给定的。在保持所有绝热不变量的完全绝热过程中，PSD 不会改变。径向传输和局部加速/损失显示了不同的 PSD 时间演化。

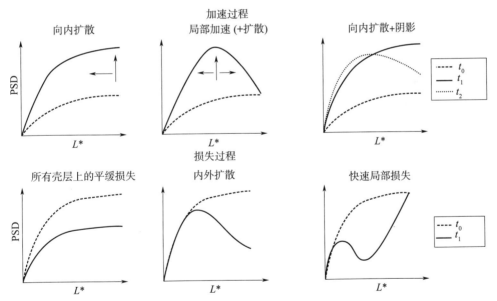

图 6-10　如何利用相空间密度的时间演变来区分径向扩散加速和内部机制加速的示意图，说明见正文［此图根据 Chen 等（2007）；Shprits 等（2017）的类似图片绘制］

在电子向内径向传输的情况下，电子源通常处于较大的径向距离处，对大范围的 L^*，大范围的能量会受到影响（图 6-10，左上）。在所有漂移壳层内，PSD 都随时间增加，并在向地球的传输过程中保持其单调梯度 $\partial f/\partial L^* > 0$。由于向内的输运将新的电子从较大的距离带入辐射带区域，PSD 在绝对意义上是增加的，如图中向上的箭头所示。

波粒相互作用产生的局部加速度反过来使 PSD 在有限径向距离内增加，导致了 PSD 短暂的增长峰值（图 6-10，上中）。随后的径向扩散向两个方向扩散。然而，需要注意的是，在径向传输首次增加 PSD（$t_0 \rightarrow t_1$）后，也可能出现局部峰值（图 6-10，右上方），随后磁层顶阴影（6.5.1 节）把电子从辐射带外部移除（$t_1 \rightarrow t_2$）。

类似地，也可以在 PSD 的时间演化中区分不同的损失机制。图 6-10 左下角的示意图描述了在大范围的 L 壳层中，通过等离子体嘶声波和合声波的相互作用，俯角散射对大气损失锥造成的逐渐损失。底部中间的图描述了向外的径向扩散和到磁层顶的后续损失。右下角 PSD 的时间演化表明了 EMIC 波造成的快速局部损失。

重要的是要了解 PSD 并不是魔杖。该方法受到观测的分辨率和空间覆盖范围的限制，特别是在将粒子通量转换为 PSD 的过程中，所应用磁场模型的准确性（第 3.5 节）。

Boyd 等（2018）结合了范艾伦探测器和 THEMIS 的观测，强调了足够宽的 L^* 覆盖的重要性。当 PSD 单独根据范艾伦探测器观测数据计算时，在他们研究的 80 个事件中，只有 24 个事件的 PSD 函数有一个明显的峰值。然而，当 THEMIS 的数据包含到分析中时，80 个事件中有 70 个体现出了局部加速。

图 6-11 显示了 Boyd 等（2018）研究的两个例子。在范艾伦探测器观测数据中，2013 年 1 月 13-14 日的事件中，梯度明显是正的，但在较大的距离处变成负的。当 THEMIS 数据包含进来时，从 $L^* \approx 4.3$ 到至少 $L^* \approx 7.5$ 区间，存在一个明显的增长峰值。仅来源于范艾伦探测器的观测数据的 PSD 表明存在径向传输，但是更宽的径向覆盖范围表明局部加速是起主导作用的。

2014 年 12 月 6 日至 8 日的事件则不同。在这种情况下，范艾伦探测器的数据暗示了一个局部的峰值，在航天器的远地点稍微向地处。然而，根据 THEMIS 观测数据计算的 PSD 没有明显的负梯度。

6.7　不同波模式的协同效应

在前面几节中，我们主要考虑了各种波模式的源效应和损耗效应。但实际上，情况要复杂得多。在漂移运动中，单个电子在不同的磁地方时扇区遇到不同的波环境。例如，哨声模合声波可以加速黎明侧的电子，而同一电子可能被下午扇区的 EMIC 波散射到损失锥。还要注意，这些激发并不是严格限制在这些扇区内的（相关讨论见第 5 章），而是偶尔在所有地方时被观测到，也可以同时在同一位置被观测到。

如前文所述，不同波模式对带电粒子的组合效应可以是叠加的。在弹跳共振中，这种组合效应的可能的一种情况是，首先使电子较大的赤道俯仰角变小，俯仰角变得较小后，回旋共振就起主导作用；另一种情况是，首先合声波将电子加速到 MeV 能量，随后 ULF 波可能会将电子加速到超相对论能量。

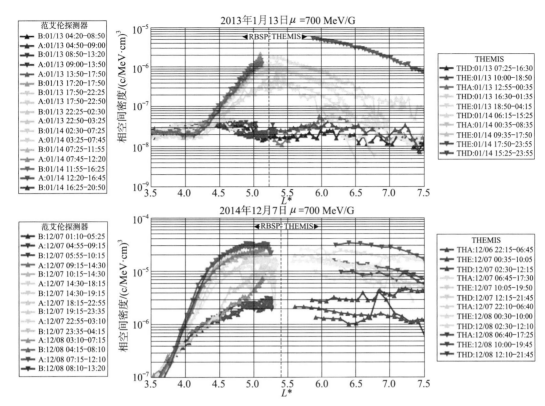

图 6-11　2013 年 1 月 13—14 日（上）和 2014 年 12 月 6—8 日（下）范艾伦探测器和 THEMIS 探测器观测相空间密度的演化。不同的时间用不同的颜色区分，从蓝色到红色递增（来源于 Boyd 等（2018），知识共享署名-非商业-禁止衍生许可）（见彩插）

波模式的影响也可以是协同的，波之间的非线性相互作用改变了在能量或俯仰角上散射粒子的波的性质。特别的是，发现大振幅超低频波可以调制粒子与 EMIC 波、合声波和等离子体嘶声波辐射相互作用的关键参数。

早期，Coroniti 和 Kennel（1970）提出了 ULF 振荡可能通过哨声波调制电子散射的说法。他们发现，这种调制作用应该在 3～300 s 的大范围周期内出现。这与观测到的周期为 5～300 s 的 X 射线激发沉降脉动和由大于 30 keV 电子引起的噪声探测仪吸收相对应。

图 5-19 显示了带有类镜像磁场和密度振荡的极化超低频振荡的现代观测结果。Xia 等（2016）发现，超低频调制增强了磁波动波谷中的上下频段合声激发，而在波动的波峰处合声波有所减弱。仔细分析电子和质子的俯仰角分布，可以发现，在 $0.3f_{ce}$ 以下的合声激发与增强的低能电子引起的线性增长是一致的，然而需要一些机制，例如非线性机制，在更高的频率处激发合声波，也许类似于第 5.2.4 节所讨论的啁啾的形成。

镜面型的外观也会影响电子与 EMIC 波的最小共振能量。根据式（6-51），最小共振能量取决于背景磁场和等离子体密度

$$W_{\mathrm{res,min}} \propto \frac{\omega_{ce}}{\omega_{\mathrm{pe}}} \propto \frac{B}{\sqrt{n_e}} \tag{6-53}$$

因此，在 ULF 波的半周期内，当振荡使磁场减弱、等离子体密度增强时，$W_{\text{res, min}}$ 从恒定背景水平减小。当然，为了使其有效，调制波的振幅必须足够大。

利用 THEMIS（2007—2011 年）与范艾伦探测器（2012—2105 年）的观测数据，Zhang 等（2019）研究了总共 167 次大振幅 ULF 波事件，在 L 壳层 4～7 范围内氢频段 EMIC 波。这些事件发生在所有磁地方时，大部分在夜侧扇区。磁场波动在 $0.01 < \Delta B/B < 2$ 范围内，密度波动在大多数情况下甚至更大。在背景条件 $5 < \omega_{\text{pe}0}/\omega_{\text{ce}0} < 25$ 下，平均波动比率 $1 < (\Delta n_e/n_e)/(\Delta B^2/B^2) < 3$。

理论上，这些水平的超低频波动可以将 $W_{\text{res, min}}$ 从恒定背景水平降低 30% 左右。因此，假设没有超低频波动的背景等离子体条件下的最小共振能量为 1 MeV，而存在这种波动将使其降低到 0.7 MeV。Zhang 等（2019）还指出他们的事件选择标准，将超低频波的频率范围限制在 THEMIS 观测的 5 mHz 以上和范艾伦探测器观测的 10 mHz 以上。因此丢失了 Pc5 波的最低频率，在 Pc5 波最低频率处，$\Delta B/B$ 预计会更大，有利于更小能量的电子散射。

这种机制对于亚 MeV 电子的损失有多重要还不清楚，Zhang 等（2019）研究发现同时出现 EMIC 和 ULF 振荡事件的概率不是很大。在 L 壳层 5.5 ～ 6 处达到峰值，大约为 $(3 \pm 1) \times 10^{-3}$。

等离子体层的嘶声波也受到超低频波动所调制。Breneman 等（2015）使用范艾伦探测器的嘶声波观测数据、能量范围在 10～200 keV 内沉降电子产生的 X 射线计数以及地面超低频波的观测数据，研究了等离子体层电子损失的全局尺度相干调制。在 2014 年 1 月 3 日和 6 日两次详细分析的事件中，嘶声波激发的强度被 ULF 振荡调制，嘶声波强度和电子沉降之间有很好的对应关系。因此，超低频波对等离子体层的全局尺度强迫作用可以导致嘶声波激发的增强，随后导致等离子体层电子向大气损失锥的散射。

Simms 等（2018）对 2005—2009 年期间在地球静止轨道观测到的四个能量带（0.7～1.8 MeV、1.8～4.5 MeV、3.5～6.0 MeV 和 6.0～7.8 MeV）中超低频 Pc5 波、低频段的极低频合声波和 EMIC 波对相对论和超相对论电子通量的影响进行了广泛的统计分析。他们使用了自回归模型，其中日平均通量与前一天观测到的通量和波代理相关。对不同的波模式分别建立了模型，包括每个波的线性项和二次项，以及表示协同效应的交叉项。

回归系数包含了许多关于单个模式及其相互作用的线性和非线性影响的信息，对这些信息的深入讨论超出了本书的范围。在此，我们着重分析协同效应。

中等功率 Pc5 波的影响是最大的，但由于非线性项的负面作用而使其影响降低，当 Pc5 波与极低频合声波组合时更明显。Pc5 与合声激发的协同作用在较高能量下具有显著的互补性。这与 Pc5 波和合声波均有助于电子对相对论和超相对论能量的加速的观点是一致的，它们的组合效应不仅是相加的，而且是协同的。Simms 等（2018）认为 Pc5 波的非线性影响可能是导致在不同研究中发现其相对于极低频合声波有效性不同结论的原因。

EMIC 波对电子通量有负面影响，特别是在最高能量范围。这与电子能量必须超过最小共振能量的事实是一致的。当 EMIC 波和 Pc5 波或合声波都处于高水平时，这种负面影响会增强，并且再次显示出协同作用的明显迹象。

6.8　波驱动粒子来源与损失的总结

表 6-3 总结了前几节中出现的波模的来源和主要发生区域（MLT、L 壳层和纬度），以及不同波模的辐射带电子共振。

表 6-3　源、主要发生区域和可能共振的总结，包括与内磁层中不同波模式相互作用的

电子的近似能量范围和赤道俯仰角 α_{eq}

波类型	源	区域①	可能发生的共振
合声波	1～100 keV 电子的各向异性速度分布	午夜到早期黄昏（最强的黎明），磁层外高达磁层顶	回旋：30 keV 到 MeV 量级，大范围 α_{eq}。在靠近赤道处散射约小于 100 keV 的电子，并加速更高能量的电子；在高纬度处散射 MeV 的电子
			朗道：30 keV 到 MeV 量级
			在高纬度，大振幅斜合声波造成的非线性俘获引发微暴损失
EMIC 波	1～100 keV 质子的各向异性速度分布	中午到黄昏的 H^+ 频带，磁层外	回旋：1～2 MeV，中②小 α_{eq}（非线性俘获可影响亚 MeV 电子）
			朗道：30 keV 到 MeV 量级，大 α_{eq}（约大于 85°）
			弹跳：50～100 keV，大 α_{eq}
嘶声波	局部生成和非线性增长，合声波渗透	黎明到午后，磁层外高达磁层顶的黎明	回旋：约 100 keV 到 MeV 量级，中小 α_{eq}
			朗道：几百 keV，中大 α_{eq}
			弹跳：约大于 1 MeV，中大 α_{eq}
磁声波/X 模波	离子环分布	中午到黄昏，磁层内外，限制在靠近赤道的范围（λ 小于几度）	朗道：约 30 keV 到 1 MeV，中大 α_{eq}
			弹跳：约 100 keV 到 MeV 量级，大范围 α_{eq}
Pc5 波	太阳风驱动因素（例如，KHI，FTE，压脉冲），RC 离子和从磁尾注入的离子	全球范围，黎明和黄昏扇区最频繁	漂移： 小的波模数 m：MeV 量级电子 大的波模数 m：几十到几百 keV 电子（m 指方位波模数）

由于辐射带电子的回旋频率高于波的频率，电子能量和波的多普勒频移 $k_\parallel v_\parallel$ 必须足够大才能满足共振条件。在赤道附近，大多数相关的波模式（嘶声、合声、EMIC）确实以小波法线角近似平行于背景磁场传播（表 4-2）。对于大 $v_\parallel$ 的需求暗示着共振主要发生在小到中俯仰角之间（高达 60°～70°）。

---

①　由于高纬度区域的观测数据缺失，与典型地磁纬度 λ 相关的信息是有限的。发现大多数波模式是靠近赤道处的，但至少能延伸到 20°～30°。

②　此处中俯仰角定义的大致范围为 30° < α_{eq} < 70°。

合声波可以与大范围赤道俯仰角（高达近 90°）、大范围能量（由于频率范围宽）的电子产生共振。反过来，只有具有低/中等俯仰角和最高能量的电子才与低频嘶声波和 EMIC 波发生回旋共振。中俯仰角到 90° 俯仰角的电子可能发生朗道和弹跳共振。

此外，与大振幅波的非线性相互作用会导致快速加速和快速散射损失。这种波通常是斜向传播的，通常在高纬度地区，它们可以最有效地散射损失锥附近的电子。

回顾一下，波频与平行波数的关系取决于色散方程。例如，式（5-11）表明哨声波的共振能量与波的频率成反比。

一般来说，一个非常重要而又复杂的问题是，电子在什么时间尺度上由于波粒相互作用而从电子带中损失。但另一方面，观测到的损失时间尺度可以让我们了解散射波模式。特别有趣的是，在低 L 壳层，整个高能量带布居在 10 min 内消失，而这里磁层顶阴影不太可能发生。嘶声波、合声波和磁声波都能散射相对论电子，但时间尺度从一天到几个月不等。即使在非线性强相互作用与大振幅波的情况下，对整个布居的影响，预计也是需要时间的。快速波粒子散射最合理的原因是 EMIC 波。另一个快速消耗的可能原因是磁层顶阴影和漂移壳的分裂。

第7章 电子带动力学

在这一章中，我们讨论电子带的整体结构和动力学以及它们的一些特点。我们还考虑了驱动地磁暴的大尺度太阳风结构，并详细描述了辐射带对它的具体响应。许多卫星观测都强调了磁暴期间外层电子带和槽区的强变化性，以及这些变化对能量和 L 壳层的依赖性。当行星际激波或压力脉冲冲击地球时，即使没有后续磁暴，辐射带也会经历巨大的变化。

我们首先描述电子带中的主要电子布居，然后讨论电子带的平静时和发生磁暴时的结构。然后，我们描述了不同能量的电子穿透槽区和内辐射带，包括超相对论电子看似不可穿透的屏障、存储环和三部分辐射带构型。本章末尾，简要讨论高能电子沉降到高层大气的结果。

7.1 辐射带电子布居

辐射带电子布居可分为内带电子和外带电子的四种不同能量范围（表 7−1），它们反映了不同的源以及对磁层扰动和等离子体波的不同响应。此外，这些布居的技术性危害也有所不同。虽然最高能量电子的数量密度很小，但即使是单个电子也会对敏感的卫星电子器件产生有害影响。能量最高的电子有时被称为"杀手电子"，因为它们增加的通量与一些严重的卫星故障有关。此外，低能电子也会产生不利影响，因为它们会使航天器表面和太阳能电池板充电。

表 7−1 辐射带的主要电子布居及其主要来源。能量范围具有象征性，在不同的研究中有所不同。所有的种类都可能因为磁层顶的阴影以及与合声波、EMIC 波、嘶声波和 ULF 波的波粒相互作用而消失。关于源损失的详细过程，请参见第 6 章

布居	能量范围	源
源	$30\sim200$ keV	亚暴注入,全球对流
种子	$200\sim500$ keV	亚暴注入,全球对流,合声波产生的加速
相对论,核心	500 keV$\sim$2 MeV	合声波产生的加速 ULF 波产生的向内传输
超相对论	>2 MeV	合声波产生的加速 ULF 波产生的向内传输

能量从几十 keV 到 200 keV 的超热电子称为源布居。它们同样可以被识别为环电流电子，尽管由于它们的能量密度小得多，它们对净电流的贡献比环电流离子小得多。源电子主要来源于亚暴注入和大规模磁层对流，从磁尾向地球输送电子，并通过绝热加热给它们

提供能量。30～200 keV 超热电子对辐射带动力学的最重要的作用是，它们为哨声模合声波提供自由能量来源（第5.2节），这使得它们被描述为源布居。当它们主要通过回旋共振产生合声波时，它们就向大气损失锥散射。它们也被电子与 EMIC 和磁声／X 模波的弹跳共振和朗道共振所散射。

种子布居处于中等能量范围，可达几百 keV。它们也主要来源于亚暴注入和全球对流的向内传输。源布居产生的合声波（第6.4.5节）和大规模超低频 Pc4～Pc5 波（第6.4.1节）进一步加速种子电子，使其达到更高的能量。因为亚暴或全球对流不能直接将 MeV 量级的电子注入内部磁层，所以几百 keV 的电子布居是最高能量布居的关键种子。它们向大气损失锥散射主要是由于电子与等离子体层内的嘶声波的相互作用，以及与等离子体层外合声波的回旋共振。

能量最高的电子是相对论性的。在洛伦兹因子为 2～5 的情况下，核心布居的能量约为 500 keV 到 2 MeV。我们称动能超过 2 MeV 的电子为超相对论电子，其洛伦兹因子 $\gamma > 5$，这意味着它们的速度大于光速的 98%。

核心电子和超相对论电子的加速是辐射带物理中最重要的问题之一。加速首先从种子布居逐渐发展到相对论能量，然后进一步发展到超相对论能量。在整个过程中，合声波引起的局部加速和与通过 Pc4～Pc5 超低频波引起向内径向传输相关的激发，都是可行的机制。合声波可以与大范围能量的电子共振。辐射带种子电子的超低频波的漂移共振要求波方位模数 m 必须很大，而对于能量最高的波，m 必须较低才会发生共振。然而，在撰写本书时，这些过程的相对作用尚不清楚。

7.2　标称电子带结构及其动力学

电子带的结构和动力学是由太阳风的变化以及随之而来的磁场、等离子体和内磁层等离子体波条件的变化所驱动的。虽然观测结果表明不同条件下辐射带的性质差异很大，但可以确定某些标称特征和典型的磁暴时间响应。

等离子体层顶的位置对外层电子带的结构起着重要的作用。平静时等离子体层延伸到 $L = 4 \sim 5$（图1-4），因此外层辐射带的很大一部分嵌入在等离子体层嘶声波影响下的高密度低能等离子体中。当地磁活动增加时，等离子体层收缩，大部分外层辐射带仍在等离子体层外，其中合声波和 EMIC 波对电子动力学起主要影响。由于下午扇区的等离子体羽流（第1.3.2节），外层带电子的漂移壳可以穿过等离子体层内外区域。

在地磁活动期间，大量的新鲜粒子从磁尾被带到外辐射带区域并被激活。在磁暴主相期间，环电流快速增强（Dst 指数下降）期间，持续对流、亚暴注入和超低频 Pc5 波驱动的向内径向扩散，均可促进辐射带布居的增强。在磁暴恢复阶段，绝热对流减弱，但亚暴注入和向内径向传输仍能补充高能粒子群。此外，即使没有强烈的大尺度对流和相关的环电流增强，也可以出现较强的极光磁暴（体现在 AE 指数中），并伴有强烈的亚暴。

在磁暴主相，当新的粒子被注入并激活时，不同的损失过程也在起作用。日侧磁层顶经常被侵蚀和/或向地球压缩。同时，由于增强的环电流削弱了地磁场，电子漂移壳向外扩张，导致磁层顶阴影增强（第 2.6.2 节和 6.5.1 节）。同时，EMIC 和合声波将电子散射到大气损失锥中。事实上，相对论电子的主要增强通常在磁暴恢复相之前不能被观测到，当时损失过程减弱，但通过合声波和 Pc5 波向内径向传输的有效加速仍在继续，通常持续很长一段时间。

在卫星观测数据中，由于磁暴主相中环电流增强而引起的漂移壳层的扩张似乎常常引起电子的消失。然而，电子不一定会从内磁层中损失，而只是向外移动，获得能量，并在环电流减弱的恢复相返回，损失相同的能量。这个绝热过程就是 2.7 节介绍的 Dst 效应。

图 7-1 显示了辐射带电子对 110 次由范艾伦探测器观测到的地磁暴的统计响应。每张子图中，零时刻定义为磁暴活动达到巅峰的时刻，从零时刻的前 12 h 的典型平静结构开始分析。可以看出以下明显的趋势：在源能量（左侧前四图）和种子能量（右侧前四图）处，内辐射带延伸到 $L \approx 3$ 处。在最高的 L 壳层处，它们的通量也增强了，特别是在种子布居中（右上），这种趋势很明显。核心电子（897 keV；左下）在 $L \approx 5$ 时达到峰值，而超相对论电子（3 400 keV；右下）在稍低的 L 壳层处（$L \approx 4.5$）。超相对论电子增强的 L 壳层范围也更广，延伸到较低的 L 壳层。虽然相对论电子可能从外层辐射带完全消失，但一些低能量电子甚至在地磁平静期仍然存在。从种子能量到超相对论能量，内外辐射带之间的缝隙是明确的，但它在 L 壳层中的位置和范围是与能量有关的。

在磁暴主相，由于磁层对流增强和亚暴注入，源电子迅速涌入外辐射带和槽区。此后，源电子通量相对较快地衰减。这是由于对流减弱和后续的等离子体层顶膨胀所致。等离子体层中的嘶声波，现在迅速地将俘获的低能电子向大气损失锥散射。然而，与磁暴前的通量相比，磁暴后的通量保持较高水平，这是由亚暴注入引起的，在磁暴恢复相可能经常发生。

磁暴高峰后，外层辐射带中心的种子电子增强。亚暴注入、向内的超低频波驱动的传输和合声波的加速可能都有助于这种增强作用。随着恢复相的发展，增强种子电子的通量减弱、频带收缩，其峰值移动到更高的 L 壳层（$L > 5$）。这种行为与观测结果是一致的，观测结果是，亚暴注入和相关合声波在磁暴恢复相转移到更高的 L 壳层（Turner 等，2013）。随着与等离子体层嘶声波相关的散射逐渐生效，在种子能量处槽区的变化也很明显。种子电子的峰值通量比磁暴前更大，槽区更窄，但随着时间的推移，峰值变窄，槽区变宽。

反过来，核心和超相对论电子的特征是在磁暴主相明显耗尽，然后在恢复相增强。磁层顶阴影和波粒相互作用可引起主相的电子损失，其中磁层顶的损失由于漂移壳膨胀和向外径向传输而加强。在某些情况下，明显的消耗也主要是由于绝热 Dst 效应，即磁层顶或大气损失锥没有发生真正的损失，粒子在漂移壳膨胀结束后返回它们原来的区域。源电子和种子电子在主相没有表现出强烈耗尽的原因是，在主相已经有大量新鲜电子注入内部磁层。此外，它们绕地球的漂移速度更慢（图 2-7），因此，任何向内的短时间磁层顶入侵都会更有效地移除高能电子。等离子体层在主相时也通常被限制在靠近地球的位置，因此

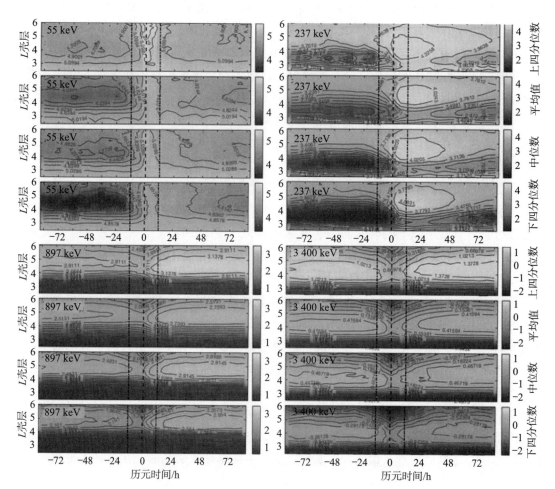

图 7-1　统计响应外辐射带的 110 次范艾伦探测器的地磁暴观测。零时刻时间表示的垂直虚线
对应于磁暴的峰值确定的最低 SYM-H 指数。虚线垂直线表示零时刻前后 12 h。给出了源（55 keV）、
种子（237 keV）、核（897 keV）和超相对论（3 400 keV）布居四种能量的通量。每种能量的四个子图
显示了通量的上四分位数、平均值、中位数和下四分位数。请注意，由于图中最低的 L 壳层是 2.5，
所以内辐射带的外部边界只在源能量和种子能量处可见［来源于 Turner 等（2019），知识共享署名非商业
性衍生许可］

电子不会受到嘶声波的影响，嘶声波会迅速散射低能量电子。EMIC 波也不能与低能量电
子共振。

　　由图 7-1 可知，粒子通量在恢复相开始增强的时间与电子能量有关；种子电子首先
增强，其次是核心电子，最后是超相对论电子。与磁暴前的通量相比，核心电子通量的峰
值也变宽并向稍低的 L 壳层移动。这些特征与渐进式加速方案（Jaynes 等，2018）一致，
根据该方案，种子电子的合声波加速导致相对论电子通量向内拓宽。当与前一次磁暴通量
相比时，超相对论电子的峰值流量，反过来向略高的 L 壳层移动，但增强的内部边界保持
在大约相同的 L 处。经过统计，根据图 7-1，核心和超相对论电子通量在磁暴峰值后保

持为期 4 天的稳定。这反映出在平静期，嘶声波散射高能电子的时间尺度较为缓慢，以及外辐射带缺乏电子损失过程。

图 7 - 2 显示了平静磁层和活动磁层条件下电子带结构的差异，其中给出了范艾伦带探测器的两个轨道上的电子通量。在地磁平静期间轨道上（图 7 - 2，左），内外辐射带被一个明显的槽区隔开，其特征是电子通量在很大的能量范围内明显下降。对于所有能量值，外辐射带的内边界（即槽的外边界）大致在相似的 L 壳层（$L \approx 4.5$）处。内辐射带的外边界（即槽的内边界）表现出明显的能量依赖性，随着能量的减小，边界向更高的 L 壳层移动。例如，在最低能量（37 keV 和 57 keV 通道；顶部黄色曲线）内带的外缘 $L \approx$ 4，400～500 keV（蓝色曲线）边界更接近地球，$L \approx 2 \sim 2.5$。换言之，槽区域随着电子能量的增加而变宽，到最后，内辐射带几乎完全没有核心电子和相对论电子。

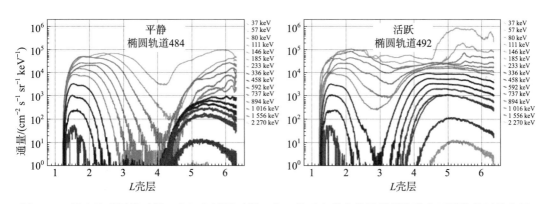

图 7 - 2　具有地磁平静时期（左）和活跃时期（右）的两个范艾伦探测器轨道上不同能量下的电子通量，电子通量是 L 壳层值和电子能量的函数。HOPE 和 MAGEIS 的数据来源于在 $L \approx (1.5 \sim 6) R_E$ 之间的 1 keV 到 4 MeV 范围的电子［摘自 Reeves 等（2016），知识共享署名-非商业-禁止衍生许可］（见彩插）

在地磁活动时期的轨道上（图 7 - 2，右），槽区被低能（源）电子淹没。当能量超过几百 keV 时，这个槽区仍然存在，但当种子能量和核心能量的电子穿透到更靠近地球的地方时，槽区就会被限制在一个相当窄的 L 范围内。现在外辐射带的内边界也显示出明显的能量依赖；随着能量的降低，电子的穿透降低了 L 壳层值。

根据与图 7 - 1 相同的一组 110 次磁暴，图 7 - 3 显示了对磁暴响应的总体通量变化。响应是通过比较磁暴 SYM - H 高峰前后 3 天间隔的最大通量来确定的，不包括磁暴高峰前后 1 天的间隔。"增强"事件的特点是从磁暴前到磁暴后的最大通量至少增加两倍，而在"消耗"事件中，至少减少二分之一。该策略与 Reeves 等（2003）的策略相同，Reeves 等（2003）使用地球静止轨道的测量发现，电子通量增强、未发生变化或减少的可能性大致相等（分别为 33%、30% 和 37%）。然而，现在的范艾伦探测器观测数据可以用来研究整体响应是如何依赖于能量和 L 壳层的。

图 7 - 3 显示，在源能量和种子能量中，消耗事件是罕见的。在外辐射带，种子和源布居一般表现为增强或无变化，与图 7 - 1 一致。亚暴注入在恢复相重新填充辐射带，尽管存在波将电子散射到大气损失锥的损失。在大多数情况下（75%），种子电子在辐射带

中心的特征增强，这也与前面的讨论一致，即它们在磁暴恢复相的增强可归因于合声波加速。在源能量和种子能量上，在槽区和内辐射带也观测到增强事件。图 7-3 陈列了内辐射带和槽区的整体稳定性，因为在大多数所示能量值下，无变化事件在 $L \leqslant 3$ 时明显占主导地位。在较低 L 壳层（$L \leqslant 3.5$）的核心能量中，无变化事件明显占主导地位。反过来，在较高的 L 壳层中，核心电子通常要么增强（大约一半事件），要么耗尽（大约三分之一事件）。然而，能量最高的电子（>5 MeV）通常没有任何变化。

　　然而，我们应该记住，这里描述的总体统计响应忽略了在磁暴期间可能发生的电子通量的剧烈变化。

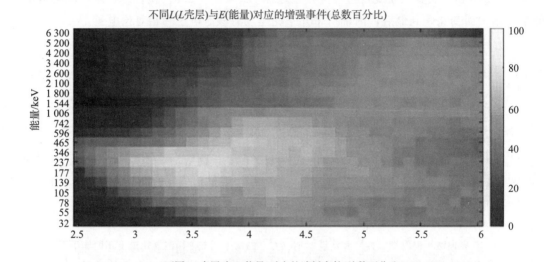

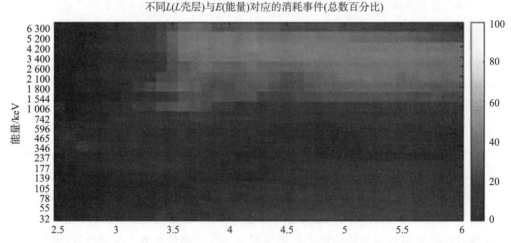

图 7-3　电子通量对磁暴的总体统计响应。图显示了增强（上）、减少（中）或导致通量变化
小于两倍（下）的事件［来源于 Turner 等（2019），知识共享署名-非商业性衍生许可］

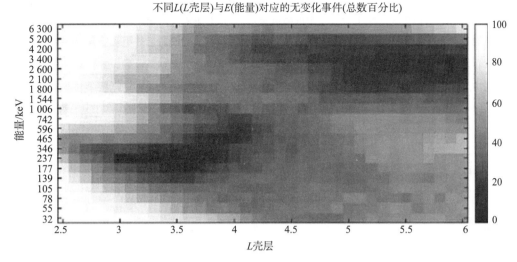

图 7-3　电子通量对磁暴的总体统计响应。图显示了增强（上）、减少（中）或导致通量变化小于两倍（下）的事件［来源于 Turner 等（2019），知识共享署名-非商业性衍生许可］（续）

7.3　辐射带动力学的太阳风驱动因素

第 1.4 节简要介绍了驱动磁层风暴的大尺度日球层结构。它们是行星际日冕物质抛射（ICME），包括它们的激波和鞘区、慢-快流相互作用区（SIR）和带有阿尔文波动的快速太阳风流。典型的 ICME 和 SIR 事件示例如图 7-4 所示。表 7-2 概述了太阳风驱动因素、典型持续时间、太阳风条件和辐射带响应［综合综述见 Kilpua 等（2017）、Richardson（2018）］。此处，我们将重点放在它们干扰地球空间和影响辐射带环境能力的最相关因素上。

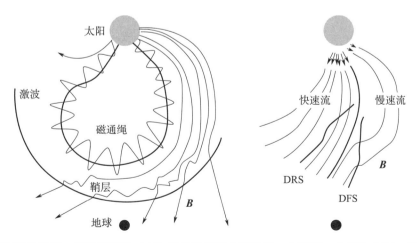

图 7-4　ICME 示意图，激波和鞘层（左）缓慢和快速太阳风流，中间有一个 SIR（右）。DFS 表示太阳风流界面前方的快激波，DRS 表示反向激波在太阳风框架内向后传播［根据 Kilpua 等（2017）早前发表的图进行修改］

表 7-2　影响辐射带的大尺度太阳风驱动因素及其典型持续时间、太阳风条件和外辐射带电子响应。这些结构可以单独出现（除了激波和鞘层的组合），但它们通常是按顺序出现的，例如，在激波和鞘层之后有抛射物，相当大一部分抛射物之后是 SIR 流/快速流。还要注意，并不是所有的 SIR 之后都有快速流

驱动因素	持续时长	太阳风条件	典型外辐射带相对论电子响应
激波	瞬间	等离子体和场参数中的跳跃	辐射带中心的快速加速（$L \approx 4$）
鞘层	8~9 h	高动压，大幅 IMF 变化，高度变化性（压缩）	在大范围的能量和 L 内持续，且深度耗尽
喷射（通量绳）	约 1 天	低动压，平稳磁场旋转，低变化性	既消耗（在高 L 壳层处）又增强（特别是在外辐射带中心，$L \approx 4$）
SIR	约 1 天	高动压，中幅 IMF 变化，高度变化性，速度逐渐增加（压缩）	消耗
快速流	数天	低动压，阿尔文波动（相对较小振幅、更快），高速	增强（特别是在高 L 壳层处）

7.3.1　大尺度日球层结构的性质及其地磁响应

具有地磁效应的 ICME 通常有三个不同的组成部分：激波、鞘层和抛射物。该抛射物相当于太阳在日冕物质抛射中释放出的磁通量绳。磁通绳是无力（$J \times B = 0$）的螺旋结构，其中束磁场线绕一个共轴。它们通常被认为是所有靠近太阳的日冕物质抛射的一部分。然而，只有大约三分之一的 ICME 在地球轨道附近被发现了清晰的通量绳结构。这是由于日冕物质抛射/ICME 在从太阳到地球的过程中经历的演化、变形和相互作用造成的。此外，观测航天器只能在 ICME 的外围采样，缺少通量绳的明显特征。显示通量绳特征的ICME 通常被称为磁云。原位观测中，它们的关键定义特征是持续约 1 天的 ICME 平均通过期间，一个大角度内平滑且连贯的磁场方向旋转，磁场大小明显大于名义上太阳风的磁场和低等离子体 β 值。在图 7-5 的 ICME 采样中，磁场的平滑旋转和增强的磁场强度幅值清晰可见。

当 ICME 传播如此之快，以至于它与周围太阳风的速度差超过了快速磁声波速度时，就会形成一个领先的激波，而磁流体扰动不会比 ICME 传播得更快。ICME 驱动的激波在天体物理环境中相对较弱，它们的平均马赫数为 1.89±0.98（1995 年至 2017 年间观测到的快速前向激波，数据来源于赫尔辛基大学维护的日球层激波数据库[①]）。

鞘层是在激波和 ICME 抛射物前缘之间形成的湍流区域。在某些情况下，在太阳风中观测到的日冕物质抛射的唯一特征是激波和落后于激波的混乱行星际磁场。这是因为激波的范围比驱动抛射物的范围大得多。ICME 的速度不够快，不足以形成激波，但比周围的太阳风传播得更快，也会干扰上游等离子体流和行星际磁场。然而，受扰动的区域比激波背后的鞘层湍流程度要低，但仍然可以引起磁层扰动。

流相互作用区域（SIR）是一个压缩区域，当来源于太阳的高速流赶上前方慢流时，

---

　①　http://ipshocks.fi。

会形成这一区域，如图 7‐5 中的右图所示。不像快速 ICME，大多数 SIR 与地球轨道处的激波没有关联。SIR 可以形成快速前向‐快速反向（太阳风框架中的前向与反向）激波对。但通常只有当它们的传播距离大于 1 天文单位时才会发生。图 7‐5 显示太阳风速度在 SIR 中逐渐增加，在快速流中达到 750 km/s。尽管在 SIR 上存在正向速度梯度，并不是所有的 SIR 尾部都有一个快速流。流界面将密度大、速度慢的太阳风与速度快、强度小的太阳风分开。

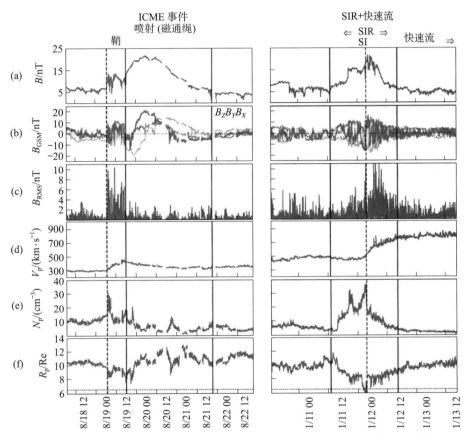

图 7‐5　ICME（左）和 SIR（右）中太阳风等离子体条件。子图（a）磁场强度，子图（b）GSM 坐标中的磁场分量，(c) 1 min 时间间隔磁场强度的均方差变化，(d) 太阳风速度，(e) 太阳风密度，(f) 使用 Shue 等（1998）模型确定的次太阳磁层顶位置（数据来源：CDAWeb，https：//cdaweb.gsfc.nasa.gov/index.html/）（见彩插）

在地球轨道附近的 ICME 和 SIR 的平均性质因事件而异。ICME 磁场的磁感应强度范围从几个 nT 到约 100 nT，其速度从最慢的约 300 km/s 的太阳风到 2 000～3 000 km/s。在 SIR 中，磁场可以达到 30～40 nT，峰值速度约 800 km/s。ICME 的内部磁场结构也明显不同。在磁云中，磁场指向能够平滑地旋转，然而在复杂的抛射物中，例如，在太阳上同一活跃区域喷射的两个连续 CME 合并时，磁场的结构可能非常混乱。从磁层动力学的观点来看，关键点在于南北磁场分量（B_z）的行为，因为它的方向控制着昼侧磁层顶的重联（第 1.4.1 节）。在磁通量绳的轴线靠近黄道面的磁云中，B_Z 由南（前缘）向北（尾缘）旋转，或者反过来旋转。在磁通量绳轴线相对于黄道平面高度倾斜的磁云中，B_Z 可以在整个磁云的通过过程中保持其符号为正或负。在图 7-5 所示的 ICME 中，B_Z 在磁云的主要部分中主要向北旋转。

SIR 和 ICME 的发生率和性质随太阳活动周期的不同而不同。当整个太阳磁场由两个大的极日冕洞主导时，高速流和 SIR 是最频繁的。ICME 显然更频繁，磁场更强，在太阳活动高发时期速度更快。在太阳活动较弱的时期，它们也明显比较慢的 ICME 更频繁地驱动激波。在太阳活动极小期，大约每星期会有一次大规模的日冕物质抛射离开太阳。在太阳活动极强期，每天都会有几次大型日冕物质抛射爆发。

大尺度日球层结构的典型太阳风特性差异显著；鞘层和 SIR 是压缩结构，与较大的太阳风密度、动压和温度有关，通常会嵌入振幅大、波动较快的磁场。反过来，抛射物，尤其是磁云，在磁场和等离子体参数方面表现出更平滑的变化。抛射物的太阳风密度和动压也明显低于鞘层和 SIR，因为 CME 从太阳释放后会显著膨胀。快流中的波动为阿尔文波，但相关的磁场振幅通常小于鞘层和 SIR 中的磁场振幅，而且它们的时间变化更快。快流密度低，通常动压也低。由于高动压，磁层顶通常在鞘层和 SIR 期间受到强烈压缩，但在 ICME 喷射和快流期间则更接近其标称位置。然而，在 ICME 喷射过程中，如果行星际磁场方向长时间朝南，即使动压力不是特别大，由于磁重联的增强，磁层顶也可以显著侵蚀。

几乎所有强、大的地磁暴（$Dst_{min} < -100$ nT）都是由 ICME 引起的，可以由鞘层和抛射物共同驱动，也可以由它们的组合驱动。最具地磁效应的 ICME 是那些驱动激波和包含通量绳的 ICME。驱动激波的 ICME 通常速度很快，磁场很强，鞘层和抛射物都可能导致地磁暴。增强的磁场和平稳旋转的磁通绳反过来可以提供持续的强裂向南移动的行星际磁场。当一次 ICME 之后出现快速太阳风流时，其地磁效应将进一步增强。快速尾随的太阳风增加了 ICME 的速度，并压缩其后部，从而增加了磁场强度和等离子体密度。这尤其可以增强磁场从北向南旋转的磁云的地磁效应。此外，尾随的快流通常会延长磁暴恢复相。缓慢 ICME 抛射物主要是向北的，反过来，它经过地球时，可能几乎不会被注意到。

由于磁层的激波压缩，ICME 驱动的磁暴通常在磁暴突然开始之前（第 1.4.2 节）。如果高动压鞘层磁场主要向北，则可能会延长主相之前的初相。

快流之后的 SIR 通常会导致弱或中等的磁暴，随后是长时间的恢复相，有时持续长达一周。长时间的恢复相可以归因于阿尔文快速流的波动，它导致了持续的亚暴活动。

相互作用的 ICME 是特别具有挑战性的研究对象，因为 ICME 之间的相互作用可能导致非常不同的结构 [Lugaz 等（2017）；Manchester 等（2017）]。其结果取决于相对速度、内部磁场的方向或指向，以及所涉及 CME 的结构。如果连续日冕物质抛射的磁场在它们的界面上方向相反，磁场的重联会导致日冕物质抛射的合并，在地球轨道上产生一个复杂的结构，在这个结构中，原始抛射物的个别特征不再清晰可见。如果界面上的磁场方向相同，领先的 ICME 被跟随的 ICME 压缩，形成两个相互分离但又紧密相连的喷射体，第一个喷射体可以保持强磁场和高速度。这种情况会导致特别强的南向磁场和动压力，从而导致最极端的地磁暴。在磁场平行方向和相反方向之间的角度，合并的效率类似于在行星际磁场不同时钟角的太阳风-磁层相互作用。

7.3.2　大尺度日球层瞬变引起的典型辐射带响应

如上所述，不同的大尺度日球层结构具有截然不同的性质。他们将磁层置于可变强迫之下，这会影响产生的磁层活动和内部磁层的条件，因此也会影响辐射带中的电子通量响应。一般认为，在地球静止轨道上，由 SIR 驱动的磁暴比由 ICME 相关的南向 B_z 驱动的磁暴更能有效地产生 MeV 电子，B_z 是由 Paulikas 和 Blake（1976）根据地球静止观测提出的概念。在 ICME 引起磁暴之后，通量恢复到磁暴前的水平所需时间（约 2 天）比 SIR 引起磁暴之后（约 1 天）要长（Kataoka 和 Miyoshi，2006）。然而，实际情况要复杂得多。Shen 等（2017）研究范艾伦探测器的探测数据发现，$L^* = 3.5 \sim 5.5$ 之间，大于 1 MeV 电子的通量在 ICME 驱动下比 SIR 驱动下增强更多。在能量较低（小于 1 MeV）时，ICME 驱动的磁暴在较低的 L 壳层产生较大的通量增强（$L^* = 2.5 \sim 3.5$），而 SIR 驱动的磁暴在外辐射带的外部产生更多的通量增强。

行星际激波的冲击导致昼侧磁层的突然和全面性压缩，并激发一种压缩磁声脉冲，这种脉冲沿地球的径向向内和方位角传播。这种压缩扰动具有从昼侧延伸到夜侧的方位角电场（第 4.4.2 节），通过打破漂移共振电子的第三个绝热不变性，可导致快速（1 min 时间尺度）加速和向内传输［Foster 等（2015）；Kanekal 等（2016）］。主要是 MeV 的电子在辐射带的中心（$L \approx 4$）被加速，因为它们绕地球的漂移时间与电场脉冲频率相匹配，因此它们可以在其轨道上的很大一部分被加速。低能电子无法产生共振，因为与加速电场的时间尺度相比，它们的漂移速度很慢。反过来，相对论电子的漂移速度如此之快，以至于它们在多个轨道上都会遇到激波诱发的方位角电场，从而导致有效加速度。在相位混合使粒子重新分布到不同的漂移相之前，可以多次观测到聚集在同一漂移相的电子的漂移回波。

图 7-6 显示了 2013 年 10 月 8 日由范艾伦探测器 A 测量到的超相对论电子突然增强的一个例子，它是对地球的一次行星际激波冲击的响应。由于漂移周期与粒子能量有关，因此对于不同能量的粒子，漂移回波出现的滞后时间不同。观测到的频谱也随着磁场的大小而变化，因为航天器在这一事件中运动到距离地球更大的径向距离。内部磁层中的电场脉冲振幅通常为几个 mVm^{-1}（Zhang 等，2018），但在特别强烈的冲击中，也观测到更大的振幅。例如，下文第 7.4.2 节讨论的 1991 年 3 月 24 日的冲击造成了一个量级更强的电场脉冲，$40 \sim 80 mVm^{-1}$［Blake 等（1992）；Wygant 等（1994）］。

鞘层区域的通道导致辐射带在大范围的 L 壳层上对相对论和超相对论电子的深度持续消耗［Hietala 等（2014）；Kilpua 等（2015）］。因此，如果高能电子由于前文所述的冲击而加速，当鞘层到达时，它们很快就会损失。鞘区强烈的消耗可以通过协同作用的各种损失过程来解释。首先，鞘层由于其高动压而强烈压缩昼侧磁层。其次，内磁层的波活动在鞘层期间增强（Kalliokoski 等，2020）。由此产生的波粒子与 EMIC 波、嘶声波和合声波的相互作用可以将大范围能量的电子散射到损失锥，而 Pc5 超低频波可以向外辐射传输电子。当昼侧磁层顶被压缩时，向更高的 L 壳层扩散会导致有效的磁层顶阴影损失。当鞘层引起地磁暴时，漂移壳膨胀会进一步增加阴影损失，而且非地磁效应的鞘层也会引起剧烈的响应。大振幅磁场和典型的鞘层动压变化会触发亚暴，进而导致源电子和种子电子的增强。由于鞘层通道相对较短（平均 8～9 h），且在此期间主要是相对论电子的损失过程，种子电子向 MeV 能量的逐步加速通常不会在鞘层通道中发生。

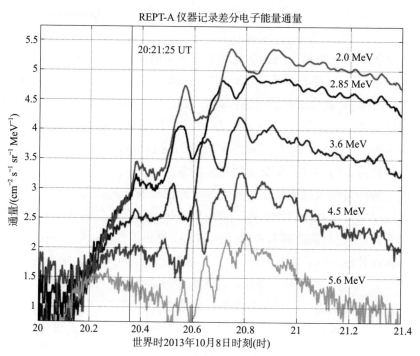

图 7-6　范艾伦探测器观测到的 2013 年 10 月 8 日超相对论电子对行星际激波的响应。
实垂直线显示激波冲击的时间（来源于 Foster 等（2015），已通过美国地球物理联盟许可）

此外，ICME 抛射物经常耗尽相对论电子通量，但效率不如磁鞘，而且这种消耗预计将局限于更高的 L 壳层。虽然抛射物持续向南的磁场可以向内侵蚀昼侧磁层顶，但抛射物的动压明显低于磁鞘，从而使磁层顶远离地球。内磁层中波的活动，特别是 ULF Pc5 和 EMIC 波，在抛射期间存在，但平均来说，比鞘层期间弱。这些性质表明，在 ICME 抛射过程中，磁层顶阴影和沉降损失的平均效果都不如磁鞘通道。

ICME 抛射物的效应很大程度上取决于它的磁结构。如果磁场在整个通道中指向北方，则抛射物通常不会对辐射带的电子通量产生任何显著影响。CME 抛射物中南向磁场的分布，例如，抛射物领先或尾随部分的磁场是否朝南，或者在整个抛射物中，磁场是否也会影响电子加速和损失，尤其是当组合影响发生在鞘通道和随后太阳风结构中时。

与鞘类似，SIR 也会引起电子消耗，尽管不太明显。这是意料之中的，因为 SIR 也是压缩湍流结构。上面的图 7-5 说明了 SIR 的内部结构。例如，最高的密度出现在流界面的前方，而最高的速度出现在流界面之后。图 7-5 的 SIR 中，波动频率和磁场大小在流界面后增加。

快速太阳风流是与 MeV 的电子增强相关的关键结构，但并不是所有的快速太阳风流都能导致 MeV 电子的增强。它们激发电子的有效性与它们的速度和 IMF 南北分量有关。Miyoshi 等（2013）对一个太阳周期的统计研究表明，嵌入阿尔文波动且由南向 B_z 主导的快速流与 30 keV（源）电子的强通量、内磁层中的哨声波和约大于 2.5 MeV 电子通量的增强有关。而北向 B_z 主导的流则缺乏这些特性。由于磁层顶开尔文-亥姆霍兹不稳定性的增强，超低频 Pc5 波向内的径向传输也可能会导致快速流中的相对论电子增强。

值得注意的是，快流缺乏的特性会导致电子有效损失（Kilpua 等，2015）。由于动压较低，缺少持续的强南向磁场，磁层顶接近其标称位置。缺乏强环电流意味着 Dst 效应不显著。由于环电流较弱且缺乏激励波的动压变化，EMIC 波活动和相关的散射损失也会相对较弱。然而，由于全球对流的减弱，等离子体层顶将达到更高的 L 壳层。这意味着在更宽的 L 范围内，外层带电子可以受到嘶声波的散射。然而，对于相对论和超相对论能量的电子，嘶声波的散射时间尺度很长。

ICME 与 SIR 和快速流交互可能导致各种响应，这些响应取决于组成这些复杂事件的单个结构的特征。相互作用具有匀称的鞘状结构，由扰动的太阳风和 ICME 相关的等离子体组成。这类事件会在几天内引起辐射带的剧烈变化。另一种有趣的情况是，ICME 激波在之前的 ICME 中传播，并增强了 ICME 内部的磁场。已经发现这种情况可以有效地耗尽 MeV 电子的外层带［Kilpua 等（2019）；Lugaz 等（2015）］。

7.4　电子带之间的槽

内部和外部电子带之间的槽区是一个有趣的区域。虽然很明显，槽区中电子损失一定是由于波粒散射电子到大气损失锥造成的，但它的时空演化提出了几个未解决的问题。

7.4.1　源电子和种子电子注入槽区

如第 7.2 节所讨论的，槽区的位置、宽度和粒子含量强烈地依赖于电子能量和地磁活动。这也意味着将电子注入槽区或从槽区中移出的主要机制依赖于电子能量。在地磁暴期间，槽通常被高达几百 keV 的电子填满，当磁暴平息时，它会逐渐改变。

激发电子并使其更接近地球的一种可能方法是超低频 Pc4～Pc5 驱动向内径向输运。种子电子漂移共振只在波的方位角模数高时发生。这是因为它们在槽区的漂移时间在几个小时内（表 2-2），也就是说，比超低频 Pc4～Pc5 波的振荡周期长得多。

亚暴将源电子和种子电子注入内磁层中，但距离通常比槽区大得多。注入与近地重联过程激发的向地传播的偶极化锋面有关（第 1.4.3 节）。偶极化锋面与剧烈的、振幅大的电场变化有关，可达几个 mVm^{-1}，这种电场能使粒子加速到高能量，并同时将它们传输到地球附近。偶极化锋面可以从尾部传播到地球静止轨道距离，或者更接近地球，相关的加速/传输导致无色散注入，在这里所有能量同时到达观测点。注入位置在相对局部的方位角处，跨越 $1\sim3$ h 的磁地方时，超过这个时间，依赖能量的梯度和曲率漂移就会将色散引入观测频谱中。

Turner 等（2015）研究了范艾伦探测器时代的 47 个事件，在 $L=4$ 处观测到源和种子电子（<250 keV）注入，一直延续到 $L=2.5$，这一现象被称为低 L 壳层的突然粒子增强（SPELLS）。注入发生之前存在显著的亚暴活动，作者认为槽区的注入是由电子与偶极化锋面制动所激发的压缩磁声波相互作用引起的。由于观测到的波周期为 100 s 量级（Pc4 范围），除非方位模数非常大（$m\sim30$），否则波不能与电子发生漂移共振。然而，Southwood 等（1969）最初提出，在这个能量范围内的一部分电子可以根据其赤道俯仰角与压缩波［方程（6-2）］发生弹跳-漂移共振。

另一种使源和种子电子渗透到槽区的机制是由全球对流电场驱动的向内径向传输。在增强对流阿尔文层（2.3 节）收缩过程中，允许电子进入较低的 L 壳层。磁暴越强，能从磁尾进入的带电粒子就越接近地球。这种对流传输只对低能电子有效，因为高能量电子的运动（约大于 100 keV）由梯度和曲率漂移控制［式（2-30）］。在向更强地磁场的对流传输过程中，较低能量的电子也被漂移-回旋加速机制所激发［（式（2-69）］。基于 2014 年 2 月 14 日范艾伦探测器的观测数据和强磁暴建模，Califf 等（2017）表明，由全球对流 $1\sim2$ mVm^{-1} 量级的电场引起的向内径向传输，足以解释槽区内 $L<3$ 区域 $100\sim500$ keV 电子的增强。

当槽内能量较低的电子被合声波局部加速时，槽区内的种子电子通量也会增加。然而，目前尚不清楚是合声波能加速约 100 keV 的电子，还是合声波主要引起电子向损失锥的散射。

7.4.2　不可逾越的屏障

MeV 量级的电子进入低 L 壳层比种子和源布居电子进入低 L 壳层更加受限。特别地，很少在槽区观测到超相对论电子。Baker 等人（2014）注意到，前 20 个月的范艾伦探测器测量中，在 $L=2.8$ 内没有观测到超相对论电子（>2 MeV）。虽然这个时期与第 24 太阳活动周期重合，但它是一个地磁活动相对平静的时期，没有大的磁暴。这种（几乎）不可穿透屏障的存在已在后续研究中得到证实［如 Ozeke 等（2018）］。

Baker 等（2014）的图 7-7 显示了范艾伦探测器 REPT 仪器观测到的 7.2 MeV（$6.5\sim7.5$ MeV）电子的势垒。超相对论电子的内部边界在 $L=3$ 附近保持着惊人的清晰和稳定。该图中最显著的特征是 2012 年 10 月 1 日通量减少，另一个特征与 2013 年 10 月 1 日屏障轻微向地面移动至 $L=2.8$ 有关。

由于相对地磁活动更平静，等离子体层顶大部分时间在 $L=4$ 以外，从未在 $L=3$ 以内。因此，等离子体层顶和无法穿透的屏障通常不在同一位置，而屏障很好地驻留在等离子体层内。一个不与等离子体层顶共存的陡峭而稳定的内边界的存在是一个悬而未决的问题。俘获辐射带电子与极低频电磁波产生多普勒频移回旋共振，这种极低频电磁波来源于地基无线电发射器，共振作用可能导致电子沉降到大气，但这一过程预计只会在较低的电子能量（＜500 keV）下发生［例如，Koons 等（1981）；Summers 等（1998）］。

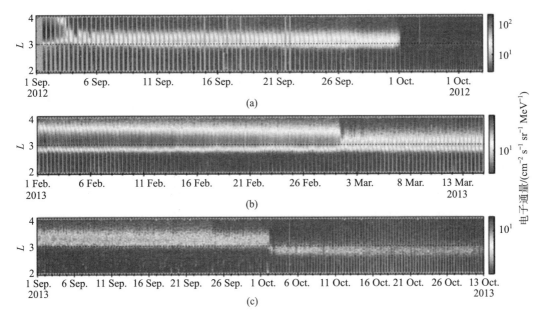

图 7-7　2012 年 9 月 1 日至 2013 年 10 月 31 日三个时段 7.2 MeV（6.5～7.5 MeV）的电子通量，该图结合了来源于范艾伦探测器的 REPT 仪器数据［来源于 Baker 等（2014），经施普林格自然杂志许可转载］

　　然而，Foster 等（2016）认为，在强磁暴期间，当极低频波泡延伸到收缩的等离子体层顶之外时，极低频波可能在塑造不可穿透的屏障方面发挥关键作用。因此，高能电子暴露在等离子体层外的极低频波中，在等离子体层外，显著的低密度增加了共振能量。因此，相对论和超相对论电子可能与极低频波发生共振，然后损失在大气中。Foster 等（2016）也注意到在 2015 年 3 月 17 日的大规模地磁暴期间，极低频波泡的外缘与超相对论辐射带电子的内缘匹配非常紧密。由于高能电子只有在地磁非常混乱的时候才能进入低 L 壳层，所以当地磁暴平息，等离子体层顶延伸到极低频波泡之外时，屏障仍在那里存在。

　　另一种被认为是尖锐屏障的机制是超低频波的缓慢径向扩散和嘶声波的快速散射之间的平衡（Ozeke 等，2018）。然而，这将意味着真正的障碍并不存在。

　　因为槽区并非没有源电子和种子电子，非相对论电子并非无法穿越屏障。相对论电子也不是完全无法穿透，在 $L=2.8$ 的内部也有少量超相对论电子被发现的事件。这类事件与很强的磁层暴有关。一个例子是 2003 年 10—11 月所谓的万圣节磁暴，它是由一系列连续相互作用的 ICME 波驱动强烈磁层活动引起的（Baker 等，2004）。在万圣节磁层暴期间，2～6 MeV 范围内的电子充满了整个槽区，并保持了几个星期。而且内辐射带充满了高能电子。这一事件在 SAMPEX 探测器观测的近两个太阳周期期间是独一无二的。由 IMAGE 航天器拍摄的极紫外图像显示，等离子体层顶在 $L=2$ 内收缩，并且等离子体层顶的位置与数 MeV 外电子带的内边界匹配良好。

万圣节磁暴（$Dst_{min} = -383$ nT）比范艾伦探测器时代的任何地磁暴都强。它还表明，一旦超相对论电子进入低 L 壳层，它们会在那里停留很长一段时间。然而，超相对论电子的存在和激发如此接近地球，仍然是一个谜。全球对流电场是源电子和种子电子注入的主要原因之一，它不能通过绝热加热将电子激发到 MeV 能量；准静态场不能有效地影响已经存在的相对论电子布居，因为电子在不到 10 min 的时间内绕地球快速漂移。当等离子体层被高度压缩时，认为靠近地球的相对论与超相对论电子的来源机制是合声波引起的局部加速（Baker 等，2014），以及超低频 Pc5 波的径向向内传输和相关激发（Ozeke 等，2018），或两种机制的组合（Zhao 等，2019a）。

这些机制可能都不足以有效地将相对论电子注入如此低的 L 壳层中。强烈的行星际激波对磁层的影响（第 7.3.2 节）也可以产生特别大的电场脉冲，达到低 L 壳层，并可能迅速将电子激发到超相对论能量。Li 等（1993）认为这是著名的 1991 年 3 月 24 日磁暴事件中 $L = 2.8$ 壳层中超相对论电子的来源，当时由 ICME 驱动的强行星际激波冲击了地球。

图 7-8 的左图显示了 CRRES 卫星在激波到达时穿过槽区，观测到多个超相对论电子峰值。这一特征表明，这些极高能的电子最初被注入/加速，然后是它们的漂移回波。图中显示了三个能量通道的计数率表现出非常相似的行为。数据从计数率转换到电子通量，进一步研究后（Blake，2012）显示，曲线是相互重叠的（图 7-8 的右侧子图），这意味着所有通道测量的超相对论电子能量都大于 15 MeV，却没有 6～15 MeV 范围内的电子。漂移回波显示漂移周期为 2 min，即 $L = 2$ 时 17 MeV 电子的漂移周期。超相对论电子被俘获在名义槽区内长达数月之久。解释电子加速到如此高的能量显然是一个重大挑战。

1 MeV 电子进入低 L 壳层比超相对论电子的穿透更为常见。当范艾伦探测器运行时，第 24 个太阳周期中最强的磁暴发生在 2015 年 3 月 17 日（$Dst_{min} = -222$ nT）和 2015 年 6 月 23 日（$Dst_{min} = -204$ nT）。在这些过程中，在不可穿透的屏障内没有观测到数 MeV 的电子，只有 1 MeV 的电子进入槽和内辐射带 [Claudepierre 等（2017）；Hudson 等（2017）]。在这些情况下的电子的激发再次归因于强星际激波的影响。类似的例子是 2000 年 7 月 15—16 日所谓的巴士底日磁暴（$Dst_{min} = -300$ nT），当 1 MeV 电子第一次被注入 $L = 2.5$ 壳层时，它们缓慢地扩散到 $L = 2$ 壳层。

7.5　存储环和多电子带

在 2012 年 8 月 30 日，范艾伦探测器发射后不久，有一个有趣的发现（Baker 等，2013）。突出的特征是一个由三部分组成的高能电子带结构，它持续了大约一个月。内电子带（$L^* \leqslant 2.5$）保持稳定，但外电子带被分为两个不同的部分，中间有一个新形成的间隙。图 7-9 再现了 2012 年 9 月 3 日—15 日期间的超相对论（3.4 MeV）电子通量，数

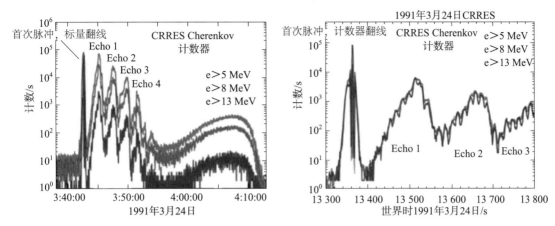

图 7-8　CRRES 航天器穿越槽区时，在三个能量通道中观测的超相对论电子（从 $L = 2.5$ 到 $L = 2$ 开始）。右：计数转换为通量［来源于 Blake（2012），经美国地球物理联盟许可重印］（见彩插）

据来源于 CDAWeb[①] 的范艾伦探测器的 REPT 仪器。

　　这一事件开始于外层带的电子突然消失，这是行星际激波通过的结果。特别是，外层带 L 壳层的高能电子几乎完全被移除。只有一个相对较薄的高能电子带仍然在外带 $3 < L^* < 3.5$ 附近。这一时期与磁暴的相阶段相吻合。大约 2 天后，在 L^* 约大于 4 处，高能电子再次出现，但 $3.5 < L^* < 4$ 区域仍然没有超相对论电子。然而在 L^* 约大于 4 的区域，电子布居在接下来的几周里经历了一些变化。$3.5 < L^* < 4$ 和 $3 < L^* < 3.5$ 窄带的间隙，称为储存环或残余带，这一间隙经历了很小的变化。在观测到三部分带结构期间，等离子体层扩展到 $L^* = 4$ 以外。

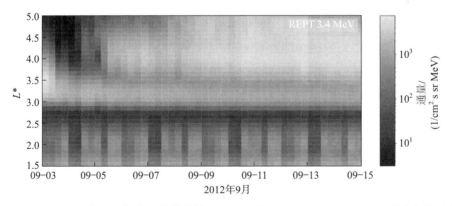

图 7-9　2012 年 9 月上半月三部分辐射带结构。电子通量（$cm^{-2} s^{-1} sr^{-1} MeV^{-1}$）的色标是对数化的。内部带通量的"间歇性"是由于范艾伦探测器轨道周期为 9 h，只有一小部分轨迹朝向地球经过 $L = 2.5$ 区域（数据来源：CDAWeb）

　　三带结构说明了在正确的地点进行高分辨率观测的重要性。也就是说，后来实际上发

　　① 　https：//cdaweb. gsfc. nasa. gov/index. html/。

现三带结构是一种相对常见的现象，甚至发现了四带结构，即三个带的最外层显示出两个不同的带（Jaynes 等在 2019 年 AGU 秋季会议上的发言）。

Pinto 等（2018）对 5 年的范艾伦探测器观测数据进行了统计研究，共发现 30 个三带事件。这种构型最常在电子能量 3.4～5.2 MeV 时观测到，但也在更广泛的相对论和超相对论能量范围内发生。三部分带结构出现在磁暴和平静条件下。大约 18% 的地磁暴具有这种结构。三带事件中最大的部分是由 SIR 和快速流引起的（76%），而其余的发生在纯 ICME 期间（17%）或 ICME 和 SIR/快速流结合期间（7%）。由于事件的数量很少，这些百分比的统计只是指示性的。

三带结构形成的基本特征是大部分外层带电子被移除。提出的机制包括由 EMIC 波造成的俯仰角散射（Shprits 等，2018），以及由向内磁层顶偏移，同时超低频波的向外径向传输造成的磁层顶阴影（Mann 等，2016）。这两种机制都能导致辐射带的电子永久性损失，之后需要新的高能电子出现在外辐射带的靠外部分。然而，这些新电子不能穿透太深，否则存储带和靠外部分的间隙就不会存在。这可能是大多数三带事件与 SIR 相关联的原因。已知与 ICME 相关的磁暴比与 SIR 相关的磁暴能增强外层带更深处的 MeV 电子（第 7.3.2 节）。Mann 等（2016）认为，与激发相关联的径向向内传输可以解释高能电子的重新出现和三带结构的最终形成。由于三带结构并不罕见，可能有几种机制导致其形成，这几种机制还可能是协同作用的。

储存环长时间的稳定性与等离子体层的膨胀和嘶声波散射相对论电子引起的缓慢损耗有关。然而，这要求储存环保持在等离子体层内，而不暴露在等离子体层外更快的损耗过程中。考虑到等离子体层顶对地磁活动的依赖性，在弱、中等地磁条件下，存储环会占上风，但在强磁暴时，等离子体层顶被推向地球时，存储环会相对较快地消失。Pinto 等（2018）计算了上述三带事件中存储环的经验寿命。寿命随着能量的增加而增加，在能量为 1.8 MeV 时平均为几天，在能量为 6.3 MeV 时平均为几个月。这与等离子体层的嘶声波随着能量的增加而俯角扩散降低速率是一致的（Thorne 等，2013a）。

总之，三带结构是通过首先去除外层带电子而形成的，在低 L 壳层时只留下一个狭窄的储存环（L^* 越小于 3.5），随后就是在外辐射带的靠外部分的电子恢复（L^* 约大于 4）。这些过程可以在时间上彼此非常接近，也可以有更长的时间间隔。由于通量峰值向内运动，残余带也可能是早先存在的或者在磁暴事件期间生成的（Pinto 等，2018）。

7.6　高能电子向大气中沉降

外辐射带电子向大气损失锥的散射导致了中高层大气中可观测到的效应。中层大气由平流层和中间层组成。在极区，平流层大约从 8 km 延伸到 50 km。在平流层上面，中间层在 80～100 km 处达到中间层顶。中间层顶之上是由热层组成的上层大气，其高度可达 600 km，在此之上的无碰撞中性气体，被称为散逸层。电离层是上层大气中被部分电离的下部。

能量为 $\gtrsim 30$ keV 的辐射带电子可以穿透到 $50 \sim 90$ km 的高度。这种高能电子沉降（EEP；通常被称为高能粒子沉降，EPP，也包括质子沉降），可导致中性大气的显著电离，从而影响大气化学成分和动力学，最终导致区域气候强迫。最重要的是，高能粒子沉降增加了太阳极紫外线和软 X 射线产生的反常氮和氢（NO_x 和 HO_x）分子。这些分子通过催化破坏臭氧，在中层大气的臭氧平衡中起着至关重要的作用［例如 Seppälä 等（2014）；Verronen 等（2011）］。NO_x 分子是由极区大气上层的 EEP 产生的，在冬季的极区涡旋中，它们被传输到较低的平流层高度。产生的 HO_x 分子的 EEP 反过来直接作用于中间层[①]。

与 EEP 相关的短期臭氧消耗可能相当剧烈。在海拔 $70 \sim 80$ km 处的某些局部，几乎所有的臭氧都可以被抹去。图 7 - 10 显示了三次强 EEP 事件对中间层臭氧的影响，在这三次事件中，消耗深度可达 60 km。个别的 EEP 事件通常只持续几天，但在高太阳活动期间，它们可以频繁发生，并造成更持久的影响。特别是，EEP 产生的 HO_x 对臭氧的直接影响在太阳周期时间尺度上可以观测到，约占变化的几十个百分比。

沉降电子可以通过在 $700 \sim 800$ km 高度的极地轨道上绕地球运行的航天器直接测量，也可以通过平流层气球上的 X 射线探测器间接测量。另一种方法是利用陆基宇宙噪声测量器和非相干散射雷达观测大气 D 层（$60 \sim 90$ km）沉降引起的电离。非相干散射雷达测量电离层中的电子密度，而宇宙噪声测量器则记录到达地面的宇宙无线电噪声。当在 EEP 事件中 D 层的电离增强时，对宇宙噪声的吸收就会增加。从辐射计的记录中减去平静日曲线就得到了宇宙噪声吸收（CNA），它与增强的 D 层电子柱密度成正比。然而，与卫星直接观测沉降电子相比，基于地面的 EEP 能量和通量信息仍然有限。

高能电子沉降既源于稳定俘获的辐射带电子的散射，也源于刚刚注入的准俘获电子在完成绕地球的完全漂移之前的散射。EEP 的效率与磁层内部等离子体波的存在和强度密切相关，等离子体波可以通过波粒相互作用散射电子。在第 6 章电子散射中讨论的所有波模式都可能有助于沉降，但它们在不同情况下的相对重要性目前仍是一个开放的问题。

从几十到几百 keV 电子的沉降在电离层引起弥漫性极光，被认为主要是由于与低能电子驱动的高频哨声波的共振相互作用（第 5.2.3 节）。在这个能量范围内的沉降也可能是因为，当电子驱动低频带合声波时，失去了它们相对于波的垂直动量。反过来，相对论电子可以经历突然（<1 s）散射到损失锥中，形成电子微暴，这是由于它们与低频带合声波的大振幅元素的非线性相互作用形成的（第 6.5.3 节）。相对论电子微暴与大气中 HO_x 和 NO_x 的激增有关，对大气层臭氧的短期和长期影响占总损失的 10%～20%（Seppälä 等，2018）。

沉降的有效性也与磁层内部和地面上的超低频 Pc4～Pc5 波活动呈正相关（Spanswick 等（2005））。这种联系传统上与一种间接效应有关：ULF 波增强了合声波的增长速率（Coroniti 和 Kennel，1970），从而导致 EEP（第 6.7 节）。此外，通过对赤道反射损失锥

---

① 有关高层大气化学的更全面信息，请参阅中间层化学航空学和平流层臭氧（CHAMOS）协作网站：http://chamos.fmi.fi。

进行局部压缩超低频波调制，还建立了对 EEP 的直接影响（Rae 等，2018）。此外，全球超低频波将使电子向内径向传输，使它们更接近地球，因为地球赤道地磁场更强，因此损失锥更宽（Brito 等，2015）。正如 Grandin 等（2017）所证明的那样，由于内磁层中不同的波型具有不同的磁地方时依赖性，沉降特征也显示出明显的磁地方时依赖性，他们还发现亚暴相关事件在午夜附近达到强烈峰值，而超低频相关事件在中午附近达到峰值。

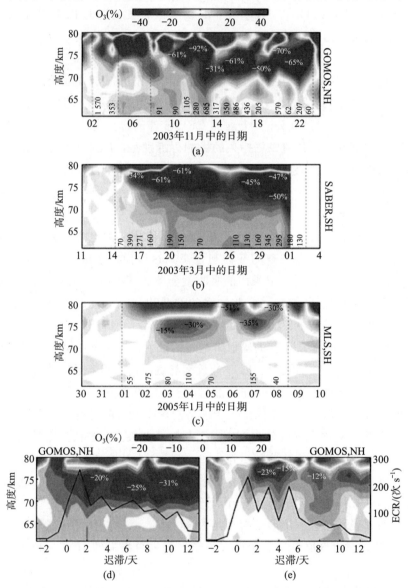

图 7-10　在 2003 年 3 月、2003 年 11 月和 2005 年 1 月三次 EEP 事件期间，利用 Envisat 卫星上的掩星式全球臭氧监测仪器（GOMOS）对北半球（NH）和南半球（SH）臭氧消耗的观测。利用 TIMED 上的宽带发射辐射测量仪（SABER）和 EOS-Aura 上的微波临边探测仪（MLS）进行大气探测。彩色编码显示 O₃ 异常（%），黑色实线显示从星载 POES 中等能量质子和电子探测器（MEPED）估计的每日平均电子沉降计数率（计数 s⁻¹）［来源于 Andersson 等（2014），知识共享归属 4.0 国际许可］（见彩插）

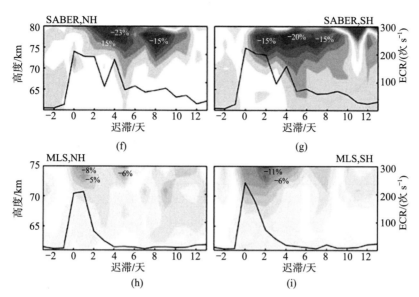

图 7 - 10　在 2003 年 3 月、2003 年 11 月和 2005 年 1 月三次 EEP 事件期间，利用 Envisat 卫星上的掩星式全球臭氧监测仪器（GOMOS）对北半球（NH）和南半球（SH）臭氧消耗的观测。利用 TIMED 上的宽带发射辐射测量仪（SABER）和 EOS - Aura 上的微波临边探测仪（MLS）进行大气探测。彩色编码显示 O_3 异常（%），黑色实线显示从星载 POES 中等能量质子和电子探测器（MEPED）估计的每日平均电子沉降计数率（计数 s^{-1}）［来源于 Andersson 等（2014），知识共享归属 4.0 国际许可］（续）（见彩插）

　　磁层内波活动受太阳风驱动和随之而来的磁层活动条件控制，EEP 的发生和强度也依赖于这些因素。使用宇宙噪声测量器 CNA 记录估计的沉降，通常在 ICME 相关的磁暴中比在 SIR 相关的磁暴中更强烈，但在 SIR 驱动的磁暴中保持高水平的时间要长得多（Longden 等，2008），这可能是由于在 SIR 之后跟随着通常与高速流相关的持续合声活动。

　　图 7 - 11 显示了不同类型的太阳风流对 1979—2013 年三个太阳周期内三个不同能量范围（>30 keV、>100 keV 和>300 keV）的 POES 卫星观测的电子通量和平均通量的贡献。太阳风流分为高速太阳风流（包括 SIR 贡献）、ICME 和慢太阳风（包括不明确的情况）。在除太阳活动极大期外的所有太阳活动阶段，高速流对沉降的贡献均明显占主导地位，而最大的平均通量则出现在 ICME 期间。沉降的频率和振幅在太阳活动周期下降时最大。

　　最后，我们注意到，虽然高能电子沉降的影响在中高层大气中很重要，但沉降对辐射带电子强度的实际意义尚不清楚［例如 Gokani 等（2019）；Turner 等（2013）］。然而，在较高的 L 壳层中，磁层顶阴影是主要的损失过程，而在较低的 L 壳层（约小于 4），波粒散射应该是最重要的损失过程。

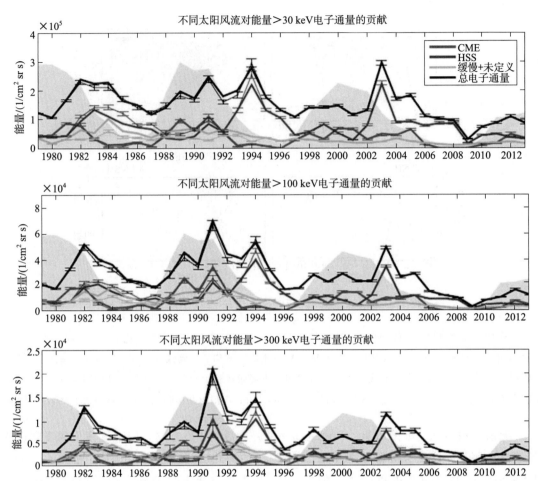

图 7-11　高速流/ SIR（蓝色）、ICME（红色）和缓慢/未定义事件（绿色）对总电子通量的年贡献（黑色）。粗线显示的是计算出的通量，其中包括缺少太阳风数据的数据点，而细线则排除了这些数据点。细线的误差条给出了年度贡献的平均标准误差。黑子数由灰色阴影显示［来源于 Asikainen 和 Ruopsa（2016），经美国地球物理联盟许可转载］（见彩插）

附录 A 电磁场与波

附录 A 总结了基本电动力学的一些基本概念，这也是本书中使用的符号和单位的介绍。

A.1 洛仑兹力和麦克斯韦方程

带电粒子在电场（$\boldsymbol{E}$）和磁场（$\boldsymbol{B}$）中的运动受牛顿第二定律的支配，该力就是洛仑兹力

$$\frac{\mathrm{d}\boldsymbol{p}}{\mathrm{d}t} = \boldsymbol{F} = q(\boldsymbol{E} + \boldsymbol{v} \times \boldsymbol{B}) \tag{A-1}$$

洛仑兹力作用于电荷为 q 和速度为 $\boldsymbol{v}$ 的粒子。电场和磁场满足麦克斯韦方程组，我们用国际单位制表示为

$$\nabla \cdot \boldsymbol{E} = \rho / \varepsilon_0 \tag{A-2}$$

$$\nabla \cdot \boldsymbol{B} = 0 \tag{A-3}$$

$$\nabla \times \boldsymbol{E} = -\frac{\partial \boldsymbol{B}}{\partial t} \tag{A-4}$$

$$\nabla \times \boldsymbol{B} = \mu_0 \boldsymbol{J} + \frac{1}{c^2} \frac{\partial \boldsymbol{E}}{\partial t} \tag{A-5}$$

其中电荷（ρ）和电流密度（$\boldsymbol{J}$）由粒子分布函数确定（第 3 章）。它们的 SI 单位（标准国际单位）是 $[\rho] = \mathrm{Asm^{-3}} = \mathrm{Cm^{-3}}$，$[\boldsymbol{J}] = \mathrm{Am^{-2}}$。

电场的 SI 单位是 $[\boldsymbol{E}] = \mathrm{V\,m^{-1}}$，磁场的 SI 单位是 $[\boldsymbol{B}] = \mathrm{V\,sm^{-2}} \equiv \mathrm{T}$。$\boldsymbol{B}$ 可以描述为通过区域 S 的磁通量密度

$$\Phi = \int_S \boldsymbol{B} \cdot \mathrm{d}\boldsymbol{S} \tag{A-6}$$

麦克斯韦方程组中的自然常数均为 SI 单位

$$\varepsilon_0 \approx 8.854 \times 10^{-12} \mathrm{AsV^{-1}m^{-1}} \qquad \text{真空介电常数}$$

$$\mu_0 = 4\pi \times 10^{-7} \mathrm{VsA^{-1}m^{-1}} \qquad \text{真空磁导率}$$

$$c = 1/\sqrt{\varepsilon_0 \mu_0} = 299\ 792\ 458\ \mathrm{ms^{-1}} \quad \text{光速定义}$$

通常可以方便地将电场和磁场表示为包含标量（φ）和矢量势（$\boldsymbol{A}$）的项

$$\boldsymbol{E} = -\frac{\partial \boldsymbol{A}}{\partial t} - \nabla \varphi \tag{A-7}$$

$$\boldsymbol{B} = \nabla \times \boldsymbol{A} \tag{A-8}$$

在第 2 章中，矢量势在作用量积分和绝热不变量的定义中起着核心作用。

　　麦克斯韦方程组由 8 个偏微分方程组成。如果我们知道源项，我们就有足够的方程来解六个未知场分量。然而，如果我们想自洽地处理所有 10 个函数（E，B，J，ρ），我们需要更多介质信息。在导电介质中习惯使用欧姆定律

$$J = \sigma \cdot E \tag{A-9}$$

其中导电性 σ（$[\sigma] = A(Vm)^{-1} = (\Omega m)^{-1}$）一般是一个张量，在非线性介质中也可能依赖于 E 和 B。

　　欧姆定律不是与麦克斯韦方程相同意义上的自然基本定律。描述介质的电导率是一种经验关系，类似于电位移（D）或磁场强度（电气工程师的磁场，H）的本质关系，$D = \varepsilon \cdot E$，$B = \mu \cdot H$，其中介质介电常数 ε 和磁导率 μ 通常是张量。

　　当介质的 ε，μ，σ 为标量且在时空中为常数时，称为线性介质。注意，在线性介质中，它们通常是电磁波在介质中传播的波数和频率的函数。等离子体物理学的大部分涉及 $\varepsilon(\omega, k)$ 的性质，例如，我们在第 4~6 章中讨论磁层等离子体波及其与辐射带粒子的相互作用。

　　地球辐射带中的大部分高能电子和最具能量的内辐射带质子都是相对论性的，运动方程也必须是相对论性的

$$\frac{d}{d\tau} p^{\mu} = K^{\mu} \tag{A-10}$$

式中　p^{μ}——四种动量；

　　　　K^{μ}——电磁四力；

　　　　τ——合适的时间；

　　　　μ——闵氏空间的坐标，$\mu = \{0, 1, 2, 3\}$。

　　四动量的空间分量形成动量矢量 $p = \gamma m v$，运动方程如下

$$\frac{d}{dt}(\gamma m v) = q(E + v \times B) \tag{A-11}$$

其中 $\gamma = (1 - \beta^2)^{-1/2}$ 是洛伦兹因子，$\beta = v/c$。

　　式（A-10）的时间分量给出了电磁场对带电粒子能量 W 的变化率

$$\frac{dW}{dt} = \frac{d}{dt}(\gamma m c^2) = qE \cdot v \tag{A-12}$$

　　因此，在没有外力的情况下，只有电场可以改变带电粒子的能量，如

$$v \cdot F = q(v \cdot E + v \cdot v \times B) = q(v \cdot E) \tag{A-13}$$

　　注意到 $p = \gamma m v$，其中 m 是粒子在其静止坐标系中测量的质量（例如，电子质量 $m_e = 511 \text{ keV}c^{-2}$，质子质量为 $m_p = 931 \text{ MeV}c^{-2}$）。我们倾向于避免用"静止质量"或"相对论质量"的概念，而只是在相对论情况下用 γm 代替 m。

　　回顾一下相对论动能的表达式也是有用的

$$W = mc^2(\gamma - 1) \tag{A-14}$$

　　即总能量减去剩余能量 mc^2。这个公式为计算相对论粒子的速度提供了一个简单的方法。例如，对于 1 MeV 的电子，$\gamma \approx 3$，由此 $v^2 = (8/9)c^2 \Rightarrow v = 0.94c$。

有时用动量来表示洛伦兹因子

$$\gamma = \sqrt{1 + \left(\frac{p}{mc}\right)^2} \qquad (A-15)$$

从式（A-14）和式（A-15）我们得到了相对论动量和能量的关系

$$c^2 p^2 = W^2 + 2mc^2 W \qquad (A-16)$$

这是有用的，例如，计算带电粒子的刚性（第 2.5 节）或根据观测到的粒子通量计算相空间密度（第 3.5 节）。

A.2　线性介质中的电磁波

为了介绍电磁波，从真空中的波开始，这里电荷 ρ 和电流密度 $\boldsymbol{J}$ 都为零。从麦克斯韦方程组我们得到

$$\nabla^2 \boldsymbol{H} - \frac{1}{c^2} \frac{\partial^2 \boldsymbol{H}}{\partial t^2} = 0 \qquad (A-17)$$

$$\nabla^2 \boldsymbol{E} - \frac{1}{c^2} \frac{\partial^2 \boldsymbol{E}}{\partial t^2} = 0 \qquad (A-18)$$

其中，为了符号简便，写成 $\boldsymbol{H} = \boldsymbol{B}/\mu_0$。

这些方程的解给出了以光速传播的波。我们的大部分论文都讨论平面波，在一个平面上，波的电场是恒定的。一个重要的例外是准偶极磁场中的大规模超低频波，它不能被描述为平面波。沿 z 方向传播的平面波可以用正弦函数表示

$$E_x(z,t) = E_0 \cos(kz - \omega t) \qquad (A-19)$$

其中 E_0 是振幅，$\omega = 2\pi f$ 是角频率，$k = 2\pi/\lambda$ 为波数。f 是振荡频率，λ 是波长。波相速度为 $\omega/k = c$。

注意，通常只使用"频率"一词来指代 ω 和 f。用角频率来表示理论处理更符合逻辑，而用振荡频率来表示观测结果。因此，对于 2π 这个因子要小心。角频率用国际单位 s^{-1} 表示，振荡频率用赫兹（Hz）表示。

矢量形式的波电场为

$$\boldsymbol{E}(\boldsymbol{r},t) = \boldsymbol{E}_0 \cos(\boldsymbol{k} \cdot \boldsymbol{r} - \omega t) \qquad (A-20)$$

其中，$\boldsymbol{k}$ 是指向波传播方向的波向量。整本书中，我们用复数符号表示平面波，对指数函数的参数使用下列符号约定：

$$\boldsymbol{E} = \boldsymbol{E}_0 e^{i(\boldsymbol{k} \cdot \boldsymbol{r} - \omega t)}; \boldsymbol{B} = \boldsymbol{B}_0 e^{i(\boldsymbol{k} \cdot \boldsymbol{r} - \omega t)} \qquad (A-21)$$

当 $\boldsymbol{E}_0$ 和 $\boldsymbol{B}_0$ 为常数时，时间和空间的相关性称为调和关系，包括源项在内的麦克斯韦方程组可以转换为代数形式

$$\begin{cases} i\boldsymbol{k} \cdot \boldsymbol{D} = \rho \\ \boldsymbol{k} \cdot \boldsymbol{B} = 0 \\ \boldsymbol{k} \times \boldsymbol{E} = \omega \boldsymbol{B} \\ i\boldsymbol{k} \times \boldsymbol{H} = \boldsymbol{J} - i\omega \boldsymbol{D} \end{cases} \qquad (A-22)$$

为了使方程适用电介质，我们引入了电位移 $D = \varepsilon \cdot E$。在一般介质中 ε 是一个张量。由式（A-22）可知，$k \perp E$，$k \perp H$，$E \perp H$，具有这种性质的波称为横波，等离子体中纵向（$k \parallel E$）静电波也是可以传播的（第4.2节）。

然后假设 $\rho = 0$，$J = 0$，$\sigma = 0$，且 ε 和 μ 为常值标量，但不必等于 ε_0 和 μ_0。现在电磁波的相速度替代真空中的光速，变成 $v_p = 1/\sqrt{\varepsilon \mu}$。$\omega$ 和 k 通过色散方程（或色散关系）联系起来

$$k = \frac{\omega}{v_p} = \sqrt{\varepsilon \mu}\, \omega = \frac{n}{c}\omega \qquad (A-23)$$

其中

$$n = \sqrt{\frac{\varepsilon \mu}{\varepsilon_0 \mu_0}} \qquad (A-24)$$

是介质的折射率。在稀薄空间等离子体中，$\mu \approx \mu_0$ 是一个很好的近似，因此可以写成 $n = \sqrt{\varepsilon/\varepsilon_0}$。由于介电函数 $\varepsilon(\omega, k)$ 描述了介质对波传播的响应，所以习惯在问题中论及波的折射率。

波的群速度定义为

$$v_g = \frac{\partial \omega}{\partial k} \qquad (A-25)$$

在三维空间中，相速度和群速度都是矢量。我们把波矢量写成 $k = k e_n$，e_n 是定义波法向的单位向量，它垂直于恒定波相位的表面。波的法向就是波的传播方向，也就是相速度的矢量方向

$$v_p = \frac{\omega}{k} n \qquad (A-26)$$

在各向同性介质中，波的传播方向与坡印廷矢量（Poynting vector）表示的能量通量方向相同

$$S = \frac{1}{2} E \times H^* \qquad (A-27)$$

式中，$*$ 表示复共轭。

背景磁场使磁层等离子体各向异性。在各向异性介质中，波电场可能有一个分量平行于 k，这意味着 $S \parallel k$。射线追踪是一种跟踪波射线的方法，为的是找到能量和信息传播方向。"射线"一词源于光学中的光线，射线的传播速度就是群速度

$$v_g = \frac{\partial \omega}{\partial k} \qquad (A-28)$$

即 k 空间中频率的梯度，射线追踪的各种结果在第5章有讨论。

A.3　冷非磁化等离子体中的色散方程

根据麦克斯韦方程组（A-22）和欧姆定律，我们可以推导出冷等离子体近似下等离

子体波的色散方程。这种近似适用于等离子体中波的相速度远大于热速度 $\sqrt{2\,k_B T/m}$ 的情况（玻尔兹曼常数 $k_B = 1.380\,65 \times 10^{-23}$ m^2 kgs^{-2} K^{-1} ）。

考虑一个电子在平面波电场中的运动。由于平面波电场随时间的变化是谐波形式的，我们可以假定电子速度与平面波电场随时间的变化相同，并将 d/dt 替换为 $-\mathrm{i}\omega$ 。这样运动方程就变成

$$m_e \frac{\mathrm{d}\boldsymbol{v}}{\mathrm{d}t} = -\mathrm{i}\omega m_e \boldsymbol{v} = -e\boldsymbol{E} \qquad (A-29)$$

速度与电流相关，如下

$$\boldsymbol{J} = -n_e e\boldsymbol{v} = \frac{\omega_{\mathrm{pe}}^2}{\omega^2} \mathrm{i}\omega\varepsilon_0 \boldsymbol{E} \qquad (A-30)$$

其中 n_e 为电子数密度，我们已经引入电子等离子频率

$$\omega_{\mathrm{pe}}^2 = \frac{n_e e^2}{\varepsilon_0 m_e} \qquad (A-31)$$

用欧姆定律解释式（A-30），则电导率的表达式为

$$\sigma = \frac{\omega_{\mathrm{pe}}^2}{\omega^2} \mathrm{i}\omega\varepsilon_0 \qquad (A-32)$$

假设除了导电特性，介质还具有真空电磁特性（ $\varepsilon = \varepsilon_0$, $\mu = \mu_0$ ）。安培-麦克斯韦定律现在可以写成

$$\mathrm{i}\boldsymbol{k} \times \boldsymbol{H} = \frac{\omega_{\mathrm{pe}}^2}{\omega^2} \mathrm{i}\omega\varepsilon_0 \boldsymbol{E} - \mathrm{i}\omega\varepsilon_0 \boldsymbol{E} = -\mathrm{i}\omega\left(1 - \frac{\omega_{\mathrm{pe}}^2}{\omega^2}\right)\varepsilon_0 \boldsymbol{E} \qquad (A-33)$$

因此，介质看起来像具有介电常数的介质

$$\varepsilon = \left(1 - \frac{\omega_{\mathrm{pe}}^2}{\omega^2}\right)\varepsilon_0 \qquad (A-34)$$

注意到，与普通的介电体相反，在自由电子组成的等离子体中，电子被束缚在原子核上 $\varepsilon < \varepsilon_0$ 。

在等离子体物理学中，我们经常写成 $\omega_{\mathrm{pe}}^2/\omega^2 \equiv X$ ，折射率（A-32）变成

$$n = \sqrt{1-X} \qquad (A-35)$$

这是关于 ω 和 k 的散射方程

$$c = \frac{\omega}{k}\sqrt{1-X} \qquad (A-36)$$

相速度和群速度为

$$v_p = \frac{\omega}{k} = \frac{c}{\sqrt{1-X}} \qquad (A-37)$$

$$v_g = \frac{\partial\omega}{\partial k} = c\sqrt{1-X} \qquad (A-38)$$

在这种情况下，相速度大于真空中的光速。因为群速度是能量传播的速度，不能超光速。

当 k 增大时（短波长），色散方程接近于自由空间中电磁波的色散方程 $\omega = ck$ ，因为

电子在高频处的响应由于其有限的惯性而减弱[①]。

　　在长波长极限（$k \rightarrow 0$）情况下，我们发现稳态等离子体振荡 $\omega = \omega_{pe}$。如果波频率变得小于局部等离子体频率（$X > 1$），则该频率为虚频率。波不能传播到这样的区域而被反射。等离子体的频率称为这种波的截止频率，若低于这个截止点，这种波就消失了[②]。背景磁场中的冷等离子体波在第 4.3 节中进行了讨论，此后在波粒相互作用的讨论中广泛使用。

---

①　即使在比电子等离子体频率高得多的频率下，电磁波也会通过汤姆逊散射与电子发生微弱的相互作用。汤姆逊散射是电离层非相干散射雷达广泛应用的基本机制。

②　截断现象也应用于电离层物理中。采用发射频率递增信号的电离层探空仪，通过测量不同频率信号从不同高度反射回来的时间延迟来确定电离层等离子体密度的海拔剖面。

附录 B　卫星与数据源

　　本附录是对文中提到的航天器的简介。这个名单并不详尽，其他几颗卫星也对辐射带物理学做出了重要贡献。虽然本附录列出的链接未来可能会失效，但不同的卫星任务、它们的仪器和数据库的信息很容易在互联网上找到。

　　在寻找从各种卫星获得的数据时，一个值得推荐的起点是协调数据分析网站 (CDAWeb)[①]，它由美国国家航空航天局（NASA）的戈达德太空飞行中心维护。除了航天器数据外，CDAWeb 还包含丰富的地面数据和各种补充产品，例如预先生成的数据和轨道图。然而，在匆忙得出科学结论之前，联系原始数据来源总是很重要的。

　　1957 年 11 月，苏联第二颗人造卫星 Sputnik‑2 除了将著名的名为 Laika 的狗送入近地轨道之外，还将辐射探测器送入了近地轨道（LEO），辐射带粒子的开创性观测是在 1958 年进行的，根据目前的标准，简单的辐射探测器是基于爱荷华州的詹姆斯·A. 范艾伦和他的团队在 Explorer‑1 和 Explore‑3 以及 Pioneer‑3[②] 上的盖革‑米勒（Geiger‑Müller）管。范艾伦的专著《磁层物理学的起源》（1983）详细描述了导致这些观测的仪器发展和数据分析，也包括对早期苏联实验的讨论。Explorer‑1 和 Explorer‑3 在近地轨道上，而 Pioneer‑3 其实是一次不成功的月球任务，它的主要贡献来源于上升和下降时穿越辐射带。

　　在 20 世纪 60 年代，大量卫星对磁层中高能粒子、等离子体和等离子体波的观测基础做出了贡献。对辐射带研究特别重要的是一系列"轨道地球物理观测站"（Orbiting Geophysical Observatories，OGO），在第 5 章中提到了 OGO‑1 和 OGO‑3。

　　OGO‑1 于 1964 年 9 月发射，一直观测到 1969 年 11 月。其初始轨道为大椭圆 (HEO)，初始近地点为 281 km，远地点为 149 385 km（约 24.5 R_E 地心距离），倾角为 31°。这颗卫星配备了 20 种不同的仪器，主要集中在辐射带上。但是，它遇到了严重的技术问题，获取的数据集比较有限。

　　此外，1966 年 6 月，OGO‑3 被发射到大椭圆轨道（295 km×122 291 km，倾角 31°）。它比 OGO‑1 要成功得多，提供了大量高质量的数据，其常规操作一直持续到 1969 年 12 月。这项任务于 1972 年 2 月结束。

　　自早期太空时代以来，靠近地理赤道的地球静止轨道（GEO，6.6R_E）已经被大量的卫星占据——主要是商业卫星，也有科学卫星。这些卫星对辐射带知识的扩充做出了重大贡献。特别重要的是美国国家航空航天局（NASA）和美国国家海洋和大气管理局

---

　　① https：//cdaweb. gsfc. nasa. gov/index. html/。

　　② 无论宇宙飞船的名称是否大写，每个来源都不一样，即使是联合任务的不同联合调查人员也不总是遵循相同的惯例。这也适用于同系卫星的罗马或阿拉伯数字。

（NOAA）联合开展的"地球静止环境业务卫星"计划（GOES）。第一颗 GOES 卫星于 1975 年 10 月发射。目前总有两颗 GOES 卫星在运行，一颗在美国东海岸上空，另一颗在美国西海岸上空。它们的主要目标是大气研究和气象学，但大多数都携带了科学磁强计和高能粒子探测器，使它们能够对等离子体波，特别是超低频范围内的等离子体波和粒子通量变化进行长期研究。数据产品可在 NOAA 的空间天气预报中心[①]获得。

"主动磁层粒子示踪探测器"（AMPTE）是一项国际（德国、英国、美国）三星任务，于 1984 年 8 月发射。其目的是研究太阳风离子进入磁层以及磁层粒子的传输和激发。它包括一个德国"离子释放模块"（AMPTE/IRM），一个美国"电荷组成探测器"（AMPTE/CCE）和一个英国提供的称为 AMPTE/UKS 的子卫星，紧跟着 AMPTE/IRM。AMPTE/CCE 的近地点约 1 100 km，（地心）远地点约 $8.8R_E$，倾角为 $4.8°$。AMPTE/CCE 提供了丰富的辐射带和环流数据，直到 1989 年失效（例子在第 5 章和第 6 章中讨论）。

美国空军"联合释放和辐射影响卫星"（CRRES）虽然寿命很短，但却是一颗主要的辐射带卫星。它于 1990 年 7 月发射到地球同步转移轨道（GTO），近地点为 347 km，（地心）远地点为 $6.2R_E$。轨道的倾角约为 $18°$并最大达到约 $L \approx 9$。除了辐射带研究之外，该航天器还被用于测量辐射对最先进电子设备的影响。这次任务进行了 14 个月后就提前结束了，可能是由于星上电池的故障。尽管寿命很短，这颗卫星为许多重要的辐射带研究提供了材料。特别有趣的是 1991 年 3 月 24 日的强风暴，当时槽区充满了超相对论电子。CRRES 贡献的例子在第 5 章、第 6 章和第 7 章。

最长（几乎）连续的辐射带数据集可从 NASA 的"太阳、异常和磁层粒子探测器"（SAMPEX，Baker 等，1993）获得。它于 1992 年 7 月发射到近圆近地极轨道（520 km×670 km，倾角 $82°$）。与近赤道轨道相比，极轨的优点是可以对从 L 壳到极冠（L 壳未定义）的大范围 L 壳进行采样，并观测大气损失锥边缘和内部的粒子。这颗卫星的设计寿命只有 3 年，但它却在轨运行了 20 多年。官方任务于 2004 年 6 月结束，但数据收集直到 2012 年 11 月再入大气层（图 1-6）。

辐射带研究的观测基础被 NASA 的"双辐射带风暴探测器"（RBSP）任务彻底革新了，该任务以发射的范艾伦探测器命名（Mauk 等，2013）[②]。这两颗卫星于 2012 年 8 月底发射，于 2019 年 7 月和 10 月停用。大椭圆轨道的初始近地点在 618 km，远地点在 30 414 km（地心高度 $5.7R_E$），倾角 $10.2°$，轨道周期 9 h。因此，这些卫星每天都要从内辐射带穿过外辐射带的核心区域数次。在第 5 章、第 6 章和第 7 章中可以找到范艾伦探测器观测的许多例子。关于卫星及其仪器、出版物的详细信息可以在约翰·霍普金斯大学应用物理实验室的特定任务网站上找到[③]。

范艾伦探测器的轨道将观测限制在 $L \approx 6$ 以内。然而，如第 6.6 节所讨论的，通过联

---

① 　https：//www.swpc.noaa.gov。

② 　https：//www.nasa.gov/van-allen-probes。

③ 　http：//vanallenprobes.jhuapl.edu。

合分析 NASA 的"事件时间历史和亚暴期间宏观尺度相互作用"（THEMIS, Angelopoulos, 2008）的观测结果, 可以获得辐射带演化的更加广泛的视野（图 6 - 11）。最初的 THEMIS 星座由 5 颗小卫星组成, 于 2007 年 2 月发射到大椭圆轨道（470 km× 87 300 km）, 倾角为 16°。在前半年里, 这 5 颗航天器以珍珠链的形式彼此跟随。在 2007 年秋季, 航天器被转移到一个最适合研究磁尾亚暴的星座。此外, THEMIS 还提供了最全面的 Pc4～Pc5 超低频波的覆盖（第 5.4 节）。2010 年, 5 颗卫星中的两颗被重新定向到月球, 并且任务更名为"月球与太阳相互作用的加速、重联、湍流和电动力学"（ARTEMIS）。在撰写这本书的时候, 剩下的三颗 THEMIS 卫星继续开展重要的磁层观测。该任务的细节可以在加州大学伯克利分校空间科学实验室的 THEMIS 网站上找到[①]。

"磁层多尺度任务"（MMS, Burch 等（2016））于 2015 年 3 月在发射到大椭圆轨道（2 550 km×70 080 km, 倾角 28.0°）。在任务的第二阶段, 远地点被抬升到 152 900 km（约 25R_E 地心距离）。它是由四颗相同的卫星组成的星座, 彼此之间的距离一直在变化, 目的是了解磁层顶和尾部电流片的重联过程。如第 5.4.1 节所述, 近距离星座提供了独特的机会来研究大方位模数的超低频波。关于 MMS 及其仪器的详细信息可以在 NASA 的任务网站上找到[②]。MMS 科学数据中心位于科罗拉多大学博尔德分校的大气与空间物理实验室[③]。

自 2000 年发射以来, 四星星座任务 Cluster[④] 一直是欧洲空间局（ESA）在磁层物理方面的主力。这项任务有时被称为 Cluster 2, 因为第一组的 4 颗卫星在 1996 年的一次失败发射中丢失。原始轨道是一个椭圆（19 000 km× 119 000 km）高倾角（135°）轨道, 轨道周期为 57 h。在执行任务期间, 航天器之间的距离已有多次调整, 以优化磁层及其边界层的不同域的星座构型。在撰写本书时, 大多数卫星上的仪器仍在返回有价值的数据（例子见第 5 章和第 6 章）。

日本的 Arase[⑤] 卫星, 原名"地球空间中激发与辐射的探索"（Exploration of Energization and Radiation in Geospace, ERG）, 于 2016 年 12 月发射至 440 km×32 000 km 轨道, 倾角为 32°, 轨道周期为 9.4 h。其高倾角补充了范艾伦探测器在过去两年半时间内的轨道覆盖范围, 如第 6 章（图 6 - 9）所示。

许多具有不同主要科学目标的航天器对辐射带的研究也非常有用。例如:

• Imager for Magnetopause - to - Aurora Global Exploration（IMAGE）[⑥]（第 1 章和第 7 章）

• Geotail [⑦]（第 5 章）

---

① http：//themis. ssl. berkeley. edu/index. shtml。

② https：//www. nasa. gov/mission＿pages/mms/index. html。

③ https：//lasp. colorado. edu/mms/sdc/public/。

④ https：//sci. esa. int/web/cluster。

⑤ https：//ergsc. isee. nagoya - u. ac. jp。

⑥ https：//image. gsfc. nasa. gov。

⑦ https：//www. isas. jaxa. jp/en/missions/spacecraft/current/geotail. html。

· Solar Terrestrial Relations Observatory (STEREO)[①] （第 5 章）

· Wind[②] （第 5 章）

· Dynamics Explorer[③] 和 Double Star[④] （第 5 章）

在写这本书的时候，立方星中的极小卫星也在空间物理（包括辐射带）中发挥了重要性。在第 6 章中有两个例子，AeroCube 6B[⑤] 和 FIREBIRDII[⑥]。

第 7.6 节引用了一些地球观测航天器的数据：极地轨道环境卫星（Polar Orbiting Environmental Satellites，POES）[⑦]、Envisat[⑧]、热层电离层中间层能量学与动力学[⑨]（Thermosphere Ionosphere Mesosphere Energetics and Dynamics ，TIMED）和地球观测系统-Aura[⑩]（Earth Observing System - Aura，EOS - Aura）。

---

① 　https：//stereo. gsfc. nasa. gov。

② 　https：//wind. nasa. gov。

③ 　https：//lasp. colorado. edu/timas/info/DE/DE _ home. html。

④ 　http：//english. nssc. cas. cn/missions/PM/201306/t20130605 _ 102885. html。

⑤ 　https：//www. nanosats. eu/sat/aerocube - 6。

⑥ 　https：//ssel. montana. edu/firebird2. html。

⑦ 　https：//www. ngdc. noaa. gov/stp/satellite/poes/。

⑧ 　https：//earth. esa. int/web/guest/missions/esa - operational - eo - missions/envisat。

⑨ 　https：//www. nasa. gov/timed。

⑩ 　https：//aura. gsfc. nasa. gov。

参 考 文 献

[1] Abel B，Thorne R M. Electron scattering loss in Earth's inner magnetosphere：1. Dominant physical processes [J]. Journal of Geophysical Research：Space Physics，1998，103（A2）：2385 – 2396.

[2] Agapitov O，Mourenas D，Artemyev A，et al. Spatial extent and temporal correlation of chorus and hiss：Statistical results from multipoint THEMIS observations [J]. Journal of Geophysical Research：Space Physics，2018，123（10）：8317 – 8330.

[3] Albert J M，Bortnik J. Nonlinear interaction of radiation belt electrons with electromagnetic ion cyclotron waves [J]. Geophysical Research Letters，2009，36（12）.

[4] Alexeev I I，Belenkaya E S，Kalegaev V V，et al. Magnetic storms and magnetotail currents [J]. Journal of Geophysical Research：Space Physics，1996，101（A4）：7737 – 7747.

[5] Alfvén H. Cosmical electrodynamics [M]. Oxford：Clarendon Press，1950.

[6] Ali A F，Malaspina D M，Elkington S R，et al. Electric and magnetic radial diffusion coefficients using the Van Allen probes data [J]. Journal of Geophysical Research：Space Physics，2016，121（10）：9586 – 9607.

[7] Anderson K A，Milton D W. Balloon observations of X rays in the auroral zone：3. High time resolution studies [J]. Journal of Geophysical Research（1896 – 1977），1964，69（21）：4457 – 4479.

[8] Andersson M E，Verronen P T，Rodger C J，et al. Missing driver in the Sun – Earth connection from energetic electron precipitation impacts mesospheric ozone [J]. Nature Communications，2014，5（1）：5197.

[9] André M. Dispersion surfaces [J]. Journal of Plasma Physics，1985，33（1）：1 – 19.

[10] Angelopoulos V，Baumjohann W，Kennel C F，et al. Bursty bulk flows in the inner central plasma sheet [J]. Journal of Geophysical Research：Space Physics，1992，97（A4）：4027 – 4039.

[11] Angelopoulos V，Kennel C F，Coroniti F V，et al. Statistical characteristics of bursty bulk flow events [J]. Journal of Geophysical Research：Space Physics，1994，99（A11）：21257 – 21280.

[12] Angelopoulos V. The THEMIS mission [J]. Space Science Reviews，2008，141（1）：5.

[13] Antonova A，Shabansky V. Structure of the geomagnetic field at great distance from the earth [J]. Geomagn Aeron，1968（8）：801 – 811.

[14] Archer M O，Horbury T S，Eastwood J P，et al. Magnetospheric response to magnetosheath pressure pulses：A low – pass filter effect [J]. Journal of Geophysical Research：Space Physics，2013，118（9）：5454 – 5466.

[15] Ashour – Abdalla M，Berchem J P，Büchner J，et al. Shaping of the magnetotail from the mantle：Global and local structuring [J]. Journal of Geophysical Research：Space Physics，1993，98（A4）：5651 – 5676.

[16] Asikainen T，Ruopsa M. Solar wind drivers of energetic electron precipitation [J]. Journal of Geophysical Research：Space Physics，2016，121（3）：2209 – 2225.

[17] Axford W I, Hines C O. A unifying theory of high – latitude geophysical phenomena and geomagnetic storms [J]. Canadian Journal of Physics, 1961, 39 (10): 1433 – 1464.

[18] Baker D N, Panasyuk M I. Discovering Earth's radiation belts [J]. Physics Today, 2017, 70 (12): 46 – 51.

[19] Baker D N, Erickson P J, Fennell J F, et al. Space Weather Effects in the Earth's Radiation Belts [J]. Space Science Reviews, 2017, 214 (1): 17.

[20] Baker D N, Pulkkinen T I, Angelopoulos V, et al. Neutral line model of substorms: Past results and present view [J]. Journal of Geophysical Research: Space Physics, 1996, 101 (A6): 12975 –13010.

[21] Baker D N, Jaynes A N, Hoxie V C, et al. An impenetrable barrier to ultrarelativistic electrons in the Van Allen radiation belts [J]. Nature, 2014, 515 (7528): 531 – 534.

[22] Baker D N, Kanekal S G, Li X, et al. An extreme distortion of the Van Allen belt arising from the 'Hallowe'en' solar storm in 2003 [J]. Nature, 2004, 432 (7019): 878 – 881.

[23] Baker D N, Kanekal S G, Hoxie V C, et al. A Long – Lived relativistic electron storage ring embedded in earth's outer van allen belt [J]. Science, 2013, 340 (6129): 186 – 190.

[24] Baker D N, Mason G M, Figueroa O, et al. An overview of the Solar Anomalous, and Magnetospheric Particle Explorer (SAMPEX) mission [J]. IEEE Transactions on Geoscience and Remote Sensing, 1993, 31 (3): 531 – 541.

[25] Balasis G, Daglis I A, Mann I R. Waves, particles, and storms in geospace: A complex interplay [M]. Oxford: Oxford University Press, 2016.

[26] Balikhin M A, Shprits Y Y, Walker S N, et al. Observations of discrete harmonics emerging from equatorial noise [J]. Nature Communications, 2015, 6 (1): 7703.

[27] Bell T F. The nonlinear gyroresonance interaction between energetic electrons and coherent VLF waves propagating at an arbitrary angle with respect to the Earth's magnetic field [J]. Journal of Geophysical Research: Space Physics, 1984, 89 (A2): 905 – 918.

[28] Bellan P M. Fundamentals of plasma physics [M]. Cambridge: Cambridge University Press, 2006.

[29] Bentley S N, Watt C E J, Owens M J, et al. ULF wave activity in the magnetosphere: Resolving solar wind interdependencies to identify driving mechanisms [J]. Journal of Geophysical Research: Space Physics, 2018, 123 (4): 2745 – 2771.

[30] Bernstein I B. Waves in a plasma in a magnetic field [J]. Physical Review, 1958, 109 (1): 10 – 21.

[31] Blake J B, Kolasinski W A, Fillius R W, et al. Injection of electrons and protons with energies of tens of MeV into L < 3 on 24 March 1991 [J]. Geophysical Research Letters, 1992, 19 (8): 821 – 824.

[32] Blake J B. The Shock Injection of 24 March 1991: Another Look [A]. Dynamics of the Earth's Radiation Belts and Inner Magnetosphere [M]. 2012: 189 – 193.

[33] Blum L W, Artemyev A, Agapitov O, et al. EMIC Wave – Driven bounce resonance scattering of energetic electrons in the inner magnetosphere [J]. Journal of Geophysical Research: Space Physics, 2019, 124 (4): 2484 – 2496.

[34] Bortnik J, Thorne R M, Li W, et al. Chorus waves in geospace and their influence on radiation belt dynamics [A]. Oxford: Oxford University Press, 2016.

[35] Bortnik J, Thorne R M, Meredith N P. Modeling the propagation characteristics of chorus using CRRES suprathermal electron fluxes [J]. Journal of Geophysical Research: Space Physics, 2007,

112 (A8).

[36] Bortnik J, Thorne R M, Meredith N P. The unexpected origin of plasmaspheric hiss from discrete chorus emissions [J]. Nature, 2008b, 452 (7183): 62 - 66.

[37] Bortnik J, Thorne R M, Inan U S. Nonlinear interaction of energetic electrons with large amplitude chorus [J]. Geophysical Research Letters, 2008a, 35 (21).

[38] Boyd A J, Turner D L, Reeves G D, et al. What causes radiation belt enhancements: A survey of the van allen probes era [J]. Geophysical Research Letters, 2018, 45 (11): 5253 - 5259.

[39] Boyd T J M, Sanderson J J. The physics of plasmas [M]. Cambridge: Cambridge University Press, 2003.

[40] Brautigam D H, Albert J M. Radial diffusion analysis of outer radiation belt electrons during the October 9, 1990, magnetic storm [J]. Journal of Geophysical Research: Space Physics, 2000, 105 (A1): 291 - 309.

[41] Breneman A W, Crew A, Sample J, et al. Observations directly linking relativistic electron microbursts to whistler mode chorus: Van allen probes and FIREBIRD II [J]. Geophysical Research Letters, 2017, 44 (22): 11265 - 11272.

[42] Breneman A W, Halford A, Millan R, et al. Global - scale coherence modulation of radiation - belt electron loss from plasmaspheric hiss [J]. Nature, 2015, 523 (7559): 193 - 195.

[43] Breuillard H, Zaliznyak Y, Krasnoselskikh V, et al. Chorus wave - normal statistics in the Earth's radiation belts from ray tracing technique [J]. Ann ales Geophysicae, 2012, 30 (8): 1223 - 1233.

[44] Brito T, Hudson M K, Kress B, et al. Simulation of ULF wave - modulated radiation belt electron precipitation during the 17 March 2013 storm [J]. Journal of Geophysical Research: Space Physics, 2015, 120 (5): 3444 - 3461.

[45] Büchner J, Zelenyi L M. Regular and chaotic charged particle motion in magnetotaillike field reversals: 1. Basic theory of trapped motion [J]. Journal of Geophysical Research: Space Physics, 1989, 94 (A9): 11821 - 11842.

[46] Burch J L, Moore T E, Torbert R B, et al. Magnetospheric multiscale overview and science objectives [J]. Space Science Reviews, 2016, 199 (1): 5 - 21.

[47] Burtis W J, Helliwell R A. Magnetospheric chorus: Occurrence patterns and normalized frequency [J]. Planetary and Space Science, 1976, 24 (11): 1007 - 1024.

[48] Burtis W J, Helliwell R A. Banded chorus—a new type of VLF radiation observed in the magnetosphere by OGO 1 and OGO 3 [J]. Journal of Geophysical Research (1896 - 1977), 1969, 74 (11): 3002 - 3010.

[49] Califf S, Li X, Zhao H, et al. The role of the convection electric field in filling the slot region between the inner and outer radiation belts [J]. Journal of Geophysical Research: Space Physics, 2017, 122 (2): 2051 - 2068.

[50] Cao X, Ni B, Summers D, et al. Bounce resonance scattering of radiation belt electrons by H^+ band EMIC waves [J]. Journal of Geophysical Research: Space Physics, 2017a, 122 (2): 1702 - 1713.

[51] Cao X, Ni B, Summers D, et al. Bounce resonance scattering of radiation belt electrons by Low - Frequency hiss: Comparison with cyclotron and landau resonances [J]. Geophysical Research Letters, 2017b, 44 (19): 9547 - 9554.

［52］ Cattell C，Wygant J R，Goetz K，et al. Discovery of very large amplitude whistler – mode waves in Earth's radiation belts ［J］. Geophysical Research Letters，2008，35（1）.

［53］ Chapman S，Ferraro V C A. A new theory of magnetic storms ［J］. Terrestrial Magnetism and Atmospheric Electricity，1931，36（2）：77 – 97.

［54］ Chappell C R. Recent satellite measurements of the morphology and dynamics of the plasmasphere ［J］. Reviews of Geophysics，1972，10（4）：951 – 979.

［55］ Chen H，Gao X，Lu Q，et al. Analyzing EMIC waves in the inner magnetosphere using Long – Term van allen probes observations ［J］. Journal of Geophysical Research：Space Physics，2019，124（9）：7402 – 7412.

［56］ Chen J，Palmadesso P J. Chaos and nonlinear dynamics of single – particle orbits in a magnetotail – like magnetic field ［J］. Journal of Geophysical Research：Space Physics，1986，91（A2）：1499 – 1508.

［57］ Chen L，Hasegawa A. Kinetic theory of geomagnetic pulsations：1. Internal excitations by energetic particles ［J］. Journal of Geophysical Research：Space Physics，1991，96（A2）：1503 – 1512.

［58］ Chen L，Thorne R M，Jordanova V K，et al. Global simulation of magnetosonic wave instability in the storm time magnetosphere ［J］. Journal of Geophysical Research：Space Physics，2010，115（A11）.

［59］ Chen L，Hasegawa A. A theory of long – period magnetic pulsations：1. Steady state excitation of field line resonance ［J］. Journal of Geophysical Research（1896 – 1977），1974，79（7）：1024 – 1032.

［60］ Chen Y，Reeves G D，Friedel R H W. The energization of relativistic electrons in the outer Van Allen radiation belt ［J］. Nature Physics，2007，3（9）：614 – 617.

［61］ Chew G F，Goldberger M L，Low F E，et al. The Boltzmann equation and the one – fluid hydromagnetic equations in the absence of particle collisions ［J］. Proceedings of the Royal Society of London. Series A. Mathematical and Physical Sciences，1956，236（1204）：112 – 118.

［62］ Claudepierre S G，Hudson M K，Lotko W，et al. Solar wind driving of magnetospheric ULF waves：Field line resonances driven by dynamic pressure fluctuations ［J］. Journal of Geophysical Research：Space Physics，2010，115（A11）.

［63］ Claudepierre S G，O'Brien T P，Fennell J F，et al. The hidden dynamics of relativistic electrons（0. 7 – 1. 5 MeV）in the inner zone and slot region ［J］. Journal of Geophysical Research：Space Physics，2017，122（3）：3127 – 3144.

［64］ Colpitts C，Miyoshi Y，Kasahara Y，et al. First direct observations of propagation of discrete chorus elements from the equatorial source to higher latitudes，using the van allen probes and arase satellites ［J］. Journal of Geophysical Research：Space Physics，2020，125（10）：e2020J – e28315J.

［65］ Coroniti F V，Kennel C F. Electron precipitation pulsations ［J］. Journal of Geophysical Research（1896 – 1977），1970，75（7）：1279 – 1289.

［66］ Daglis I A，Thorne R M，Baumjohann W，et al. The terrestrial ring current：Origin，formation，and decay ［J］. Reviews of Geophysics，1999，37（4）：407 – 438.

［67］ Delcourt D C，Sauvaud J A，Pedersen A. Dynamics of single – particle orbits during substorm expansion phase ［J］. Journal of Geophysical Research：Space Physics，1990，95（A12）：20853 – 20865.

［68］ Dessler A J，Parker E N. Hydromagnetic theory of geomagnetic storms ［J］. Journal of Geophysical

Research (1896 – 1977), 1959, 64 (12): 2239 – 2252.

[69]   Dungey J W. Interplanetary magnetic field and the auroral zones [J]. Physical Review Letters, 1961, 6 (2): 47 – 48.

[70]   Dungey J W. Effects of electromagnetic perturbations on particles trapped in the radiation belts [J]. Space Science Reviews, 1965, 4 (2): 199 – 222.

[71]   Dysthe K B. Some studies of triggered whistler emissions [J]. Journal of Geophysical Research (1896 – 1977), 1971, 76 (28): 6915 – 6931.

[72]   Elkington S R, Hudson M K, Chan A A. Resonant acceleration and diffusion of outer zone electrons in an asymmetric geomagnetic field [J]. Journal of Geophysical Research: Space Physics, 2003, 108 (A3).

[73]   Fälthammar C. Effects of time – dependent electric fields on geomagnetically trapped radiation [J]. Journal of Geophysical Research (1896 – 1977), 1965, 70 (11): 2503 – 2516.

[74]   Fei Y, Chan A A, Elkington S R, et al. Radial diffusion and MHD particle simulations of relativistic electron transport by ULF waves in the September 1998 storm [J]. Journal of Geophysical Research: Space Physics, 2006, 111 (A12).

[75]   Fok M, Moore T E, Greenspan M E. Ring current development during storm main phase [J]. Journal of Geophysical Research: Space Physics, 1996, 101 (A7): 15311 – 15322.

[76]   Foster J C, Erickson P J, Omura Y, et al. Van Allen Probes observations of prompt MeV radiation belt electron acceleration in nonlinear interactions with VLF chorus [J]. Journal of Geophysical Research: Space Physics, 2017, 122 (1): 324 – 339.

[77]   Foster J C, Wygant J R, Hudson M K, et al. Shock – induced prompt relativistic electron acceleration in the inner magnetosphere [J]. Journal of Geophysical Research: Space Physics, 2015, 120 (3): 1661 – 1674.

[78]   Foster J C, Erickson P J, Baker D N, et al. Observations of the impenetrable barrier, the plasmapause, and the VLF bubble during the 17 March 2015 storm [J]. Journal of Geophysical Research: Space Physics, 2016, 121 (6): 5537 – 5548.

[79]   Friedel R H W, Korth A, Kremser G. Substorm onsets observed by CRRES: Determination of energetic particle source regions [J]. Journal of Geophysical Research: Space Physics, 1996, 101 (A6): 13137 – 13154.

[80]   Fu S, He F, Gu X, et al. Occurrence features of simultaneous H^+ – and He^+ – band EMIC emissions in the outer radiation belt [J]. Advances in Space Research, 2018, 61 (8): 2091 – 2098.

[81]   Ganushkina N Y, Pulkkinen T I, Fritz T. Role of substorm – associated impulsive electric fields in the ring current development during storms [J]. Ann. Geophys. , 2005, 23 (2): 579 – 591.

[82]   Glauert S A, Horne R B. Calculation of pitch angle and energy diffusion coefficients with the PADIE code [J]. Journal of Geophysical Research: Space Physics, 2005, 110 (A4).

[83]   Gokani S A, Kosch M, Clilverd M, et al. What fraction of the outer radiation belt relativistic electron flux at L $\approx$ 3 – 4. 5 was lost to the atmosphere during the dropout event of the St. Patrick's day storm of 2015? [J]. Journal of Geophysical Research: Space Physics, 2019, 124 (11): 9537 – 9551.

[84]   Gold T. Motions in the magnetosphere of the Earth [J]. Journal of Geophysical Research (1896 – 1977), 1959, 64 (9): 1219 – 1224.

[85]　Goldstein J, Sandel B R, Thomsen M F, et al. Simultaneous remote sensing and in situ observations of plasmaspheric drainage plumes [J]. Journal of Geophysical Research: Space Physics, 2004, 109 (A3).

[86]　Grandin M, Aikio A T, Kozlovsky A, et al. Cosmic radio noise absorption in the high - latitude ionosphere during solar wind high - speed streams [J]. Journal of Geophysical Research: Space Physics, 2017, 122 (5): 5203 - 5223.

[87]　Greeley A D, Kanekal S G, Baker D N, et al. Quantifying the contribution of microbursts to global electron loss in the radiation belts [J]. Journal of Geophysical Research: Space Physics, 2019, 124 (2): 1111 - 1124.

[88]　Green J C, Kivelson M G. Relativistic electrons in the outer radiation belt: Differentiating between acceleration mechanisms [J]. Journal of Geophysical Research: Space Physics, 2004, 109 (A3).

[89]　Häkkinen L V T, Pulkkinen T I, Nevanlinna H, et al. Effects of induced currents on Dst and on magnetic variations at midlatitude stations [J]. Journal of Geophysical Research: Space Physics, 2002, 107 (A1): 1 - 7.

[90]　Hao Y X, Zong Q G, Wang Y F, et al. Interactions of energetic electrons with ULF waves triggered by interplanetary shock: Van Allen Probes observations in the magnetotail [J]. Journal of Geophysical Research: Space Physics, 2014, 119 (10): 8262 - 8273.

[91]　Hartley D P, Kletzing C A, Chen L, et al. Van allen probes observations of chorus wave vector orientations: Implications for the Chorus - to - Hiss mechanism [J]. Geophysical Research Letters, 2019, 46 (5): 2337 - 2346.

[92]　Hietala H, Kilpua E K J, Turner D L, et al. Depleting effects of ICME - driven sheath regions on the outer electron radiation belt [J]. Geophysical Research Letters, 2014, 41 (7): 2258 - 2265.

[93]　Horne R B. Path - integrated growth of electrostatic waves: The generation of terrestrial myriametric radiation [J]. Journal of Geophysical Research: Space Physics, 1989, 94 (A7): 8895 - 8909.

[94]　Horne R B, Wheeler G V, Alleyne H S C K. Proton and electron heating by radially propagating fast magnetosonic waves [J]. Journal of Geophysical Research: Space Physics, 2000, 105 (A12): 27597 - 27610.

[95]　Horne R B, Thorne R M, Shprits Y Y, et al. Wave acceleration of electrons in the Van Allen radiation belts [J]. Nature, 2005, 437 (7056): 227 - 230.

[96]　Hudson M, Jaynes A, Kress B, et al. Simulated Prompt Acceleration of Multi - MeV Electrons by the 17 March 2015 Interplanetary Shock [J]. Journal of Geophysical Research: Space Physics, 2017, 122 (10): 10 - 36, 46.

[97]　Hudson M K, Denton R E, Lessard M R, et al. A study of Pc - 5 ULF oscillations [J]. Ann. Geophys. , 2004a, 22 (1): 289 - 302.

[98]　Hudson M K, Kress B T, Mazur J E, et al. 3D modeling of shock - induced trapping of solar energetic particles in the Earth's magnetosphere [J]. Journal of Atmospheric and Solar - Terrestrial Physics, 2004b, 66 (15): 1389 - 1397.

[99]　Hultqvist B, øieroset M, Paschmann G, et al. Magnetospheric plasma sources and losses, space sciences series of ISSI [M]. Dordrecht, Holland: Kluver Academic Publishers, 1999.

[100]　Hwang K J, Sibeck D G. Role of Low - Frequency boundary waves in the dynamics of the dayside

magnetopause and the inner magnetosphere [A]. Low - Frequency Waves in Space Plasmas [M]. 2016: 213 - 239.

[101] Jacobs J A, Kato Y, Matsushita S, et al. Classification of geomagnetic micropulsations [J]. Journal of Geophysical Research (1896 - 1977), 1964, 69 (1): 180 - 181.

[102] James M K, Yeoman T K, Mager P N, et al. Multiradar observations of substorm - driven ULF waves [J]. Journal of Geophysical Research: Space Physics, 2016, 121 (6): 5213 - 5232.

[103] Jaynes A N, Ali A F, Elkington S R, et al. Fast Diffusion of Ultrarelativistic Electrons in the Outer Radiation Belt: 17 March 2015 Storm Event [J]. Geophysical Research Letters, 2018, 45 (20): 10874 - 10882.

[104] Jordanova V K, Zaharia S, Welling D T. Comparative study of ring current development using empirical, dipolar, and self - consistent magnetic field simulations [J]. Journal of Geophysical Research: Space Physics, 2010, 115 (A12).

[105] Jordanova V K, Albert J, Miyoshi Y. Relativistic electron precipitation by EMIC waves from self - consistent global simulations [J]. Journal of Geophysical Research: Space Physics, 2008, 113 (A3).

[106] Kalliokoski M M H, Kilpua E K J, Osmane A, et al. Outer radiation belt and inner magnetospheric response to sheath regions of coronal mass ejections: A statistical analysis [J]. Ann ales Geophysicae, 2020, 38 (3): 683 - 701.

[107] Kanekal S G, Baker D N, Fennell J F, et al. Prompt acceleration of magnetospheric electrons to ultrarelativistic energies by the 17 March 2015 interplanetary shock [J]. Journal of Geophysical Research: Space Physics, 2016, 121 (8): 7622 - 7635.

[108] Kataoka R, Miyoshi Y. Flux enhancement of radiation belt electrons during geomagnetic storms driven by coronal mass ejections and corotating interaction regions [J]. Space Weather, 2006, 4 (9).

[109] Keika K, Takahashi K, Ukhorskiy A Y, et al. Global characteristics of electromagnetic ion cyclotron waves: Occurrence rate and its storm dependence [J]. Journal of Geophysical Research: Space Physics, 2013, 118 (7): 4135 - 4150.

[110] Kellogg P J, Cattell C A, Goetz K, et al. Large amplitude whistlers in the magnetosphere observed with Wind - Waves [J]. Journal of Geophysical Research: Space Physics, 2011, 116 (A9).

[111] Kennel C. Low - frequency whistler mode [J]. The Physics of Fluids, 1966, 9 (11): 2190 - 2202.

[112] Kennel C F. Convection and substorms: Paradigms of magnetospheric phenomenology [M]. New York: Oxford University Press, 1996.

[113] Kennel C F, Engelmann F. Velocity space diffusion from weak plasma turbulence in a magnetic field [J]. The Physics of Fluids, 1966, 9 (12): 2377 - 2388.

[114] Kennel C F, Petschek H E. Limit on stably trapped particle fluxes [J]. Journal of Geophysical Research (1896 - 1977), 1966, 71 (1): 1 - 28.

[115] Kepko L, Viall N M. The source, significance, and magnetospheric impact of periodic density structures within stream interaction regions [J]. Journal of Geophysical Research: Space Physics, 2019, 124 (10): 7722 - 7743.

[116] Kilpua E K J, Balogh A, von Steiger R, et al. Geoeffective properties of solar transients and stream

interaction regions [J]. Space Science Reviews, 2017, 212 (3): 1271 – 1314.

[117] Kilpua E K J, Hietala H, Turner D L, et al. Unraveling the drivers of the storm time radiation belt response [J]. Geophysical Research Letters, 2015, 42 (9): 3076 – 3084.

[118] Kilpua E K J, Turner D L, Jaynes A N, et al. Outer van allen radiation belt response to interacting interplanetary coronal mass ejections [J]. Journal of Geophysical Research: Space Physics, 2019, 124 (3): 1927 – 1947.

[119] Kim K, Shprits Y. Statistical analysis of hiss waves in plasmaspheric plumes using van allen probe observations [J]. Journal of Geophysical Research: Space Physics, 2019, 124 (3): 1904 – 1915.

[120] Kim K, Shprits Y. Survey of the favorable conditions for magnetosonic wave excitation [J]. Journal of Geophysical Research: Space Physics, 2018, 123 (1): 400 – 413.

[121] Kivelson M G, Southwood D J. Coupling of global magnetospheric MHD eigenmodes to field line resonances [J]. Journal of Geophysical Research: Space Physics, 1986, 91 (A4): 4345 – 4351.

[122] Koons H C, Edgar B C, Vampola A L. Precipitation of inner zone electrons by whistler mode waves from the VLF transmitters UMS and NWC [J]. Journal of Geophysical Research: Space Physics, 1981, 86 (A2): 640 – 648.

[123] Koskinen H E J. Physics of space storms [M]. Berlin, Heidelberg: Springer – Verlag, 2011.

[124] Krall N A, Trivelpiece A W. Principles of plasma physics [M]. New York: McGraw – Hill Book Company, Inc. , 1973.

[125] Kurita S, Miyoshi Y, Shiokawa K, et al. Rapid loss of relativistic electrons by EMIC waves in the outer radiation belt observed by arase, van allen probes, and the PWING ground stations [J]. Geophysical Research Letters, 2018, 45 (23): 12720 – 12729.

[126] Landau L D. On the vibrations of the electronic plasma [J]. J Phys (USSR), 1946 (10): 25 – 34.

[127] Langel R A, Estes R H. Large – scale, near – field magnetic fields from external sources and the corresponding induced internal field [J]. Journal of Geophysical Research: Solid Earth, 1985, 90 (B3): 2487 – 2494.

[128] Lee D, Kim K, Choi C. Nonlinear scattering of 90° pitch angle electrons in the outer radiation belt by Large – Amplitude EMIC waves [J]. Geophysical Research Letters, 2020, 47 (4): e2019G –e86738G.

[129] Lejosne S, Kollmann P. Radiation belt radial diffusion at earth and beyond [J]. Space Science Reviews, 2020, 216 (1): 19.

[130] Lejosne S. Analytic expressions for radial diffusion [J]. Journal of Geophysical Research: Space Physics, 2019, 124 (6): 4278 – 4294.

[131] Lerche I. Quasilinear theory of resonant diffusion in a magneto – active, relativistic plasma [J]. The Physics of Fluids, 1968, 11 (8): 1720 – 1727.

[132] Li J, Bortnik J, An X, et al. Origin of two – band chorus in the radiation belt of Earth [J]. Nature Communications, 2019, 10 (1): 4672.

[133] Li X, Baker D N, Zhao H, et al. Radiation belt electron dynamics at low L (<4): Van Allen Probes era versus previous two solar cycles [J]. Journal of Geophysical Research: Space Physics, 2017, 122 (5): 5224 – 5234.

[134] Li X, Roth I, Temerin M, et al. Simulation of the prompt energization and transport of radiation belt particles during the March 24, 1991 SSC [J]. Geophysical Research Letters, 1993, 20 (22):

2423 - 2426.

[135] Liu W, Sarris T E, Li X, et al. Electric and magnetic field observations of Pc4 and Pc5 pulsations in the inner magnetosphere: A. statistical study [J]. Journal of Geophysical Research: Space Physics, 2009, 114 (A12).

[136] Longden N, Denton M H, Honary F. Particle precipitation during ICME - driven and CIR - driven geomagnetic storms [J]. Journal of Geophysical Research: Space Physics, 2008, 113 (A6).

[137] Lugaz N, Temmer M, Wang Y, et al. The interaction of successive coronal mass ejections: A review [J]. Solar Physics, 2017, 292 (4): 64.

[138] Lugaz N, Farrugia C J, Huang C L, et al. Extreme geomagnetic disturbances due to shocks within CMEs [J]. Geophysical Research Letters, 2015, 42 (12): 4694 - 4701.

[139] Lyons L R, Williams D J. Quantitative aspects of magnetospheric physics [M]. Netherlands: D. Reidel Publishing Company, Dordrecht, Netherlands, 1984.

[140] Lyons L R, Speiser T W. Evidence for current sheet acceleration in the geomagnetic tail [J]. Journal of Geophysical Research: Space Physics, 1982, 87 (A4): 2276 - 2286.

[141] Lyons L R, Thorne R M, Kennel C F. Pitch - angle diffusion of radiation belt electrons within the plasmasphere [J]. Journal of Geophysical Research (1896 - 1977), 1972, 77 (19): 3455 - 3474.

[142] Manchester W, Kilpua E K J, Liu Y D, et al. The physical processes of CME/ICME evolution [J]. Space Science Reviews, 2017, 212 (3): 1159 - 1219.

[143] Mann I R, Ozeke L G, Murphy K R, et al. Explaining the dynamics of the ultra - relativistic third Van Allen radiation belt [J]. Nature Physics, 2016, 12 (10): 978 - 983.

[144] Mauk B H, Fox N J, Kanekal S G, et al. Science objectives and rationale for the radiation belt storm probes mission [J]. Space Science Reviews, 2013, 179 (1): 3 - 27.

[145] Mayaud P N. Derivation, meaning, and use of geomagnetic indices [M]. Washington, DC: American Geophysical Union, 1980.

[146] Mccollough J P, Elkington S R, Baker D N. The role of Shabansky orbits in compression - related electromagnetic ion cyclotron wave growth [J]. Journal of Geophysical Research: Space Physics, 2012, 117 (A1).

[147] Mccracken K G, Dreschhoff G A M, Zeller E J, et al. Solar cosmic ray events for the period 1561 - 1994: 1. Identification in polar ice, 1561 - 1950 [J]. Journal of Geophysical Research: Space Physics, 2001, 106 (A10): 21585 - 21598.

[148] Mead G D. Deformation of the geomagnetic field by the solar wind [J]. Journal of Geophysical Research (1896 - 1977), 1964, 69 (7): 1181 - 1195.

[149] Meredith N P, Horne R B, Shen X, et al. Global Model of Whistler Mode Chorus in the Near - Equatorial Region ($|\lambda_m| < 18°$) [J]. Geophysical Research Letters, 2020, 47 (11): e2020G - e87311G.

[150] Meredith N P, Horne R B, Sicard - Piet A, et al. Global model of lower band and upper band chorus from multiple satellite observations [J]. Journal of Geophysical Research: Space Physics, 2012, 117 (A10).

[151] Meredith N P, Thorne R M, Horne R B, et al. Statistical analysis of relativistic electron energies for cyclotron resonance with EMIC waves observed on CRRES [J]. Journal of Geophysical Research: Space Physics, 2003, 108 (A6).

[152] Meredith N P，Horne R B，Clilverd M A，et al. Origins of plasmaspheric hiss [J]. Journal of Geophysical Research：Space Physics，2006，111 (A9).

[153] Meredith N P，Horne R B，Glauert S A，et al. Relativistic electron loss timescales in the slot region [J]. Journal of Geophysical Research：Space Physics，2009，114 (A3).

[154] Michael Schulz L J L. Particle diffusion in the radiation belts [M]. Heidelberg：Springer Berlin，1974.

[155] Miyoshi Y，Kataoka R，Kasahara Y，et al. High – speed solar wind with southward interplanetary magnetic field causes relativistic electron flux enhancement of the outer radiation belt via enhanced condition of whistler waves [J]. Geophysical Research Letters，2013，40 (17)：4520 – 4525.

[156] Moldwin M B，Zou S，Heine T. The story of plumes：The development of a new conceptual framework for understanding magnetosphere and ionosphere coupling [J]. Ann ales Geophysicae，2016，34 (12)：1243 – 1253.

[157] Morley S K，Henderson M G，Reeves G D，et al. Phase Space Density matching of relativistic electrons using the Van Allen Probes：REPT results [J]. Geophysical Research Letters，2013，40 (18)：4798 – 4802.

[158] Mourenas D，Artemyev A V，Ma Q，et al. Fast dropouts of multi – MeV electrons due to combined effects of EMIC and whistler mode waves [J]. Geophysical Research Letters，2016，43 (9)：4155 –4163.

[159] Mozer F S，Agapitov O V，Blake J B，et al. Simultaneous observations of lower band chorus emissions at the equator and microburst precipitating electrons in the ionosphere [J]. Geophysical Research Letters，2018，45 (2)：511 – 516.

[160] Murphy K R，Inglis A R，Sibeck D G，et al. Determining the mode, frequency, and azimuthal wave number of ULF waves during a HSS and moderate geomagnetic storm [J]. Journal of Geophysical Research：Space Physics，2018，123 (8)：6457 – 6477.

[161] Nakamura S，Omura Y，Summers D，et al. Observational evidence of the nonlinear wave growth theory of plasmaspheric hiss [J]. Geophysical Research Letters，2016，43 (19)：10040 – 10049.

[162] Ni B，Bortnik J，Thorne R M，et al. Resonant scattering and resultant pitch angle evolution of relativistic electrons by plasmaspheric hiss [J]. Journal of Geophysical Research：Space Physics，2013，118 (12)：7740 – 7751.

[163] Northrop T G，Marshak R E，Gray E P. The adiabatic motion of charged particles [J]. Physics Today，1964，17 (4)：80.

[164] O'Brien T P，Mcpherron R L. An empirical phase space analysis of ring current dynamics：Solar wind control of injection and decay [J]. Journal of Geophysical Research：Space Physics，2000，105 (A4)：7707 – 7719.

[165] Omura Y，Nunn D，Summers D. Generation processes of whistler mode chorus emissions：Current status of nonlinear wave growth theory [A]. Dynamics of the Earth's Radiation Belts and Inner Magnetosphere，2012：243 – 254.

[166] Omura Y，Nakamura S，Kletzing C A，et al. Nonlinear wave growth theory of coherent hiss emissions in the plasmasphere [J]. Journal of Geophysical Research：Space Physics，2015，120 (9)：7642 – 7657.

[167] Osmane A，Iii L B W，Blum L，et al. On the connection between microbursts and nonlinear

electronic structures in planetary radiation belts [J]. The Astrophysical Journal, 2016, 816 (2): 51.

[168] Ozeke L G, Mann I R, Olifer L, et al. Rapid outer radiation belt flux dropouts and fast acceleration during the march 2015 and 2013 storms: The role of Ultra – Low frequency wave transport from a dynamic outer boundary [J]. Journal of Geophysical Research: Space Physics, 2020, 125 (2): e2019J – e27179J.

[169] Ozeke L G, Mann I R, Murphy K R, et al. Explaining the apparent impenetrable barrier to ultra – relativistic electrons in the outer Van Allen belt [J]. Nature Communications, 2018, 9 (1): 1844.

[170] Parker E N. Geomagnetic fluctuations and the form of the outer zone of the Van Allen radiation belt [J]. Journal of Geophysical Research (1896 – 1977), 1960, 65 (10): 3117 – 3130.

[171] Paulikas G A, Blake J B. Modulation of trapped energetic electrons at 6.6 Re by the direction of the interplanetary magnetic field [J]. Geophysical Research Letters, 1976, 3 (5): 277 – 280.

[172] Pellinen R J, Heikkila W J. Inductive electric fields in the magnetotail and their relation to auroral and substorm phenomena [J]. Space Science Reviews, 1984, 37 (1): 1 – 61.

[173] Perry K L, Hudson M K, Elkington S R. Incorporating spectral characteristics of Pc5 waves into three – dimensional radiation belt modeling and the diffusion of relativistic electrons [J]. Journal of Geophysical Research: Space Physics, 2005, 110 (A3).

[174] Pinto V A, Bortnik J, Moya P S, et al. Characteristics, occurrence, and decay rates of remnant belts associated with Three – Belt events in the earth's radiation belts [J]. Geophysical Research Letters, 2018, 45 (22): 12, 12 – 99, 107.

[175] Rae I J, Murphy K R, Watt C E J, et al. The role of localized compressional ultra – low frequency waves in energetic electron precipitation [J]. Journal of Geophysical Research: Space Physics, 2018, 123 (3): 1900 – 1914.

[176] Ratcliffe H, Watt C E J. Self – consistent formation of a 0.5 cyclotron frequency gap in magnetospheric whistler mode waves [J]. Journal of Geophysical Research: Space Physics, 2017, 122 (8): 8166 – 8180.

[177] Ratcliffe J A, Storey L R O. An investigation of whistling atmospherics [J]. Philosophical Transactions of the Royal Society of London. Series A, Mathematical and Physical Sciences, 1953, 246 (908): 113 – 141.

[178] Reeves G D, Friedel R H W, Larsen B A, et al. Energy – dependent dynamics of keV to MeV electrons in the inner zone, outer zone, and slot regions [J]. Journal of Geophysical Research: Space Physics, 2016, 121 (1): 397 – 412.

[179] Reeves G D, Mcadams K L, Friedel R H W, et al. Acceleration and loss of relativistic electrons during geomagnetic storms [J]. Geophysical Research Letters, 2003, 30 (10).

[180] Reeves G D, Spence H E, Henderson M G, et al. Electron acceleration in the heart of the van allen radiation belts [J]. Science, 2013, 341 (6149): 991 – 994.

[181] Richardson I G. Solar wind stream interaction regions throughout the heliosphere [J]. Living Reviews in Solar Physics, 2018, 15 (1): 1.

[182] Roederer J G. Dynamics of geomagnetically trapped radiation [M]. Berlin, Germany: Springer, 1970.

[183] Roederer J G，Zhang H. Dynamics of magnetically trapped particles [M]. Heidelberg：Springer Berlin，2014.

[184] Russell C T，Holzer R E，Smith E J. OGO 3 observations of ELF noise in the magnetosphere：2. The nature of the equatorial noise [J]. Journal of Geophysical Research (1896 - 1977)，1970，75 (4)：755 - 768.

[185] Russell C T，Elphic R C. ISEE observations of flux transfer events at the dayside magnetopause [J]. Geophysical Research Letters，1979，6 (1)：33 - 36.

[186] Santolík O，Chum J，Parrot M，et al. Propagation of whistler mode chorus to low altitudes：Spacecraft observations of structured ELF hiss [J]. Journal of Geophysical Research：Space Physics，2006，111 (A10).

[187] Schulz M. Canonical coordinates for Radiation - Belt modeling [A]. Radiation Belts：Models and Standards，1996：153 - 160.

[188] Selesnick R S，Looper M D，Mewaldt R A. A theoretical model of the inner proton radiation belt [J]. Space Weather，2007，5 (4).

[189] Seppälä A，Matthes K，Randall C E，et al. What is the solar influence on climate? Overview of activities during CAWSES - II [J]. Progress in Earth and Planetary Science，2014，1 (1)：24.

[190] Seppälä A，Douma E，Rodger C J，et al. Relativistic electron microburst events：Modeling the atmospheric impact [J]. Geophysical Research Letters，2018，45 (2)：1141 - 1147.

[191] Shen X，Hudson M K，Jaynes A N，et al. Statistical study of the storm time radiation belt evolution during Van Allen Probes era：CME - versus CIR - driven storms [J]. Journal of Geophysical Research：Space Physics，2017，122 (8)：8327 - 8339.

[192] Shen X C，Zong Q G，Shi Q Q，et al. Magnetospheric ULF waves with increasing amplitude related to solar wind dynamic pressure changes：The Time History of Events and Macroscale Interactions during Substorms (THEMIS) observations [J]. Journal of Geophysical Research：Space Physics，2015，120 (9)：7179 - 7190.

[193] Shprits Y Y. Estimation of bounce resonant scattering by fast magnetosonic waves [J]. Geophysical Research Letters，2016，43 (3)：998 - 1006.

[194] Shprits Y Y，Kellerman A，Aseev N，et al. Multi - MeV electron loss in the heart of the radiation belts [J]. Geophysical Research Letters，2017，44 (3)：1204 - 1209.

[195] Shprits Y Y，Horne R B，Kellerman A C，et al. The dynamics of Van Allen belts revisited [J]. Nature Physics，2018，14 (2)：102 - 103.

[196] Shue J H，Song P，Russell C T，et al. Magnetopause location under extreme solar wind conditions [J]. Journal of Geophysical Research：Space Physics，1998，103 (A8)：17691 - 17700.

[197] Simms L E，Engebretson M J，Clilverd M A，et al. Nonlinear and synergistic effects of ULF pc5，VLF chorus，and EMIC waves on relativistic electron flux at geosynchronous orbit [J]. Journal of Geophysical Research：Space Physics，2018，123 (6)：4755 - 4766.

[198] Singer S F. Trapped albedo theory of the radiation belt [J]. Physical Review Letters，1958，1 (5)：181 - 183.

[199] Southwood D J，Hughes W J. Theory of hydromagnetic waves in the magnetosphere [J]. Space Science Reviews，1983，35 (4)：301 - 366.

[200] Southwood D J, Dungey J W, Etherington R J. Bounce resonant interaction between pulsations and trapped particles [J]. Planetary and Space Science, 1969, 17 (3): 349 – 361.

[201] Spanswick E, Donovan E, Baker G. Pc5 modulation of high energy electron precipitation: Particle interaction regions and scattering efficiency [J]. Annales Geophysicae, 2005, 23 (5): 1533 – 1542.

[202] Summers D, Thorne R M, Xiao F. Relativistic theory of wave – particle resonant diffusion with application to electron acceleration in the magnetosphere [J]. Journal of Geophysical Research: Space Physics, 1998, 103 (A9): 20487 – 20500.

[203] Summers D, Omura Y, Nakamura S, et al. Fine structure of plasmaspheric hiss [J]. Journal of Geophysical Research: Space Physics, 2014, 119 (11): 9134 – 9149.

[204] Summers D. Quasi – linear diffusion coefficients for field – aligned electromagnetic waves with applications to the magnetosphere [J]. Journal of Geophysical Research: Space Physics, 2005, 110 (A8).

[205] Summers D, Thorne R M. Relativistic electron pitch – angle scattering by electromagnetic ion cyclotron waves during geomagnetic storms [J]. Journal of Geophysical Research: Space Physics, 2003, 108 (A4).

[206] Takahashi K, Lysak R, Vellante M, et al. Observation and numerical simulation of cavity mode oscillations excited by an interplanetary shock [J]. Journal of Geophysical Research: Space Physics, 2018, 123 (3): 1969 – 1988.

[207] Tao X, Li X. Theoretical bounce resonance diffusion coefficient for waves generated near the equatorial plane [J]. Geophysical Research Letters, 2016, 43 (14): 7389 – 7397.

[208] Thomsen M F, Denton M H, Gary S P, et al. Ring/Shell ion distributions at geosynchronous orbit [J]. Journal of Geophysical Research: Space Physics, 2017, 122 (12): 12055 – 12071.

[209] Thorne R M, Smith E J, Burton R K, et al. Plasmaspheric hiss [J]. Journal of Geophysical Research (1896 – 1977), 1973, 78 (10): 1581 – 1596.

[210] Thorne R M, Li W, Ni B, et al. Rapid local acceleration of relativistic radiation – belt electrons by magnetospheric chorus [J]. Nature, 2013b, 504 (7480): 411 – 414.

[211] Thorne R M, O'Brien T P, Shprits Y Y, et al. Timescale for MeV electron microburst loss during geomagnetic storms [J]. Journal of Geophysical Research: Space Physics, 2005, 110 (A9).

[212] Thorne R M, Li W, Ni B, et al. Evolution and slow decay of an unusual narrow ring of relativistic electrons near L ∼ 3.2 following the September 2012 magnetic storm [J]. Geophysical Research Letters, 2013a, 40 (14): 3507 – 3511.

[213] Treumann R A, Baumjohann W. Advanced space plasma physics [M]. PUBLISHED BY IMPERIAL COLLEGE PRESS AND DISTRIBUTED BY WORLD SCIENTIFIC PUBLISHING CO., 1997.

[214] Tsurutani B T, Park S A, Falkowski B J, et al. Low Frequency (f < 200 Hz) Polar Plasmaspheric Hiss: Coherent and Intense [J]. Journal of Geophysical Research: Space Physics, 2019, 124 (12): 10063 – 10084.

[215] Tsyganenko N A. Data – based modelling of the Earth's dynamic magnetosphere: A review [J]. Annales Geophysicae, 2013, 31 (10): 1745 – 1772.

[216] Tsyganenko N A, Sitnov M I. Modeling the dynamics of the inner magnetosphere during strong

geomagnetic storms [J]. Journal of Geophysical Research: Space Physics, 2005, 110 (A3).

[217] Turner D L, Ukhorskiy A Y. Chapter 1 - Outer radiation belt losses by magnetopause incursions and outward radial transport: New insight and outstanding questions from the Van Allen Probes era [A]. The Dynamic Loss of Earth's Radiation Belts, Elsevier, 2020: 1 - 28.

[218] Turner D L, Kilpua E K J, Hietala H, et al. The response of earth's electron radiation belts to geomagnetic storms: Statistics from the van allen probes era including effects from different storm drivers [J]. Journal of Geophysical Research: Space Physics, 2019, 124 (2): 1013 - 1034.

[219] Turner D L, Angelopoulos V, Li W, et al. On the storm - time evolution of relativistic electron phase space density in Earth's outer radiation belt [J]. Journal of Geophysical Research: Space Physics, 2013, 118 (5): 2196 - 2212.

[220] Turner D L, Claudepierre S G, Fennell J F, et al. Energetic electron injections deep into the inner magnetosphere associated with substorm activity [J]. Geophysical Research Letters, 2015, 42 (7): 2079 - 2087.

[221] Turner N E, Baker D N, Pulkkinen T I, et al. Evaluation of the tail current contribution to Dst [J]. Journal of Geophysical Research: Space Physics, 2000, 105 (A3): 5431 - 5439.

[222] Tyler E, Breneman A, Cattell C, et al. Statistical occurrence and distribution of High - Amplitude whistler mode waves in the outer radiation belt [J]. Geophysical Research Letters, 2019, 46 (5): 2328 - 2336.

[223] Ukhorskiy A Y, Sitnov M I. Dynamics of radiation belt particles [J]. Space Science Reviews, 2013, 179 (1): 545 - 578.

[224] Usanova M E, Mann I R. Understanding the role of EMIC waves in radiation belt and ring current dynamics: Recent advances [A]. Oxford: Oxford University Press, 2016.

[225] Van Allen J A. Origins of magnetospheric physics [M]. United States: Smithsonian Institution Press, Washington, DC, USA, 1983.

[226] VAN Allen J A, Ludwig G H, Ray E C, et al. Observation of high intensity radiation by satellites 1958 alpha and gamma [J]. Journal of Jet Propulsion, 1958, 28 (9): 588 - 592.

[227] Verronen P T, Rodger C J, Clilverd M A, et al. First evidence of mesospheric hydroxyl response to electron precipitation from the radiation belts [J]. Journal of Geophysical Research: Atmospheres, 2011, 116 (D7).

[228] Volker B, Ioannis A D. Space weather: Physics and effects [A]. Space Weather: Physics and Effects, Chichester, UK: Springer, Praxis Publishing, 2007.

[229] Wang C, Rankin R, Zong Q. Fast damping of ultralow frequency waves excited by interplanetary shocks in the magnetosphere [J]. Journal of Geophysical Research: Space Physics, 2015, 120 (4): 2438 - 2451.

[230] Wharton C B, Malmberg J H. Collisionless damping of electrostatic plasma waves [J]. Physical Review Letters, 1964, 13 (6): 184 - 186.

[231] Wygant J, Mozer F, Temerin M, et al. Large amplitude electric and magnetic field signatures in the inner magnetosphere during injection of 15 MeV electron drift echoes [J]. Geophysical Research Letters, 1994, 21 (16): 1739 - 1742.

[232] Xia Z, Chen L, Dai L, et al. Modulation of chorus intensity by ULF waves deep in the inner

magnetosphere [J]. Geophysical Research Letters, 2016, 43 (18): 9444 – 9452.

[233] Xiao F, Yang C, Su Z, et al. Wave – driven butterfly distribution of Van Allen belt relativistic electrons [J]. Nature Communications, 2015, 6 (1): 8590.

[234] Young D T, Perraut S, Roux A, et al. Wave – particle interactions near Ω_{He}^+ observed on GEOS 1 and 2: 1. Propagation of ion cyclotron waves in He^+ – rich plasma [J]. Journal of Geophysical Research: Space Physics, 1981, 86 (A8): 6755 – 6772.

[235] Yu J, Li L Y, Cao J B, et al. Propagation characteristics of plasmaspheric hiss: Van Allen Probe observations and global empirical models [J]. Journal of Geophysical Research: Space Physics, 2017, 122 (4): 4156 – 4167.

[236] Zhang D, Liu W, Li X, et al. Observations of impulsive electric fields induced by interplanetary shock [J]. Geophysical Research Letters, 2018, 45 (15): 7287 – 7296.

[237] Zhang X J, Mourenas D, Artemyev A V, et al. Precipitation of MeV and Sub – MeV electrons due to combined effects of EMIC and ULF waves [J]. Journal of Geophysical Research: Space Physics, 2019, 124 (10): 7923 – 7935.

[238] Zhao H, Ni B, Li X, et al. Plasmaspheric hiss waves generate a reversed energy spectrum of radiation belt electrons [J]. Nature Physics, 2019b, 15 (4): 367 – 372.

[239] Zhao H, Baker D N, Li X, et al. On the acceleration mechanism of ultrarelativistic electrons in the center of the outer radiation belt: A statistical study [J]. Journal of Geophysical Research: Space Physics, 2019a, 124 (11): 8590 – 8599.

学术名词索引

current，电流密度

magnetic energy，磁能密度

particle，粒子密度

Dielectric，介电

function，介电函数

tensor，介电张量

Diffusion，扩散

coefficient，扩散系数

energy，扩散能

equation，扩散方程

nonlinear，非线性扩散

non - resonant，非共振扩散

pitch - angle，扩散俯仰角

radial，扩散半径

resonant，共振扩散

tensor，扩散张量

Dispersion，色散

equation，色散方程

surfaces，色散面

Distribution，分布

bi - Maxwellian，双麦克斯韦分布

Boltzmann，玻尔兹曼分布

butterfly，蝴蝶分布

drifting pancake，漂移煎饼分布

function，分布函数

gentle - bump，缓隆不稳定性

gyrotropic，回旋分布

ion ring，离子环分布

kappa，Kappa，分布

loss cone，损失锥分布

Maxwellian，麦克斯韦分布

Doppler shift，多普勒频移

Drift，漂移

curvature，曲率漂移

echo，回声漂移

electric，电漂移

equatorial

gradient，漂移梯度

period，漂移周期

Drift shell，漂移壳

degeneracy，漂移壳退化

splitting，漂移壳分离

Dst effect，Dst 效应

Dungey cycle，唐吉循环（有文献不翻译 dungey）

E

Electric field，电场

convection，对流电场

corotation，共旋电场

Hall，霍尔电场

Electron microburst，电子微暴

Electron population 电子布居

core，relativistic，核心电子布居，相对论布居

seed，种子电子

source，源布居

ultra - relativistic，超相对论布居

Energetic electron precipitation，高能电子沉降

Energetic neutral atom（ENA），高能中性原子

Entropy，熵

Equation of，方程

continuity，连续方程

motion，运动方程

state，状态方程

F

Field line resonance（FLR），场线共振

Flux transfer event（FTE），通量转移事件

Fokker - Planck equation，福克-普朗克方程

Free energy，自由能

Frequency，频率

gyro，cyclotron，Larmor，回旋频率，回旋加速频率，拉莫尔频率

Lower hybrid resonance，低杂波共振频率

plasma，等离子体频率

Frozen - in feld lines，冻结场线（磁力线冻结）

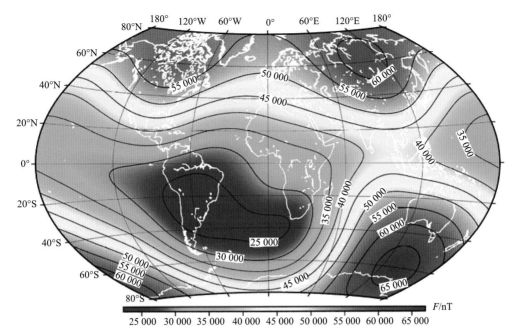

图 1-2　2019 年 12 月发布的第 13 代 IGRF 模型显示的地球表面磁场大小。南大西洋异常区是从
非洲南端延伸到南美洲的深蓝色区域。该模型可在国家环境信息中心
（NCEI，https：//www.ncei.noaa.gov）获得（P6）

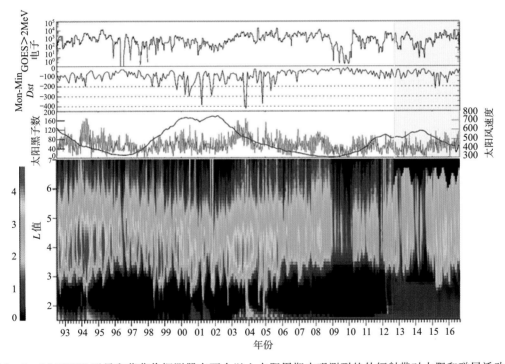

图 1-6　SAMPEX 卫星和范艾伦探测器在两个以上太阳周期内观测到的外辐射带对太阳和磁层活动的
响应。最上面的子图显示地球静止轨道上的 27 天窗口平均相对论（＞2 MeV）电子通量，第二个子图是
Dst 指数的月最小值，第三个子图是年窗口平均太阳黑子数（黑色）和每周窗口—平均太阳风速（红色）。
最低子图中的频谱图是 2012 年 9 月之前对相对论（～2 MeV）电子通量的 27 天窗口平均 SAMPEX
观测和 2012 年 9 月 5 日之后范艾伦探测器 REPT 对（～2.1 MeV）电子通量的观测的合成。从
SAMPEX 到范艾伦探测器的转变在槽区对粒子通量的敏感性变化中可见（来自 Li 等（2017），知识共享署
名-非商业性-禁止衍生许可）（P17）

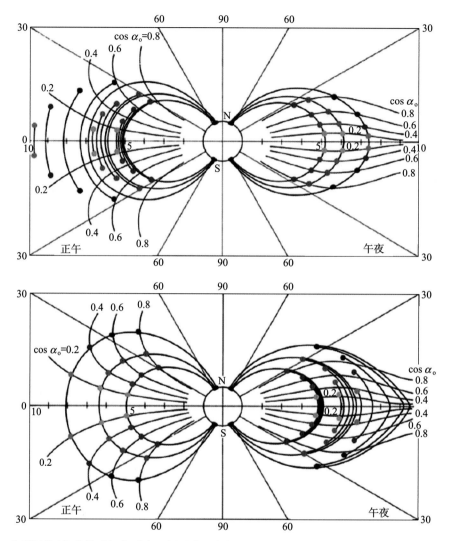

图 2-8　在弱压缩/拉伸的磁场位形中，漂移壳从夜侧到昼侧（上）和从昼侧到夜侧（下）的分裂图示。

圆点表示不同赤道俯仰角余弦的镜像点（来自 Roederer（1970），点已上色用以引导视线，经

Springer Nature 许可转载）（P41）

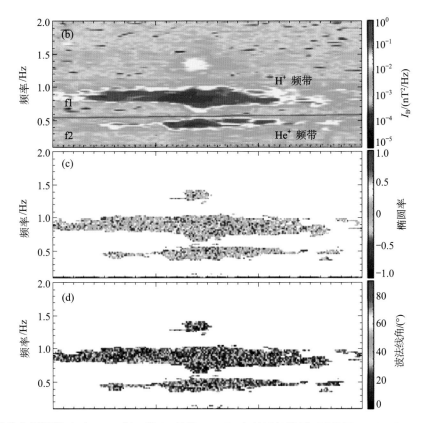

图 4-5 范艾伦探测器 A 在 2014 年 4 月 14 日的 30 min 内对正午扇区（MLT ≈ 11，L ≈ 5.7）进行的
多频段 EMIC 波观测。最上面的子图显示了 H⁺ 和 He⁺ 波段的磁功率谱。在子图，He⁺ 的回旋频率
由红线表示。中间和下面的子图表示波是圆极化的（椭圆度接近 0），并沿着磁场传播（小的 WNA）
（来自 Fu 等（2018），经 COSPAR 许可转载）（P75）

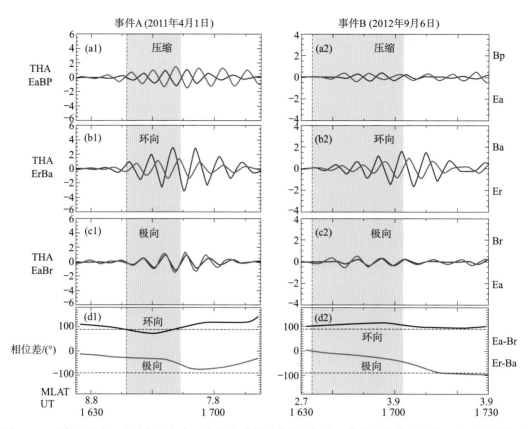

图 4-7　磁场（蓝色）和电场（红色）分量在磁场对齐的坐标中。数据已被带通滤波，以匹配观测到的 Pc5 范围内的超低频波频率，0.9～2.7 mHz（事件 A）和 1.8～2.5 mHz（事件 B）。这里的分量是：P 沿背景磁场方向，r 指向（几乎）径向外侧，a 指向方位东侧（来自 Shen 等（2015），经美国地球物理学会许可转载）（P83）

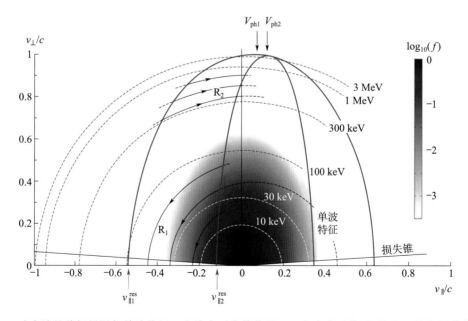

图 5-3　哨声波的共振椭圆与单波特征。虚线表示常值能量面，色度表示热/超热电子的煎饼分布函数。红线表示共振椭圆，对应 $0.1f_{ce}$（较窄椭圆）到 $0.5f_{ce}$（较宽椭圆）。椭圆向右的位移是由多普勒频移 $k_{\parallel}v_{\parallel}$ 引起的。黑线为选取的单波特征，箭头表示扩散方向（来源于 Bortnik 等（2016），经牛津大学校长许可转载）（P91）

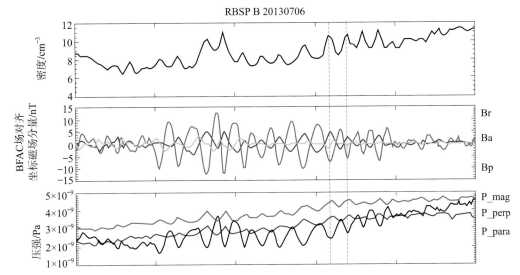

图 5-19　范艾伦探测器 B 对极向模 ULF 波的观测，磁场和密度波动反相振荡。顶部子图显示密度波动，中间子图显示磁场对齐坐标（蓝色：径向，绿色：方位，红色：平行）中的磁场分量。在底部子图中，黑线描绘了磁压，它与平行（蓝色）和垂直（红色）等离子体压力明显是反相的。垂直虚线用于引导读者观察 ［摘自 Xia 等（2016），经美国地球物理联合会许可转载］（P110）

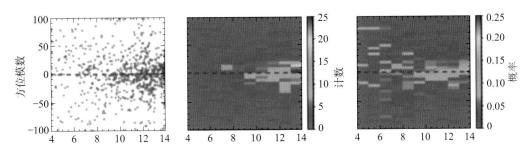

图 5-20　左：方位模数的分布；中间：分布的直方图；右：概率分布。横轴是以 R_E 为单位的地球中心距离 ［来源于 Murphy 等（2018），知识共享署名许可］（P111）

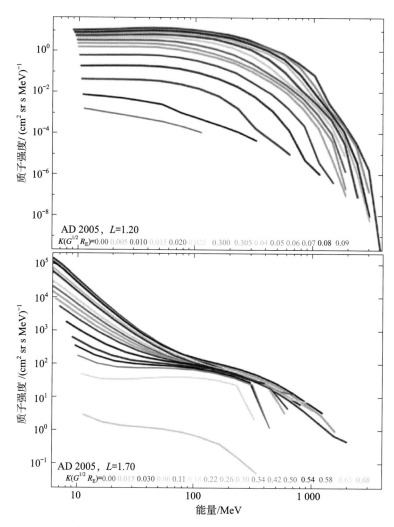

图 6-2 $L = 1.2$（上）和 $L = 1.7$（下）时高能质子谱的模型计算。不同颜色对应不同的绝热指数 K 值。最上面的曲线对应赤道镜像粒子 K（$K \approx 0$）。上面的图片中最大的 K 是 $0.09G^{1/2}R_E$，下面图中最大的 K 是 $0.58G^{1/2}R_E$，分别对应整个漂移壳镜像点在地球大气层上方的值。

注意图中垂直轴的不同尺度［来源于 Selesnick 等（2007），经美国地球物理联盟许可转载］（P127）

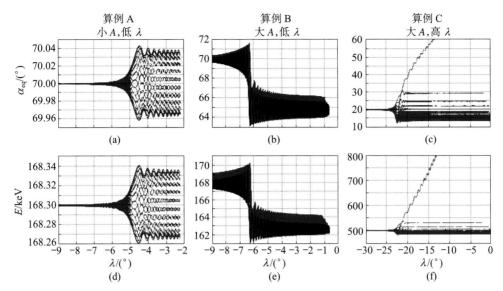

图 6-4　电子与哨声波包相互作用的试验粒子模拟。小/大 A 为波幅，λ 为磁纬度。赤道俯仰
角（α_{eq}）和能量（E）的扩散，是由粒子与波包相互作用时的不同相位引起的。俯仰角和能量的
振荡行为是由于它们的 η 依赖接近于共振 $d\eta/dt \approx 0$，并且当粒子远离共振点时衰减［来源于
Bortnik 等（2008）a，经美国地球物理联合会许可转载］（P135）

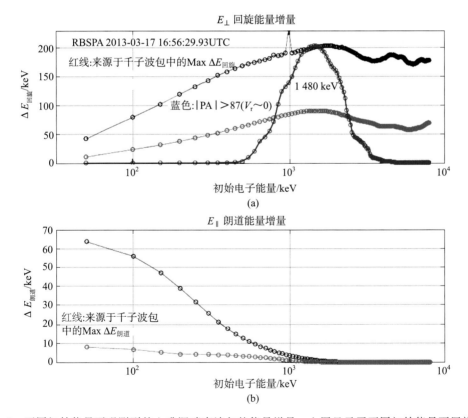

图 6-5　不同初始能量下观测到的上升调哨声波包的能量增量。上图显示了不同初始能量下回旋共振
加速，下图为朗道共振加速。黑线表示所有波包的加速总和，红线表示单个波包的最大能量。蓝色曲线
显示在俯角＞87°时最有可能加速［来源于 Foster 等（2017），经美国地球物理联盟许可重印］（P137）

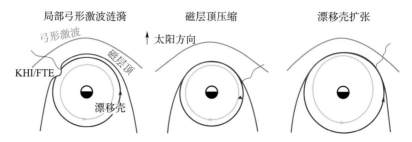

图 6-6　磁暴主相正常磁层（左）和强压缩磁层（中）磁层顶阴影示意图，以及膨胀的漂移壳层示意图（右）。左边的图片提醒我们，磁层顶的局部扰动，如开尔文-亥姆霍兹不稳定性和通量转移事件，也会让辐射带电子逃离磁层。蓝色的痕迹表示穿过磁层顶粒子的漂移壳。该图是 Turner 和 Ukhorskiy（2020）中类似图片的简化（P139）

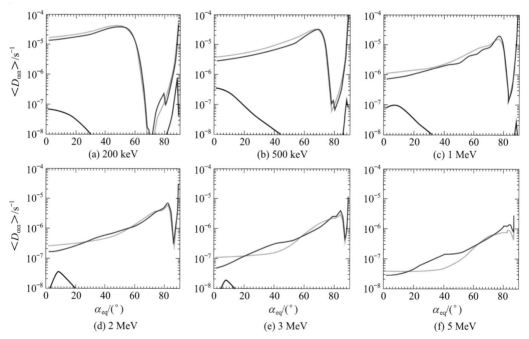

图 6-7　$L=3.2$ 时俯仰角扩散系数算例。不同颜色代表等离子体嘶声波的不同传播方向。绿色曲线代表哨声模式的准平行传播模型，蓝色曲线代表磁声/X 模式的高度斜向传播模型。红色曲线是使用哨声模式的波法线角纬度依赖模型计算的。文中讨论的"瓶颈"指在较小的赤道俯仰角下的回旋共振相互作用和接近 90°俯仰角的朗道相互作用之间扩散速率的下降（Ni 等（2013），经美国地球物理联盟许可重印）（P141）

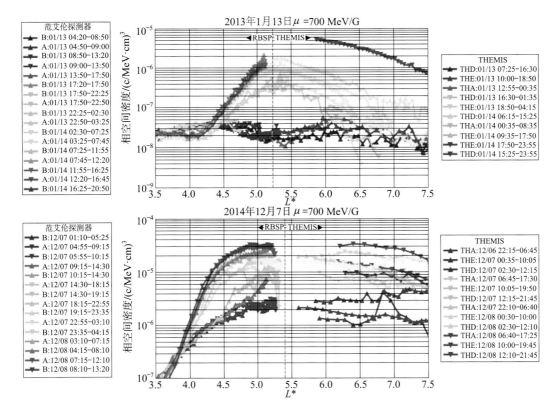

图 6-11 2013 年 1 月 13—14 日（上）和 2014 年 12 月 6—8 日（下）范艾伦探测器和 THEMIS 探测器观测相空间密度的演化。不同的时间用不同的颜色区分，从蓝色到红色递增（来源于 Boyd 等（2018），知识共享署名-非商业-禁止衍生许可）（P149）

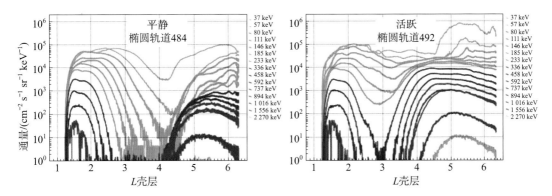

图 7-2 具有地磁平静时期（左）和活跃时期（右）的两个范艾伦探测器轨道上不同能量下的电子通量，电子通量是 L 壳层值和电子能量的函数。HOPE 和 MAGEIS 的数据来源于在 $L \simeq (1.5 \sim 6)R_E$ 之间的 1 keV 到 4 MeV 范围的电子［摘自 Reeves 等（2016），知识共享署名-非商业-禁止衍生许可］（P157）

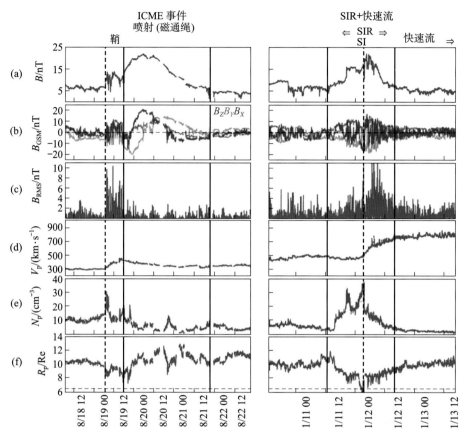

图 7-5 ICME（左）和 SIR（右）中太阳风等离子体条件。子图（a）磁场强度，子图（b）GSM 坐标中的磁场分量，（c）1 min 时间间隔磁场强度的均方差变化，（d）太阳风速度，（e）太阳风密度，（f）使用 Shue 等（1998）模型确定的次太阳磁层顶位置（数据来源：CDAWeb，https：//cdaweb. gsfc. nasa. gov/index. html/）（P161）

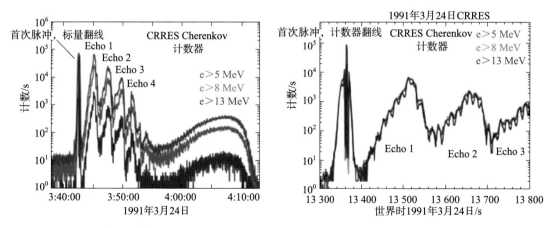

图 7-8 CRRES 航天器穿越槽区时，在三个能量通道中观测的超相对论电子（从 $L = 2.5$ 到 $L = 2$ 开始）。右：计数转换为通量 ［来源于 Blake（2012），经美国地球物理联盟许可重印］（P169）

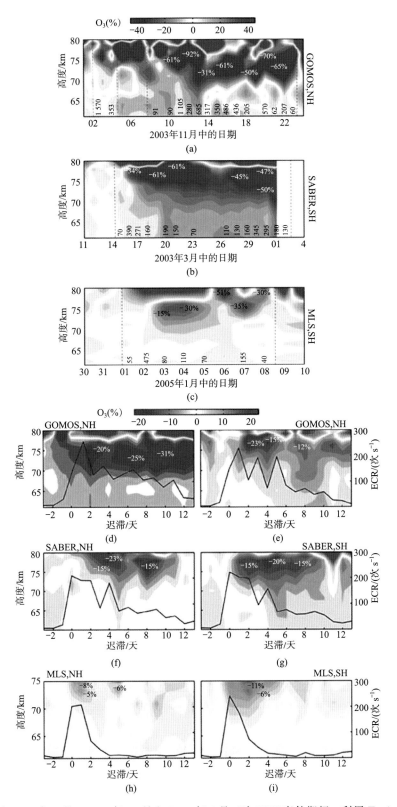

图 7 - 10　在 2003 年 3 月、2003 年 11 月和 2005 年 1 月三次 EEP 事件期间，利用 Envisat 卫星上的掩星式全球臭氧监测仪器（GOMOS）对北半球（NH）和南半球（SH）臭氧消耗的观测。利用 TIMED 上的宽带发射辐射测量仪（SABER）和 EOS - Aura 上的微波临边探测仪（MLS）进行大气探测。彩色编码显示 O_3 异常（％），黑色实线显示从星载 POES 中等能量质子和电子探测器（MEPED）估计的每日平均电子沉降计数率（计数 s^{-1}）［来源于 Andersson 等（2014），知识共享归属 4.0 国际许可］（P172）

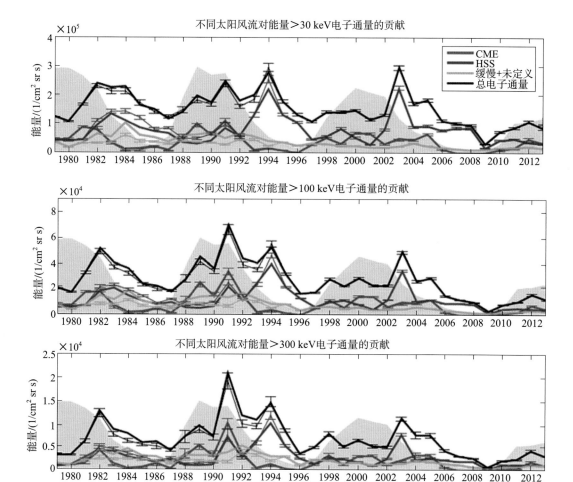

图 7 - 11　高速流／SIR（蓝色）、ICME（红色）和缓慢/未定义事件（绿色）对总电子通量的年贡献（黑色）。粗线显示的是计算出的通量，其中包括缺少太阳风数据的数据点，而细线则排除了这些数据点。细线的误差条给出了年度贡献的平均标准误差。黑子数由灰色阴影显示［来源于 Asikainen 和 Ruopsa（2016），经美国地球物理联盟许可转载］（P174）